Proceedings

Ein stetig steigender Fundus an Informationen ist heute notwendig, um die immer komplexer werdende Technik heutiger Kraftfahrzeuge zu verstehen. Funktionen, Arbeitsweise, Komponenten und Systeme entwickeln sich rasant. In immer schnelleren Zyklen verbreitet sich aktuelles Wissen gerade aus Konferenzen, Tagungen und Symposien in die Fachwelt. Den raschen Zugriff auf diese Informationen bietet diese Reihe Proceedings, die sich zur Aufgabe gestellt hat, das zum Verständnis topaktueller Technik rund um das Automobil erforderliche spezielle Wissen in der Systematik aus Konferenzen und Tagungen zusammen zu stellen und als Buch in Springer.com wie auch elektronisch in Springer Link und Springer Professional bereit zu stellen. Die Reihe wendet sich an Fahrzeug- und Motoreningenieure sowie Studierende, die aktuelles Fachwissen im Zusammenhang mit Fragestellungen ihres Arbeitsfeldes suchen. Professoren und Dozenten an Universitäten und Hochschulen mit Schwerpunkt Kraftfahrzeug- und Motorentechnik finden hier die Zusammenstellung von Veranstaltungen, die sie selber nicht besuchen konnten. Gutachtern, Forschern und Entwicklungsingenieuren in der Automobil- und Zulieferindustrie sowie Dienstleistern können die Proceedings wertvolle Antworten auf topaktuelle Fragen geben.

Today, a steadily growing store of information is called for in order to understand the increasingly complex technologies used in modern automobiles. Functions, modes of operation, components and systems are rapidly evolving, while at the same time the latest expertise is disseminated directly from conferences, congresses and symposia to the professional world in ever-faster cycles. This series of proceedings offers rapid access to this information, gathering the specific knowledge needed to keep up with cutting-edge advances in automotive technologies, employing the same systematic approach used at conferences and congresses and presenting it in print (available at Springer.com) and electronic (at Springer Link and Springer Professional) formats. The series addresses the needs of automotive engineers, motor design engineers and students looking for the latest expertise in connection with key questions in their field, while professors and instructors working in the areas of automotive and motor design engineering will also find summaries of industry events they weren't able to attend. The proceedings also offer valuable answers to the topical questions that concern assessors, researchers and developmental engineers in the automotive and supplier industry, as well as service providers.

Weitere Bände in der Reihe http://www.springer.com/series/13360

Johannes Liebl
(Hrsg.)

Simulation und Test 2018

Antriebsentwicklung im digitalen Zeitalter
20. MTZ-Fachtagung

Springer Vieweg

Hrsg.
Johannes Liebl
Moosburg, Deutschland

ISSN 2198-7432 ISSN 2198-7440 (electronic)
Proceedings
ISBN 978-3-658-25293-9 ISBN 978-3-658-25294-6 (eBook)
https://doi.org/10.1007/978-3-658-25294-6

Die Deutsche Nationalbibliothek verzeichnet diese Publikation in der Deutschen Nationalbibliografie; detaillierte bibliografische Daten sind im Internet über http://dnb.d-nb.de abrufbar.

Springer Vieweg

Verantwortlich im Verlag: Markus Braun

Springer Vieweg ist ein Imprint der eingetragenen Gesellschaft Springer Fachmedien Wiesbaden GmbH und ist ein Teil von Springer Nature
Die Anschrift der Gesellschaft ist: Abraham-Lincoln-Str. 46, 65189 Wiesbaden, Germany

Vorwort

Die wachsende Anzahl an Fahrzeugvarianten und die zunehmende Elektrifizierung führen zu einem immer breiteren Angebot an Antriebssträngen. Da die Realfahreigenschaften seit September 2017 zusätzlich Basis gesetzlicher Bestimmungen sind, wird die Komplexität der notwendigen Entwicklungsprozesse weiter ansteigen. Ein Schlüssel für die treffsichere und effiziente Produktentwicklung liegt in der nahtlosen Verknüpfung von Simulation und Test in allen Phasen.

Das etablierte Frontloading bietet eine gute Basis für eine Virtualisierungsstrategie. Vor diesem Hintergrund freuen wir uns, Ihnen in Hanau eine Reihe besonders innovativer Entwicklungsmethoden für verbrennungsmotorische und elektrifizierte Antriebe vorstellen zu können. Getrieben durch die Emissionsgesetzgebung im Realfahrbetrieb widmen wir uns ganz besonders den Absicherungsprozessen um RDE. Mit Blick auf die automobile Zukunft werden wir zudem die Frage diskutieren, welchen Platz Simulations- und Testwerkzeuge in einer Welt zunehmend vernetzter Fahrzeuge einnehmen werden. Das erfordert eine deutlich effektivere Nutzung großer Datenmengen und auch eine entsprechende Synchronisierung von Hardware- und Softwareentwicklung. Agile Entwicklungsprozesse beschäftigen die Branche. Wo machen sie Sinn, und wo sollten die etablierten Prozesse beibehalten werden?

Dieser spannenden Frage werden wir in einer Podiumsdiskussion nachgehen.

Wir freuen uns auf einen intensiven Austausch und ein persönliches Treffen im September in Hanau.

Für den Wissenschaftlichen Beirat
Dr. Johannes Liebl
Herausgeber ATZ | MTZ | ATZelektronik

Inhaltsverzeichnis

Autorenverzeichnis

Prof. Dr. Jakob Andert RWTH Aachen University, Aachen, Deutschland

S. Bauer TU Darmstadt, Darmstadt, Deutschland

Prof. Dr. Christian Beidl TU Darmstadt, Darmstadt, Deutschland

Mohd Razif Bin Abd Mokhti Opel Automobile GmbH, Rüsselsheim, Deutschland

Dr. Berthold Bode flucon fluid control GmbH, Osterode, Deutschland

Dr. Henrik Brehler MAHLE Filtersysteme GmbH, Öhringen, Deutschland

Dominik Buse Universität Paderborn, Paderborn, Deutschland

Holger Conrad MAHLE Filtersysteme GmbH, Öhringen, Deutschland

Prof. Dr. Falko Dressler Universität Paderborn, Paderborn, Deutschland

Dr. Philipp Ehring Güneş & Hamdan Rechtsanwälte PartGmbB, Saarbrücken, Deutschland

Markus Eisenbarth RWTH Aachen University, Aachen, Deutschland

Konstantin Etzold RWTH Aachen University, Aachen, Deutschland

Dr. Bernd Findeisen IAV GmbH, Stollberg, Deutschland

Sören Franke IAV GmbH, Stollberg, Deutschland

Hans-Peter Gigerl AVL List GmbH, Graz, Österreich

Dr. Claus Glahn Opel Automobile GmbH, Rüsselsheim, Deutschland

Dr. Werner Gumprich Opel Automobile GmbH, Rüsselsheim, Deutschland

Dr. Hassen Hadj-amor FEV SA, Trappes, Frankreich

Prof. Dr. Wilhelm Hannibal FH Südwestfalen, Iserlohn, Deutschland

Dr. Karl-Heinz Hartwig IAV GmbH, Stollberg, Deutschland

Simon Hausner flucon fluid control GmbH, Osterode, Deutschland

Tim Hentschel MAHLE Filtersysteme GmbH, Öhringen, Deutschland

Dr. Ingo Hermann Opel Automobile GmbH, Rüsselsheim, Deutschland

Phillip Hermanto FH Südwestfalen, Iserlohn, Deutschland

Johannes Hipp TU Darmstadt, Darmstadt, Deutschland

Dr. Martin Hüske FEV Europe GmbH, Aachen, Deutschland

Pedro Isaac IAV GmbH, Gifhorn, Deutschland

Kamil Jaworczak FEV Polska Sp.zo.o, Liszki, Polen

Tom Jung FEV Europe GmbH, Aachen, Deutschland

Prof. Dr. Bernhard Kirsch FH Südwestfalen, Iserlohn, Deutschland

Serge Klein RWTH Aachen University, Aachen, Deutschland

Florian Klingler Universität Paderborn, Paderborn, Deutschland

David König Mercedes-AMG GmbH, Affalterbach, Deutschland

Gregor Kotnik AVL List GmbH, Maribor, Slowenien

Matthias Kötter FEV Europe GmbH, Aachen, Deutschland

Wolfgang Krankenedl AVL List GmbH, Graz, Österreich

L. Kukat Opel Automobile GmbH, Rüsselsheim, Deutschland

Sung-Yong Lee VKA RWTH Aachen, Aachen, Deutschland

Martin Lenz RWTH Aachen University, Aachen, Deutschland

Mourad Marzouki FEV Europe GmbH, Aachen, Deutschland

Dr. Christian Mayr AVL List GmbH, Graz, Österreich

Christian Meissner IAV GmbH, Stollberg, Deutschland

Reinhard Merl AVL List GmbH, Graz, Österreich

Sven Meyer IAV GmbH, Gifhorn, Deutschland

Norbert Meyer dSPACE GmbH, Paderborn, Deutschland

Alexander Morozov AVL List GmbH, Graz, Österreich

Robin Otto FH Südwestfalen, Iserlohn, Deutschland

Martin Paroll Opel Automobile GmbH, Rüsselsheim, Deutschland

Denis Pendovski RWTH Aachen University, Aachen, Deutschland

Jochen Petters IPG Automotive GmbH, Karlsruhe, Deutschland

Marcel Picard VKA RWTH Aachen, Aachen, Deutschland

Prof. Dr. Stefan Pischinger RWTH Aachen University, Aachen, Deutschland

Dr. Mirko Plettenberg FEV Europe GmbH, Aachen, Deutschland

Dr. Christian Pötsch Volkswagen AG, Wolfsburg, Deutschland

Florian Putzmann IAV GmbH, Gifhorn, Deutschland

Dr. Carole Quérel FEV Europe GmbH, Aachen, Deutschland

Dr. Peter Reinold dSPACE GmbH, Paderborn, Deutschland

Felix Retter Qtronic GmbH, Berlin, Deutschland

Prof. Dr. Hans-Christian Reuss FKFS Forschungsinstitut für Kraftfahrwesen und Fahrzeugmotoren Stuttgart, Stuttgart, Deutschland

Dr. Joschka Schaub FEV Europe GmbH, Aachen, Deutschland

Marco Schlüter FKFS Forschungsinstitut für Kraftfahrwesen und Fahrzeugmotoren Stuttgart, Stuttgart, Deutschland

D. Schmidt TU Darmstadt, Darmstadt, Deutschland

Prof. Dr. Christoph Sommer Universität Paderborn, Paderborn, Deutschland

T. Steinhaus TU Darmstadt, Darmstadt, Deutschland

Daniel Stemmer Mercedes-AMG GmbH, Affalterbach, Deutschland

Mario Teitzer AVL List GmbH, Graz, Österreich

Dr. Silja Thewes FEV Europe GmbH, Aachen, Deutschland

Peter Tibaut AVL List GmbH, Graz, Österreich

Dr. Tolga Uhlmann FEV Europe GmbH, Aachen, Deutschland

Frank Uphaus Daimler AG, Stuttgart, Deutschland

Virtuelle Aggregateentwicklung bei Volkswagen – Wegbereiter für die Antriebe von morgen

Christian Pötsch, Volkswagen AG

J. Liebl (Hrsg.), *Simulation und Test 2018*, Proceedings,
https://doi.org/10.1007/978-3-658-25294-6_1

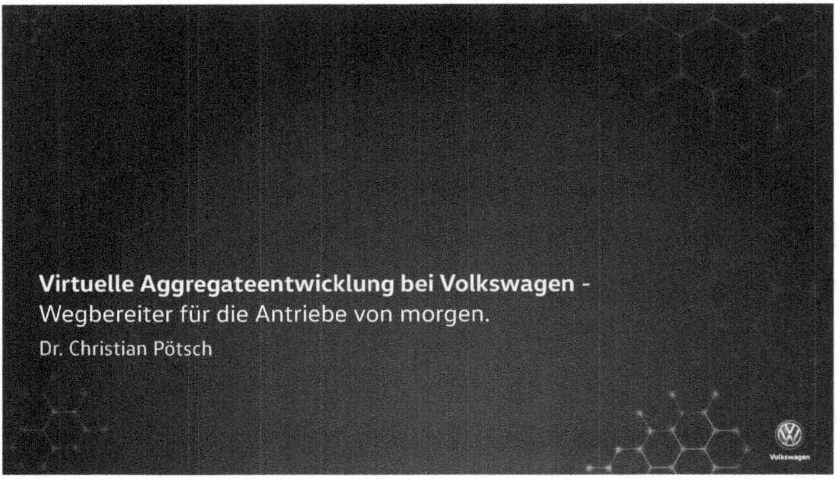
Virtuelle Aggregateentwicklung bei Volkswagen -
Wegbereiter für die Antriebe von morgen.
Dr. Christian Pötsch
Volkswagen

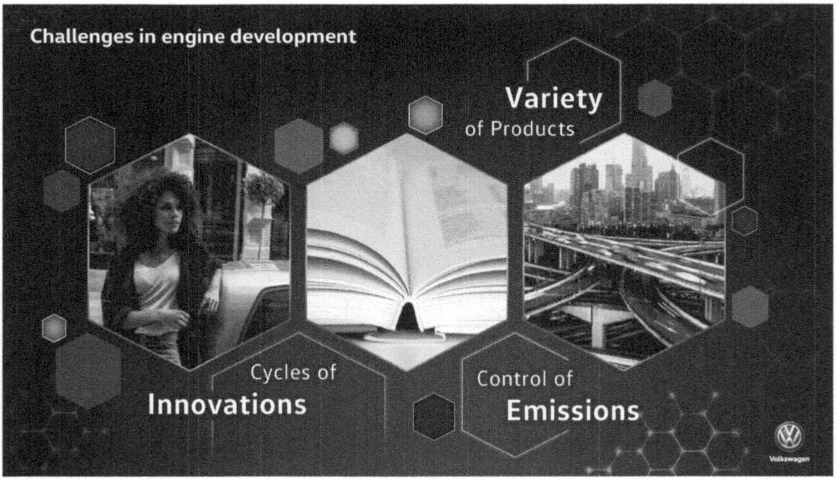
Challenges in engine development
Variety
of Products
Cycles of
Innovations
Control of
Emissions
Volkswagen

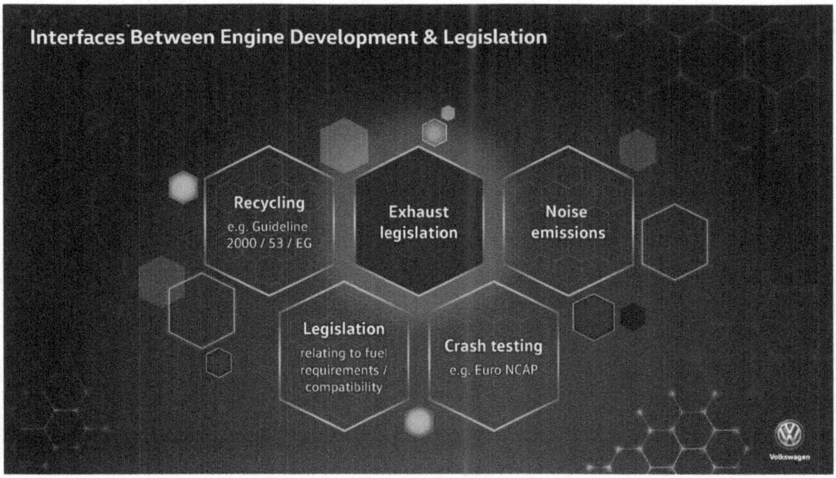
Interfaces Between Engine Development & Legislation
Recycling
e.g. Guideline 2000 / 53 / EG
Exhaust legislation
Noise emissions
Legislation
relating to fuel requirements / compatibility
Crash testing
e.g. Euro NCAP
Volkswagen

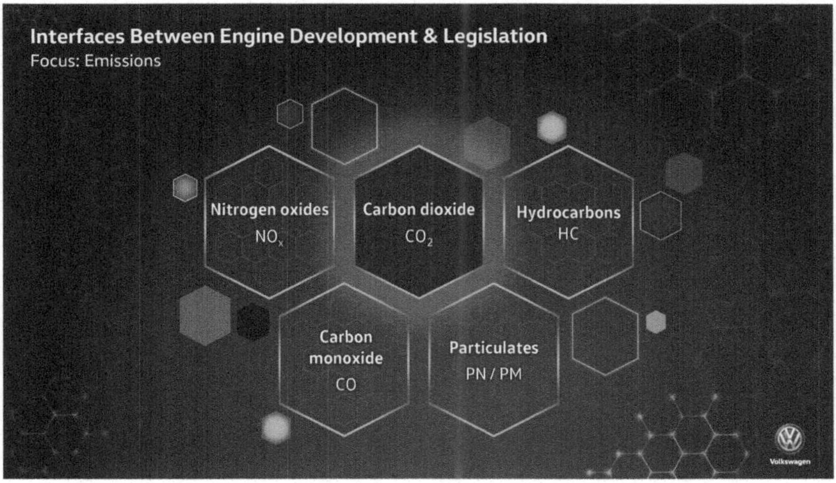
Interfaces Between Engine Development & Legislation
Focus: Emissions
Nitrogen oxides
NO_x
Carbon dioxide
CO_2
Hydrocarbons
HC
Carbon monoxide
CO
Particulates
PN / PM
Volkswagen

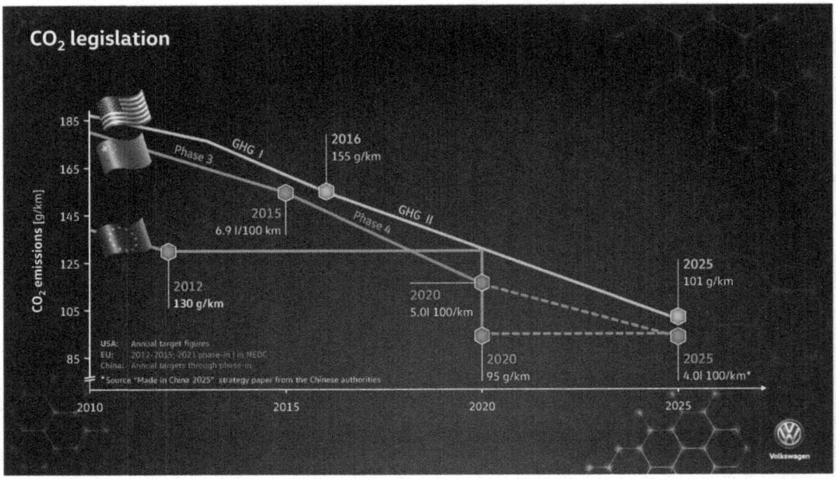
CO2 legislation
185
165
145
125
105
85
CO2 emissions [g/km]
GHG I
Phase 3
2016
155 g/km
GHG II
2015
6.9 l/100 km
Phase 4
2012
130 g/km
2020
5.0l 100/km
2025
101 g/km
2020
95 g/km
2025
4.0l 100/km*
2010
2015
2020
2025
Volkswagen

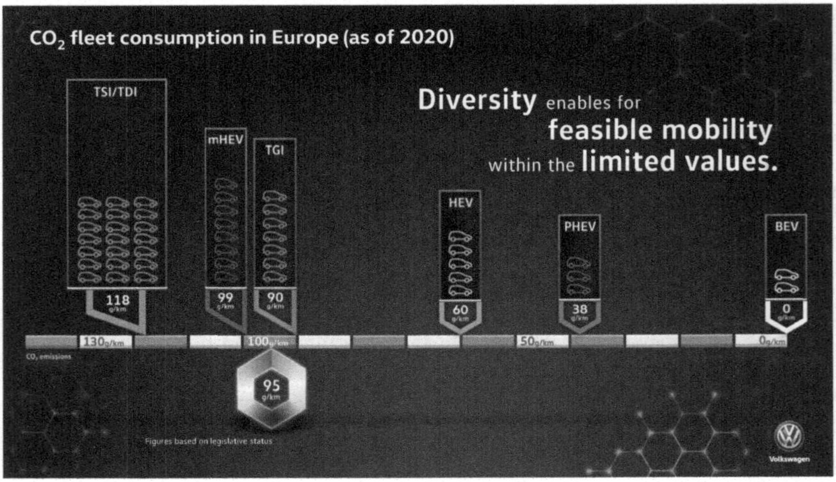
CO2 fleet consumption in Europe (as of 2020)
TSI/TDI
mHEV
TGI
Diversity enables for
feasible mobility
within the limited values.
HEV
PHEV
BEV
118
99
90
60
38
0
130g/km
100g/km
50g/km
0g/km
95 g/km
Figures based on legislative status
Volkswagen

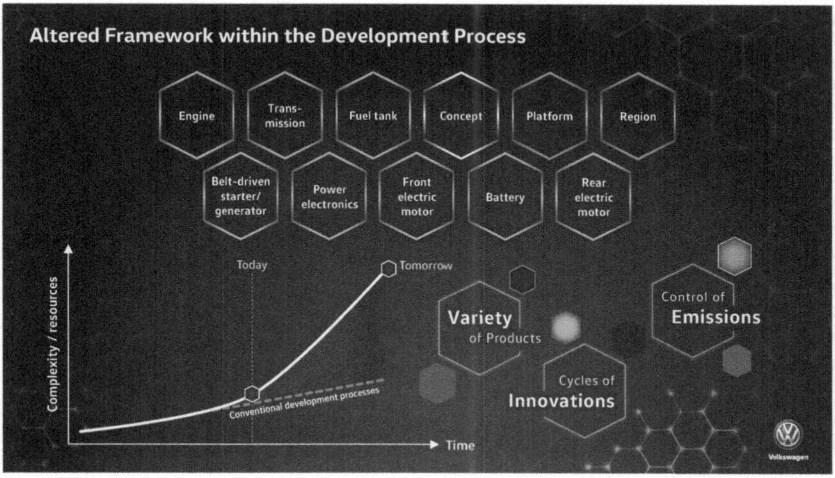
Altered Framework within the Development Process
Engine
Trans-
mission
Fuel tank
Concept
Platform
Region
Belt-driven
starter/
generator
Power
electronics
Front
electric
motor
Battery
Rear
electric
motor
Complexity / resources
Today
Tomorrow
Conventional development processes
Time
Variety
of Products
Control of
Emissions
Cycles of
Innovations
Volkswagen

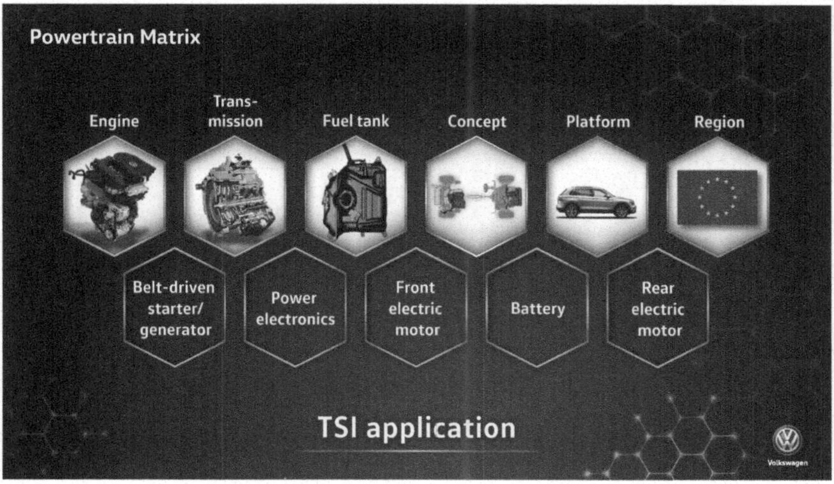
Powertrain Matrix
Engine
Trans-
mission
Fuel tank
Concept
Platform
Region
Belt-driven
starter/
generator
Power
electronics
Front
electric
motor
Battery
Rear
electric
motor
TSI application
Volkswagen

Powertrain Matrix
Engine
Trans-
mission
Fuel tank
Concept
Platform
Region
Belt-driven
starter/
generator
Rear
electric
motor
Power
electronics
Front
electric motor
Battery
PHEV application: e.g. Golf GTE
Volkswagen

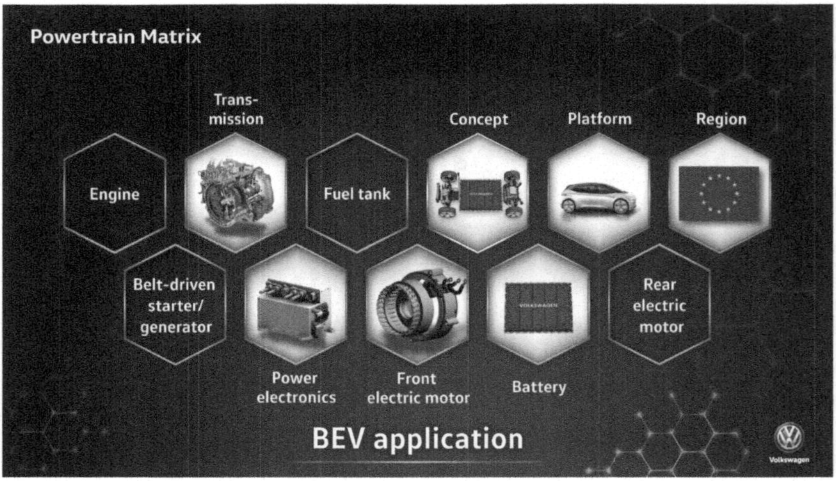
Powertrain Matrix
Trans-
mission
Concept
Platform
Region
Engine
Fuel tank
Belt-driven
starter/
generator
Rear
electric
motor
Power
electronics
Front
electric motor
Battery
BEV application
Volkswagen

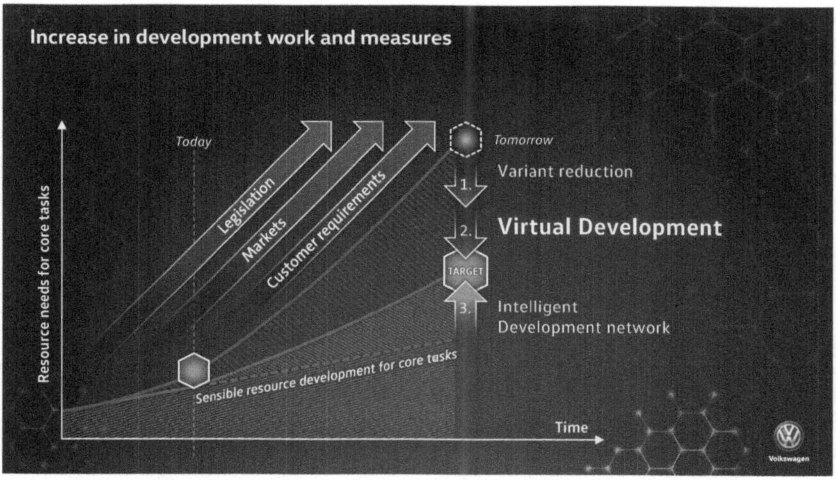
Increase in development work and measures
Resource needs for core tasks
Today
Tomorrow
Legislation
Markets
Customer requirements
1.
Variant reduction
2.
Virtual Development
TARGET
3.
Intelligent
Development network
Sensible resource development for core tasks
Time
Volkswagen

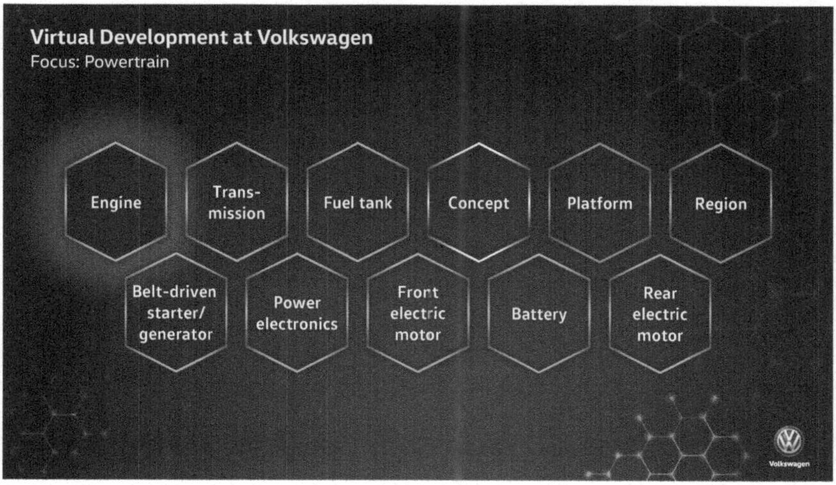
Virtual Development at Volkswagen
Focus: Powertrain
Engine
Trans-
mission
Fuel tank
Concept
Platform
Region
Belt-driven
starter/
generator
Power
electronics
Front
electric
motor
Battery
Rear
electric
motor
Volkswagen

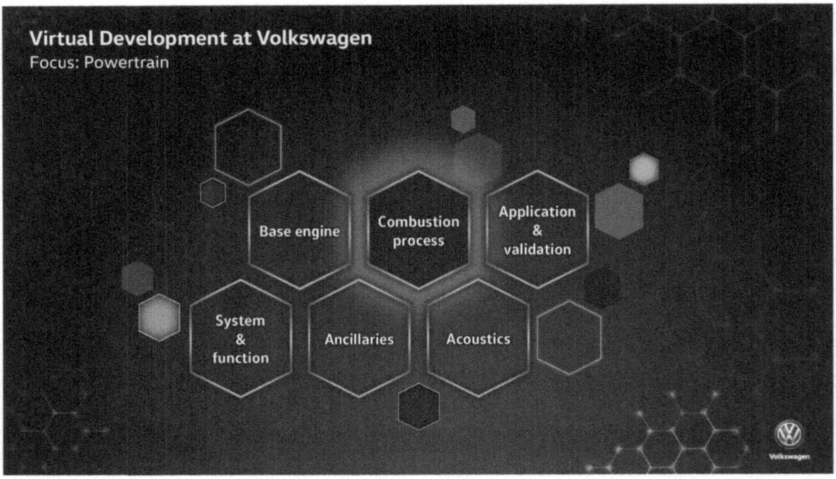
Virtual Development at Volkswagen
Focus: Powertrain
Base engine
Combustion process
Application & validation
System & function
Ancillaries
Acoustics
Volkswagen

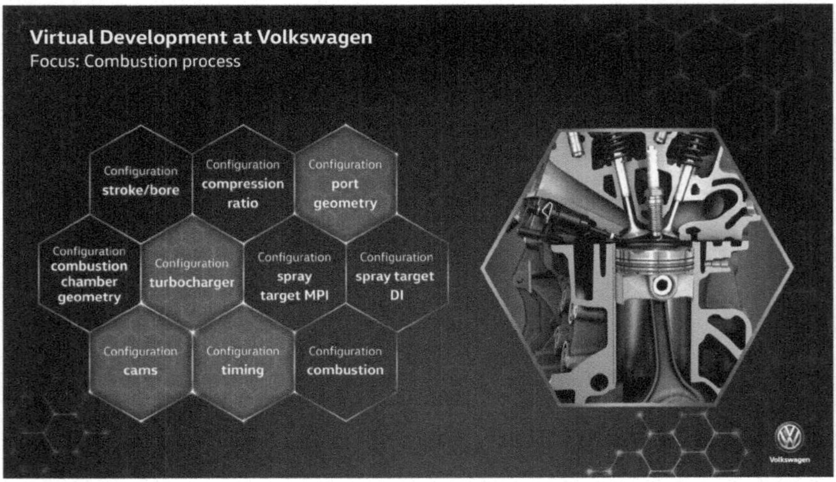
Virtual Development at Volkswagen
Focus: Combustion process
Configuration stroke/bore
Configuration compression ratio
Configuration port geometry
Configuration combustion chamber geometry
Configuration turbocharger
Configuration spray target MPI
Configuration spray target DI
Configuration cams
Configuration timing
Configuration combustion
Volkswagen

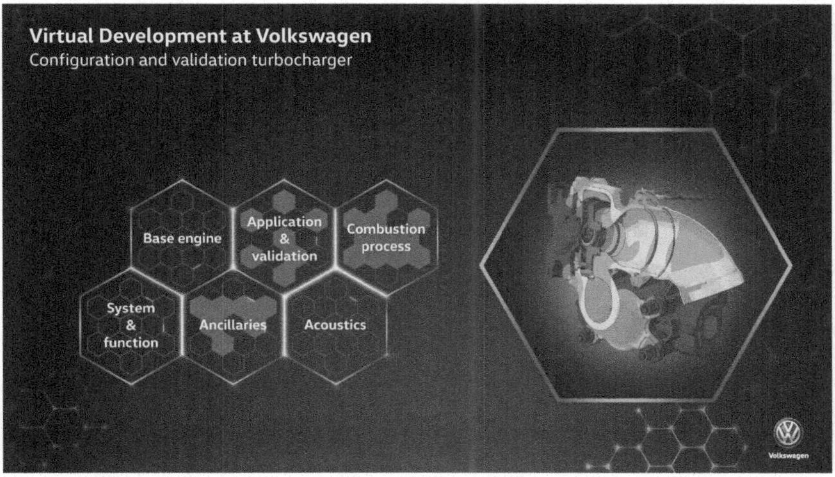
Virtual Development at Volkswagen
Configuration and validation turbocharger
Base engine
Application & validation
Combustion process
System & function
Ancillaries
Acoustics
Volkswagen

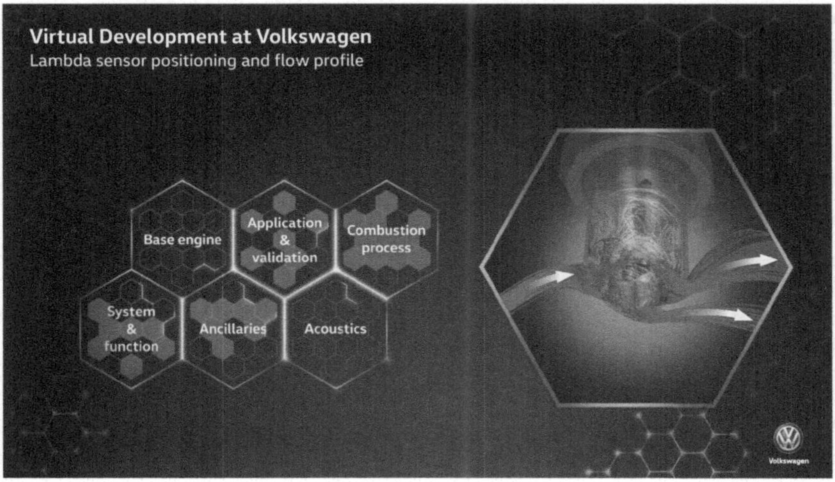
Virtual Development at Volkswagen
Lambda sensor positioning and flow profile
Base engine
Application & validation
Combustion process
System & function
Ancillaries
Acoustics
Volkswagen

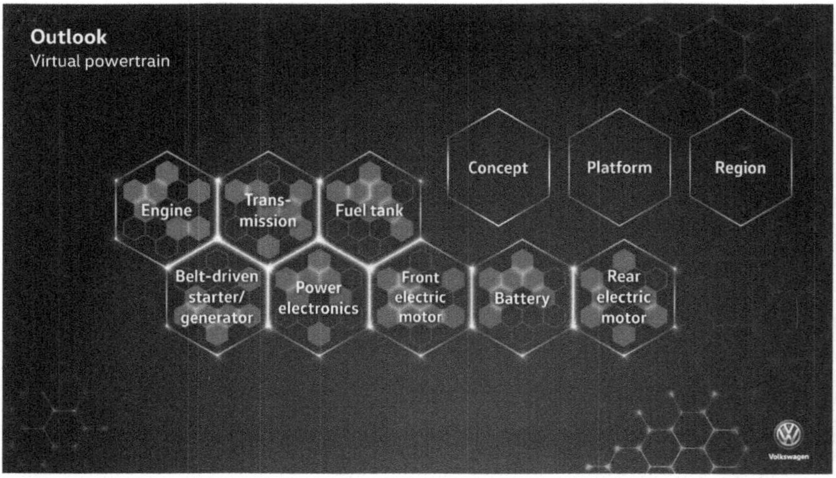
Outlook
Virtual powertrain
Concept
Platform
Region
Engine
Trans-mission
Fuel tank
Belt-driven starter/ generator
Power electronics
Front electric motor
Battery
Rear electric motor

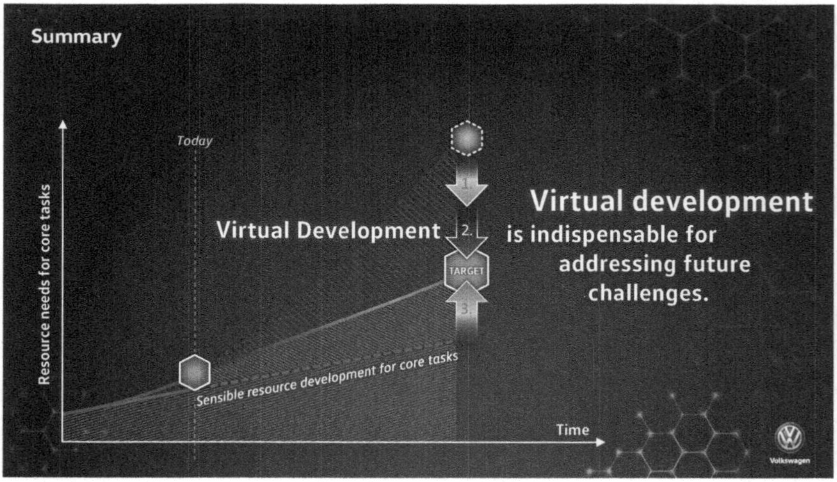
Summary
Resource needs for core tasks
Today
Virtual Development
1.
2.
TARGET
3.
Virtual development
is indispensable for addressing future challenges.
Sensible resource development for core tasks
Time

Messtechnische Ermittlung der Kennfelder von Ölpumpen und Einbindung der Kennfelder in die Simulation des Ölhaushaltes von Verbrennungskraftmaschinen

Autoren:

Fachhochschule Südwestfalen, Iserlohn
Prof. Dr.-Ing. Wilhelm Hannibal
Labor für Tribologie
Prof. Dr. rer. nat. Bernhard Kirsch
Robin Otto, M.Eng.
Phillip Hermanto, B.Eng.

flucon fluid control GmbH, Osterode
Dr.-Ing. Berthold Bode
Dipl.-Ing. Simon Hausner

MAHLE Filtersysteme GmbH
Dr.-Ing. Henrik Brehler
Dipl.-Ing. Holger Conrad
Dipl.-Ing. Tim Hentschel

J. Liebl (Hrsg.), *Simulation und Test 2018*, Proceedings,
https://doi.org/10.1007/978-3-658-25294-6_2

1 Einleitung

Nach wie vor ist es das Ziel der Entwickler von Verbrennungsmotoren, den Kraftstoffverbrauch und die Emissionen zu verringern. Ein wichtiger Ansatz ist hierbei die Reduktion des Energieverbrauchs von Nebenaggregaten, besonders von denen für die Versorgung des Schmieröl- und des Wasserkreislaufes zur Motorkühlung. Dabei ist insbesondere eine gezielte Temperatursteuerung der Fluide von Bedeutung, um tribologisch günstige Betriebsbedingungen zu erhalten [1]. Für die Pumpen-Grundsatzauslegung an neuen Verbrennungsmotorenkonzepten wäre es wünschenswert, wenn alle in der Praxis im Motorbetrieb aufkommenden Randbedingungen, wie Dauerhaltbarkeit oder Verhalten bei Luft im Öl, vorher bekannt wären. Für die OEMs bzw. die Ölpumpenhersteller könnte dann mittels Simulation ein möglichst günstiges Ölpumpenkonzept vorausgelegt werden. Dazu wird für die Parametrierung der Steuerung der Regelölpumpe ein leistungsfähiges Modell der Pumpen und der anderen Komponenten im Kreislauf benötigt, um die verschiedenen Betriebszustände abzubilden. Mit diesen Modellen kann dann während der Motorenwicklung die Motorsteuerung so optimiert werden, dass ein effizientes Ölpumpenkonzept zum Einsatz kommt. Der Aufwand, um weitere CO_2-Verminderungspotenziale umsetzen zu können, ist in der Entwicklung jedoch immens.

Im Rahmen dieses Beitrags sollen die Methodik der Erprobung von Ölpumpenkonzepten dargestellt, der Aufbau eines Pumpenprüfstands in der Entwicklung exemplarisch beschrieben und insbesondere die Wirkungsgrade der Pumpen unter dem Einfluss von Luft im Öl definiert und gemessen werden. Dazu wird ein an der Fachhochschule Südwestfalen entwickelter Erprobungsprüfstand eingesetzt [2]. An diesem Prüfstand kann der Einfluss der Ölverschäumung mit einem von der Fa. flucon fluid control GmbH entwickelten Aggregat dargestellt werden. Mit diesem kann der Luftgehalt in Grenzen von ca. 1 bis 25 Vol.-% erzeugt und gemessen werden. Die am Prüfstand ermittelten Kennfelder werden für eine Ölkreislaufsimulation in einem Modell für einen kompletten Verbrennungsmotor verwendet.

2 Übersicht über Ölpumpen

Die Entwicklung effizienter Ölpumpen für moderne Verbrennungsmotoren ist zunehmend aufwendiger geworden, da auch die Anforderungen an die Pumpen gestiegen sind. Dabei ist eine volumenstromgeregelte Ölpumpe die Schlüsselkomponente der kompletten Ölversorgung der Verbrennungsmotoren. Zum einen muss für die Schmierversorgung der Komponenten auch unter widrigen Bedingungen genügend Öldruck und zum anderen für die Kühlung ausreichend Volumenstrom zur Verfügung gestellt werden. Beispielhaft ist ein typischer Ölkreislauf eines V-Motors in Abbildung 1 dargestellt.

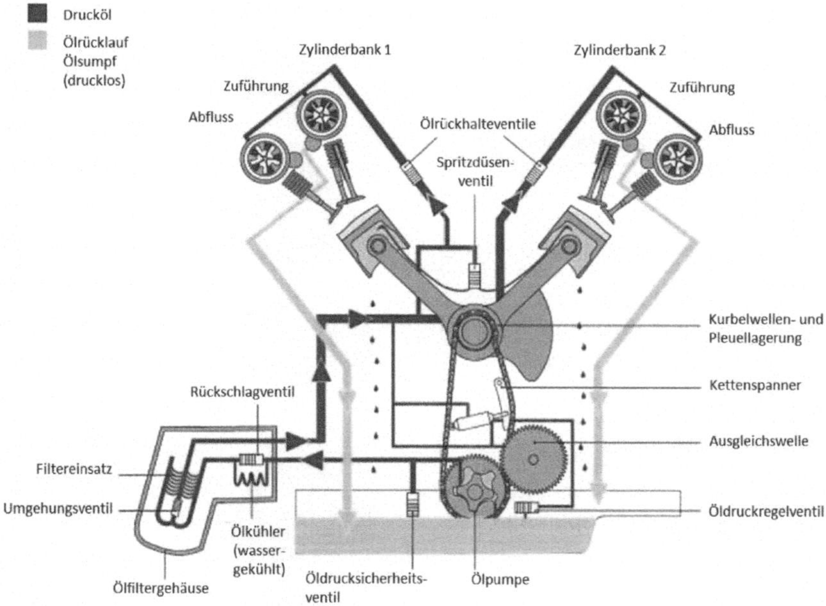

Abbildung 1: Aufbau eines PKW-Schmiersystems [3]

Die Anzahl der in der Praxis eingesetzten Ölpumpenkonstruktionen ist sehr groß. Am Verbrennungsmotor haben sich Zahnradpumpen mit entweder einer Außen- oder Innenverzahnung und Zellenpumpen durchgesetzt. Die Zellenpumpen sind entweder als Flügelzellen- oder Pendelschieberpumpen ausgeführt (s. Abbildung 2). Außenzahnradpumpen bestehen aus einem Gehäuse, in dem in der Regel zwei gleichgroße und miteinander im Zahneingriff stehende Zahnräder in Gleit- oder Wälzlagern drehbar gelagert sind. Eins der beiden Zahnräder wird hierbei direkt oder über Kette und Kettenrad von der Kurbelwelle angetrieben und treibt selbst wiederum das zweite Zahnrad in entgegengesetzter Drehrichtung an. Das Schmieröl wird von den beiden Zahnrädern vom Saug- zum Druckstutzen der Pumpe gefördert, indem es in den Lücken benachbarter Zähne jedes Zahnrads entlang der Innenwand des Gehäuses mitgeführt wird.

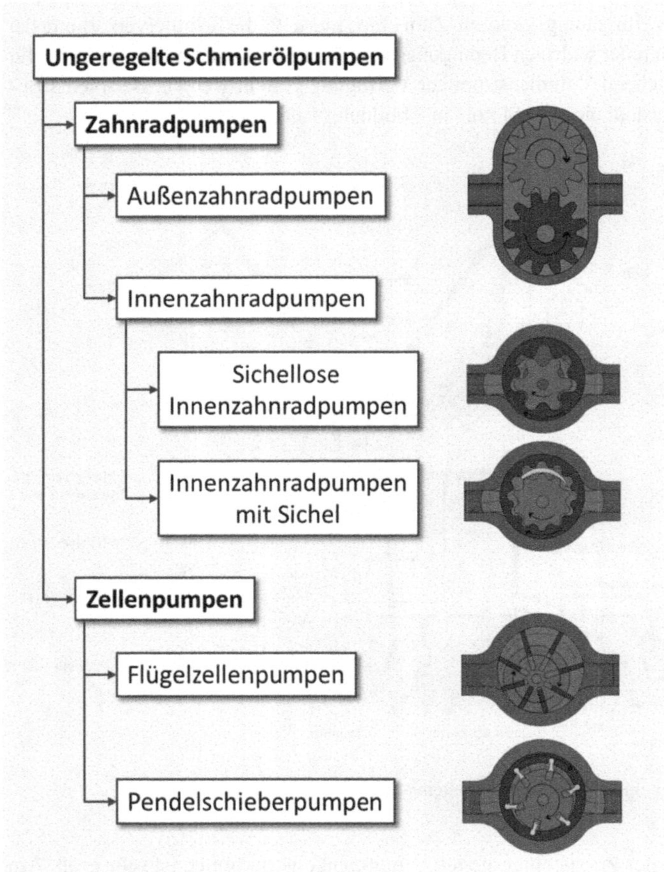

Abbildung 2: Überblick über die wesentlichen ungeregelten Ölpumpen an Verbrennungsmotoren

Die Abdichtung zwischen dem Saug- und dem Druckstutzen der Pumpe erfolgt durch ein möglichst geringes axiales sowie radiales Spiel zwischen den Zahnrädern und der Gehäusewand. Der Rückfluss des Öls von der Druck- zur Saugseite wird durch das Kämmen der Zahnräder verhindert.

Innenzahnradpumpen sind gekennzeichnet durch ein Innen- und ein Außenzahnrad, welche um eine halbe Zahnhöhe exzentrisch zueinander versetzt sind. Sie gehören deshalb zur Familie der Doppelläufersysteme. Der Antrieb der Pumpe erfolgt in der Regel am Innenrad.

Zellenpumpen stellen die typischen Bauformen der geregelten Pumpen dar. Sie kommen an Verbrennungsmotoren im PKW als Flügelzellen- oder Pendelschieberpumpen vor. Flügelzellenpumpen bestehen aus einem Hohlzylinder, Stator genannt, in welchem ein Rotor eine Drehbewegung ausführt. Die Drehachse des Rotors ist dabei exzentrisch zur Achse des Stators angeordnet. Der Rotor ist mit mehreren Radialschlitzen versehen, in denen die sogenannten Drehschieber oder auch Verdrängerflügel beweglich gelagert sind. Die Drehschieber wiederum werden durch den Stator auf einer Kreisbahn geführt. Bei Verstellpumpen und bei den Pendelschieberpumpen besteht der Stator aus einem zusätzlichen Bauteil, dem Laufring, der im Gehäuse verschiebbar gelagert ist.

Die Pendelschieberpumpe ist eng verwandt mit der Flügelzellenpumpe. Anstelle der im Rotor frei beweglichen Flügel werden bei der Pendelschieberpumpe pendelförmige und drehbar fixiert bewegliche Pendel in einem äußeren Laufring über einen exzentrisch angeordneten Innenrotor geführt. Dabei entsteht jeweils zwischen zwei Pendeln eine dichte Förderzelle. Bei einer Drehbewegung des inneren Rotors wird der Laufring mitgenommen. Durch eine gute Abdichtung der Förderzellen untereinander ergibt sich ein hoher volumetrischer Wirkungsgrad. Weitere Vorteile sind die Unempfindlichkeit gegen Verschmutzungen und abrasive Partikel. Daher ist die Lebensdauer sehr hoch, wodurch sich die Pumpe auch für den Einsatz in Nutzfahrzeugen eignet. Eine gute Regelbarkeit in Bezug auf Förderdruck und -volumen ist ebenfalls gegeben. Abbildung 3 zeigt eine geregelte Pendelschieberpumpe der Fa. MAHLE Filtersysteme GmbH im Querschnitt, die auch für die Prüfstandsuntersuchungen genutzt wurde.

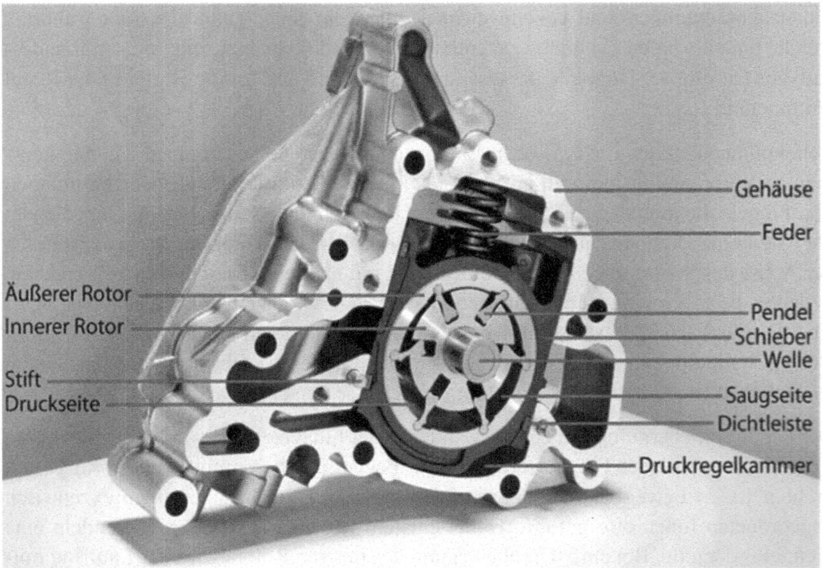

Abbildung 3: Volumenstromgeregelte Pendelschieberpumpe [4]

Da sich bei der Drehung des Rotors auf der Saugseite das Kammervolumen vergrößert, entsteht ein Unterdruck, der das Öl in das Innere der Pumpe saugt. Das Öl wird nun zwischen zwei Pendeln zur Druckseite gefördert. Aufgrund der Volumenverringerung in der abgeschlossenen Förderkammer wird das Öl vorverdichtet. Während der folgenden Förderphase verkleinert sich das Kammervolumen und das Öl gelangt über Kanäle zu allen Lagerstellen und Verbrauchern im Ölkreislauf des Verbrennungsmotors. Der Druck, der sich am Ausgang der Pumpe einstellt, wird dabei durch den hydraulischen Widerstand der Verbraucher bestimmt.

Bei Verstellpumpen wird das Öl über Steuerkanäle und über ein Magnetventil zurück zu den Steuerkammern am Laufring der Pumpe geleitet. Das Öl füllt jetzt die Druckregelkammer der Pumpe. Je nach Motorlast und Drehzahl wird der translatorisch verschiebbare Laufring verstellt. Wird die Exzentrizität zwischen Rotor und Laufring verkleinert (s. Abbildung 3) wird weniger Öl gefördert und umgekehrt. Diese Regelung führt dazu, dass immer nur so viel Öl gefördert wird, wie der Motor benötigt. Dadurch sinkt der Leistungsbedarf der Pumpe. Der Sollwert des Förderdrucks wird durch eine Feder bestimmt. Das Magnetventil beeinflusst zusätzlich den Druck in der Regelkammer und erlaubt dadurch, den Sollwert elektronisch zu verstellen.

2.1 Geregelte Ölpumpen

Bei dem Einsatz von ungeregelten Ölpumpen werden beim Erreichen des Solldruckes über ein sich öffnendes Regelventil Teilmengen des geförderten Öles auf die Saugseite der Pumpe zurückgeführt. Der Solldruck wird über „Worst Case"-Bedingungen definiert, sodass für einen weiten Motorbetriebsbereich dieser Druck mehr oder weniger deutlich über dem Niveau des tatsächlich zum sicheren Betreiben des Motors benötigten Öldrucks liegt. Es wird also zum einen ein zu hoher Öldruck erzeugt und zum anderen eine zu große Menge an Öl gefördert. Beides ist energetisch nicht optimal und führt zu unnötigen hohen Antriebsleistungen der Pumpe.

Demgegenüber erfolgt bei geregelten Pumpen eine Anpassung der Fördermenge an die jeweiligen Erfordernisse, und bei entsprechendem Regelkonzept auch eine bedarfsgerechte Reduzierung des Öldruckes. Durch den damit reduzierten Energiebedarf kann an Verbrennungsmotoren gegenüber dem Einsatz einer nicht geregelten Pumpe eine CO_2-Senkung von bis zu 4 % erzielt werden. In Abbildung 4 wird qualitativ der Ölbedarf eines Verbrennungsmotors aufgezeigt und im Vergleich dazu, der über der Drehzahl ansteigende Volumenstrom einer ungeregelten Ölpumpe im Vergleich mit mehreren Regelstrategien, welche eine Pumpe mit einer Bedarfsregelung nutzt.

Da an modernen Verbrennungsmotoren weitere hydraulische Verbraucher wie z.B. hydraulische Nockenwellenverstellungen auch schon bei niedrigen Drehzahlen Öldruck benötigen und bei höheren Drehzahlen und im Motorteillastbereich ein Überschuss an Ölmenge / Öldruck entsteht, nimmt die Notwendigkeit zum Einsatz einer Bedarfsregelung im Ölkreislauf weiter zu.

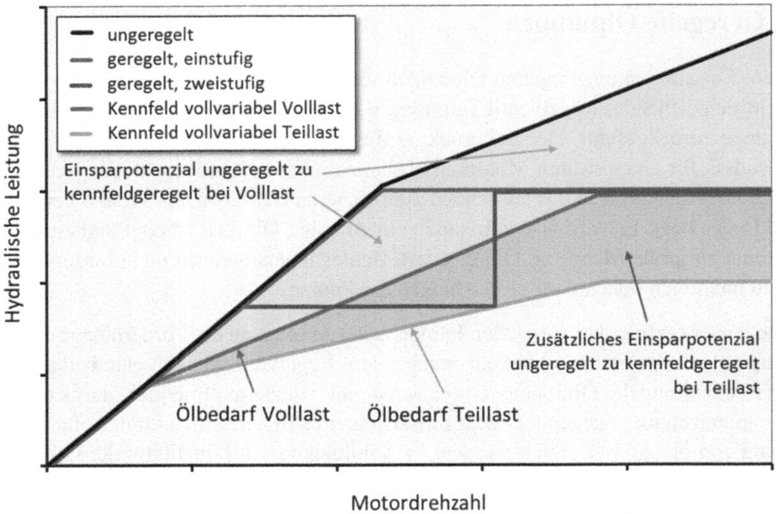

Abbildung 4: Ölbedarf bisheriger und aktueller Verbrennungsmotoren [5]

2.1.1 Zwei- oder Mehrstufenregelung

Bei der Zwei- oder Mehrstufenregelung wird statt einer herkömmlichen Konstantförderpumpe eine Pumpe mit zwei- oder mehrstufigen Sollwerten für den Förderdruck eingesetzt. So lässt sich in Bereichen niedriger Drehzahlen eine hohe Förderleistung realisieren. Die Verbraucher werden dementsprechend frühzeitig mit einer ausreichend hohen Fördermenge versorgt. Alternativ werden auch Pumpen mit zwei parallel arbeitenden Stufen eingesetzt, bei denen bei Bedarf jeweils eine oder zwei Stufen gleichzeitig zum Einsatz kommen. Mit steigender Drehzahl lässt sich dann die weitere Pumpenstufe abschalten. Dies kann beispielsweise mittels eines druckgesteuerten Ventils erfolgen, welches die abzuschaltende Förderstufe mit der Saugseite der ersten Pumpenstufe kurzschließt.

2.1.2 Kontinuierlich variable Regelung

Diese Form der Regelung ist dadurch gekennzeichnet, dass durch eine kontinuierliche Veränderung des Fördervolumens einer meist einstufigen Schmierölpumpe eine Anpassung an den Ölbedarf des Motors erfolgt. Die Regelung ist in der Lage, eine stufenlose Anpassung des Fördervolumens bzw. Drucks vorzunehmen. Hierzu wird ein in die Pumpe integriertes Regelorgan mit einem Regeldruck beaufschlagt. Dieser Regeldruck wird mittels eines Proportional-Magnetventils moduliert.

2.2 Konstruktionsprinzipien volumenstromgeregelter Ölpumpen

Im Folgenden wird kurz auf Beispiele volumenstromgeregelter Ölpumpen bezüglich der in Abbildung 5 beschriebenen Konstruktionsprinzipien eingegangen.

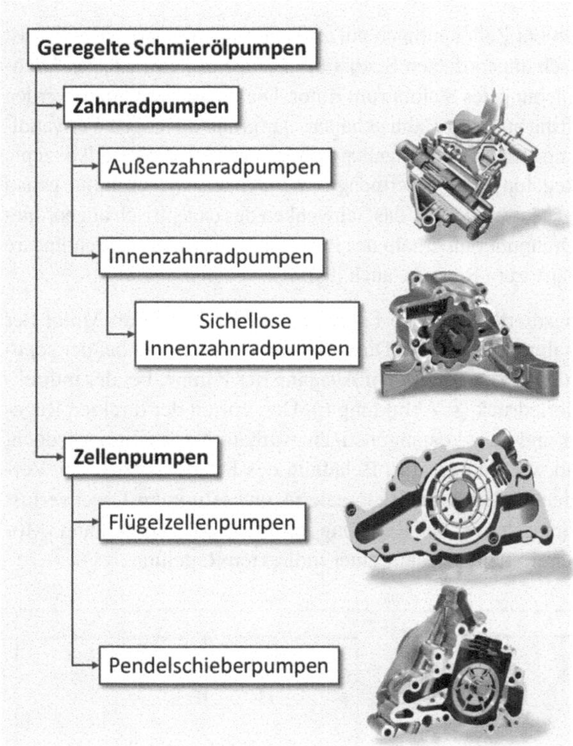

Abbildung 5: Beispiele ausgeführter volumenstromgeregelter Ölpumpen [4, 6 – 8]

Bei einer volumenstromvariablen Außenzahnradpumpe ist ein Zahnrad auf einer Verschiebeeinheit angeordnet, die durch anliegenden Öldruck gegen eine Rückstellfeder und einen in der Kammer wirkenden Regeldruck verschiebbar ist. Hierbei wird der axiale Zahneingriff eines Zahnrads variiert, wodurch eine Verstellung der Fördermenge möglich ist. Bei einer sichellosen Innenzahnradpumpe lässt sich die spezifische Fördermenge nicht direkt verändern, da alle bestimmenden Parameter geometrisch fixiert sind (Exzentrizität, Länge, Durchmesser). Man kann jedoch auf das bei ungeregelten Pumpen übliche Regelventil verzichten, indem beispielsweise das Außenzahnrad der Pumpe in einem Exzenterring drehbar gelagert ist. Der Exzenterring ist wiederum im Gehäuse drehbar gelagert, und die Winkellage des Exzenterrings ist relativ zum Gehäuse verstellbar. Durch die somit entstehenden Überschneidungen zwischen den Pumpenkammern und den Ein- und Auslassöffnungen lässt sich der resultierende Volumenstrom variieren. Allerdings erfolgt dieses über interne Leckagen, was wiederum verlustbehaftet ist.

Das Fördervolumen lässt sich bei Zellenpumpen auf zwei Arten verändern. Möglich ist ein Schwenken des exzentrisch angeordneten Stators der Pumpe um einen festen Drehpunkt oder die lineare Verschiebung des Stators zum Rotor. Die Flügel der Pumpe werden dabei jeweils durch den Laufring auf ihrer Bahn gehalten. Aufgrund der engen Verwandtschaft der Pendelschieberpumpe mit der Flügelzellenpumpe sind auch die Regelkonzepte sehr ähnlich. So erfolgt die Regelung der Fördermenge einer Pendelschieberpumpe genau wie bei der Flügelzellenpumpe entweder über das Schwenken des exzentrisch angeordneten Rotors um einen festen Drehpunkt innerhalb des Pumpengehäuses oder durch lineare Verschiebung des Stators relativ zum Rotor (s. auch [9]).

Ein weiteres Unterscheidungsmerkmal ist die Frage, an welcher Stelle im Motor der Ist-Wert des Pumpendrucks abgegriffen wird. Dieser Ist-Druck entspricht bei der sogenannten direkten Regelung dem Druck direkt am Ausgang der Pumpe, bei der indirekten Regelung dem Hauptgaleriedruck (s. Abbildung 6). Der Vorteil der direkten Regelung liegt in dem einfachen und sehr kostengünstigen Aufbau. Nachteilig ist jedoch, dass je nach Betriebszustand wie Temperatur, Beladung des Filters, Anzahl der Verbraucher und Strömungswiderstände bis zur Hauptgalerie ein bestimmter Druckverlust eintritt, welcher nicht automatisch von der Regelung kompensiert werden kann. Moderne Regelkonzepte beruhen deshalb stets auf einer indirekten Regelung.

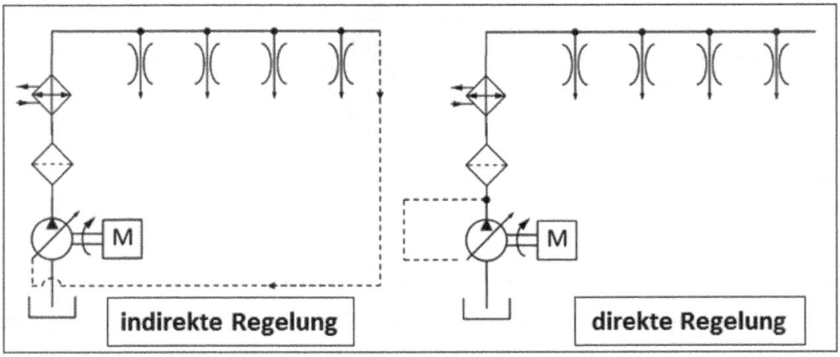

Abbildung 6: Vergleich zwischen indirekter und direkter Regelung [10]

3 Methodische Entwicklung von Ölpumpen

3.1 Anforderungen an die Entwicklung

Die Anpassung einer geregelten Ölpumpe an ein neu darzustellendes Verbrennungsmotorenkonzept hängt stark von den zu erfüllenden Anforderungen ab, die seitens des OEMs in der Regel in einem detaillierten Lastenheft formuliert werden. Im Folgenden wird auf eine exemplarisch durchgeführte Entwicklung verwiesen, bei der die Methoden der systematischen Versuchs- und Simulationsentwicklung einer geregelten, in Serie eingesetzten Pumpe nach dem Pendelschieber-Prinzip erfolgt ist. Wesentliche Hauptanforderungen an die Entwicklung dieses neuen Ölpumpenkonzeptes seien kurz genannt:

- Kurze Entwicklungszeiten,
- Einsatz der Pumpe über die gesamte Lebensdauer des Motors,
- Antrieb der Pumpe durch ein Zahnradpaar mit einer annähernd gewählten Übersetzung von 1:1 zur Kurbelwelle,
- Maximaler Durchfluss bei Motordrehzahl $n = 7.300$ 1/min ca. 80 l/min,
- Gewährleistung der Schmierölversorgung im Heißleerlauf, d.h. bei niedrigster Drehzahl und geringster Ölviskosität,
- Temperatureinsatzbereich von -40 bis 160 °C,
- bei Verschleiß der Lager, Vergrößerung der Dichtspalte muss die Funktionalität gewährleistet bleiben.

Zu Beginn der Entwicklung sind nicht immer alle Randbedingungen bekannt wie z.B. der Ölverbrauch bei verschiedenen Betriebspunkten. Eine Überdimensionierung der Pumpe führt zu höheren CO_2-Emissionen und zu einem höheren Gewicht und zu erhöhten Kosten. Eine Unterdimensionierung hat eine mangelnde Ölversorgung des Verbrennungsmotors, vor allem bei niedrigen Drehzahlen zur Folge, was den Verschleiß der Komponenten beschleunigt. Außerdem kann es z.B. zu Fehlfunktionen von Nockenwellenverstellern und Kettenspannern kommen. Zunehmend sind Kenntnisse zum Gasgehalt im Öl von Bedeutung, da auch für diesen Aspekt die Auslegung der Pumpe betriebssicher gelingen muss. Ein Öl-Luft-Gemisch kann zu Problemen bei der Regelung der Pumpe und zur Störung der hydrodynamischen Schmierverhältnisse in den Lagern führen. Außerdem verursacht Luft in Öl eine beschleunigte Öl-Alterung und bedingt einen früher eintretenden Verschleiß. Für die Neuentwicklung eines Verbrennungsmotors ist deshalb das komplex auszulegende Ölpumpenkonzept von großer Bedeutung. Nach der konstruktiven Grundauslegung und einer ersten Prototypenfertigung in einer kleinen Losgröße beginnt die Kennwertermittlung der Pumpe an den Entwicklungsprüfständen.

3.2 Entwicklungsablauf

In Abbildung 7 ist der Entwicklungsablauf zur Serienentwicklung einer Ölpumpe schematisch dargestellt.

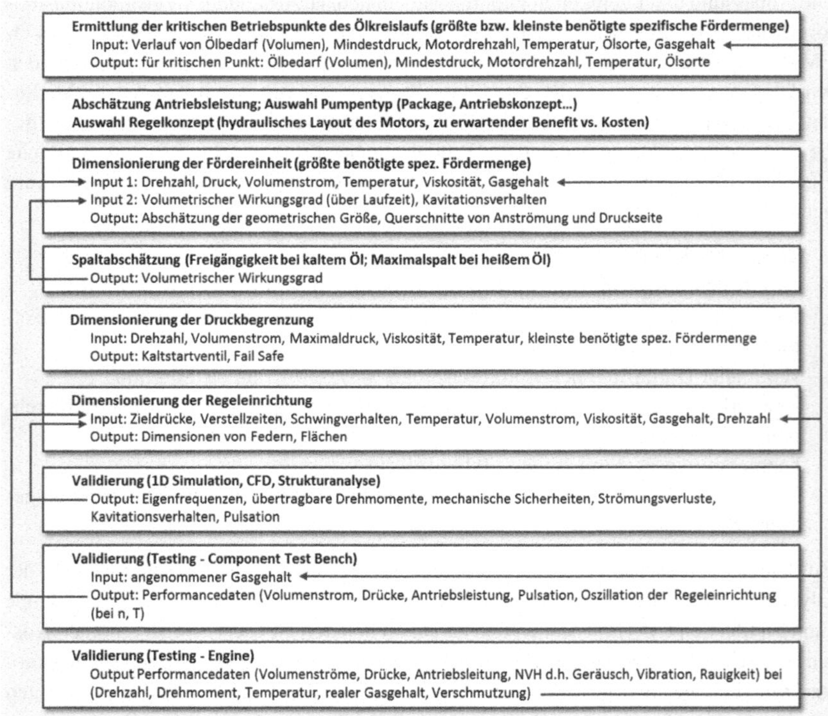

Abbildung 7: Ablaufdiagramm zur Serienentwicklung einer Ölpumpe

3.3 Dimensionierung von Ölpumpen

Die Vorhersage des benötigten Ölbedarfs – als Kriterium zur korrekten Dimensionierung der Pumpe – ist im Anfangsstadium der Motorenentwicklung eine sehr herausfordernde Aufgabe für die OEMs. Zusätzlich müssen über die Lebensdauer des Motors verschleißbedingte Performanceänderungen, wie die Zunahme der inneren Leckage und des Lagerspiels der Ölpumpe betrachtet und ggf. in der Grundauslegung der Pumpe berücksichtigt werden. Als weiterer Aspekt in der Entwicklung kommt das Thema Kosten ins Spiel. Hierbei muss die Performance der Pumpe unter den Gesichtspunkten der

Herstellkosten und des Bauraums abgestimmt werden. Um die Wettbewerbsfähigkeit zu gewährleisten und die Variantenvielfalt in der Produktion zu begrenzen, empfiehlt es sich, für die Auslegung der Kernkomponenten der Pumpe auf ein Baukastenprinzip zurückzugreifen. Zu Beginn der Entwicklung werden das theoretische Fördervolumen und der Regelbereich der Ölpumpe anhand der OEM-Anforderungen festgelegt. Danach wird für die konstruktive Auslegung der Pumpe ein Kompromiss aus Rotordurchmesser, Pumpenbreite und Exzentrizität für die Festlegung des Regelbereiches der Pumpe erstellt [11 – 14].

Parallel zur Pumpenauslegung wird während der Neuentwicklung eines Verbrennungsmotors die Packagesituation für die Ölpumpe betrachtet. Dabei gilt es möglichst frühzeitig, je nach Einbausituation des Verbrennungsmotors im Fahrzeug, für die Pumpenpositionierung – Platzierung am Kurbelwellenantrieb oder seitliche Lage durch Antrieb über ein Zahnrad oder ein Zugmittelgetriebe – eine konstruktive Lösung zu finden. Eine kurbelwellennahe Position begünstigt eine hohe hydraulische Performance.

Für die Detailkonstruktion sind zwei Aufgaben zu lösen, die Lagerung der Pumpenräder und die Dimensionierung der Leckagespalte. Bei der Lagerung muss ein Kompromiss zwischen hohem Wirkungsgrad und engen Fertigungstoleranzen auf der einen Seite und vertretbaren Herstellkosten und entsprechend geringerem Wirkungsgrad auf der anderen Seite gefunden werden. Bei den Leckagespalten muss ein Optimum gesucht werden zwischen engen Spalten mit hohen Scherkräften und weiten Spalten mit hohen Leckageverlusten. Dieses Optimum hängt stark von den Betriebsbedingungen Temperatur und Druck ab. Ein besonderes Augenmerk sollte man dem Einfluss von Luft im Öl schenken, da dieser Einfluss noch weitgehend unbekannt ist. Für die Festlegung der Fertigungstoleranzen und der verwendeten Werkstoffpaarungen muss ein Optimum im Hinblick auf Herstellkosten, Lebensdauer und Wirkungsgrad gefunden werden, damit die Pumpe das Target des OEMs erfüllt.

4 Definition der Wirkungsgrade von Ölpumpen

Reale Fluidsysteme sind immer verlustbehaftet. Diese Verluste werden durch einen Wirkungsgrad beschrieben [15]. Die in Pumpen auftretenden Verluste, setzen sich aus den Leckagen und den Drehmomentverlusten zusammen. Pumpen weisen an den bewegten Steuerelementen Dichtspalte auf, an denen unter Druck stehende Flüssigkeiten aus dem Druckraum entweichen. Konstruktionsbedingt ist der Leckagestrom je nach Pumpenkonzept unterschiedlich groß. Diese Leckageverluste werden durch den volumetrischen Wirkungsgrad beschrieben. Außerdem tritt zwischen den bewegten Teilen einer Pumpe Reibung auf, die auch je nach Pumpenkonzept unterschiedlich hoch sein kann. Der Anteil des Reibungsverlustes wird durch den hydraulisch-mechanischen Wirkungsgrad erfasst.

Der Gesamtwirkungsgrad ist definiert als das Verhältnis von hydraulischer zu mechanischer Leistung, oder als Produkt des volumetrischen und des hydraulisch-mechanischen Wirkungsgrades.

$$\eta = \eta_v * \eta_{hm} \qquad (1)$$

4.1 Wirkungsgrade ohne Luftgehalt

Bei einer Pumpe handelt es sich um eine periodisch arbeitende rotierende Maschine, welche mechanische Energie in hydraulische Energie umwandelt. Bei genügend hoher Drehzahl der Pumpe und genügend trägen Messinstrumenten kann man die Fördervorgänge an sich vernachlässigen. Im stationären Betrieb wandelt die Pumpe eine konstante mechanische Antriebsleistung P_m in eine konstante hydraulische „Nutzleistung" P_h um. Da es sich um rotierende Maschinen handelt, wird die Antriebsleitung als Produkt von dem Drehmoment M, das an der Pumpenwelle angreift und der Winkelgeschwindigkeit $2 * \pi * n$ (n = Drehzahl) berechnet. Der durch einen Rohrquerschnitt am Ausgang der Pumpe fließendende Volumenstrom Q multipliziert mit dem Druck p am Ausgang der Pumpe wird als Ausgangsleistung der Pumpe bezeichnet. In der Praxis sind Drehmoment und Drehzahl sowie Druck und Volumenstrom nicht frei wählbar, sondern werden durch die Eigenschaften des Antriebs (Steifigkeit) und der Last (hydraulischer Widerstand) bestimmt. Um die Eigenschaften der Pumpe an sich zu bestimmen, muss man durch geeignete Mess- und Regeleinrichtungen (beispielsweise Drehzahl- und Druckregelung) zwei der 4 Parameter, welche die Leistungen bestimmen, konstant halten. Bei der idealen Pumpe wird die eingespeiste Leistung komplett in hydraulische Leistung umgewandelt; die Eigenschaften der Pumpe werden durch einen einzigen Parameter, das Schluckvolumen V_s beschrieben:

$$P_h = p * Q = P_m = 2 * \pi * n * M \qquad (2a)$$

$$M = \frac{p * V_s}{2\pi} \qquad (2b) \qquad Q = n * V_s \qquad (2c)$$

Bei realen Pumpen wird nur ein Teil der Antriebsleistung in hydraulische Energie umgewandelt. Die unvermeidlichen Verluste werden durch den Wirkungsgrad η beschrieben. Formal ist der Wirkungsgrad das Verhältnis von hydraulischer Leistung am Ausgang der Pumpe und der Antriebsleistung. Der Begriff stammt aus der Thermodynamik und beschreibt, welcher Anteil an Gesamtenergie in einem abgeschlossenen System in mechanische Arbeit umgewandelt werden kann. Er trägt dem 2. Hauptsatz der Thermodynamik Rechnung, der besagt, dass Wärme nie von einem kalten auf einen warmen Körper übergehen kann. Der ursprüngliche Begriff des Wirkungsgrades wurde dann auf Energieflüsse in nicht vollständig abgeschlossenen Systemen erweitert und umfasst dann auch Verluste, die an den Grenzen des Systems durch Wärmetransport (Wärmeverluste) Reibung und Stoffverluste (volumetrische Verluste) entstehen. In Analogie dazu wurden bei Pumpen die Verluste in volumetrische Verluste und Verluste durch mechanische Prozesse wie Reibung, Beschleunigung von Flüssigkeitssäulen und Strömungsverluste aufgeteilt:

$$P_h = \eta * P_m \quad (3a) \qquad \eta_{hm} * M = \frac{p * V_s}{2\pi} \quad (3b) \qquad Q = n * \eta_V * V_s \quad (3c)$$

Bei Wärmekraftmaschinen dominieren die intrinsischen „Verluste“, das heißt der überwiegende Teil der eingespeisten Leistung verlässt das System als Abwärme, also als nicht umwandelbare Leistung. Vom Verlust zu sprechen ist eine Frage der Perspektive, denn wegen der Energieerhaltung geht die Energie ja nicht verloren. Bei ölhydraulischen Arbeitspumpen verwendet man jedoch nur wenig kompressible Öle und sorgt durch Wahl genügend großer Rohrquerschnitte dafür, dass nur wenige Prozent der eingespeisten Leistung in Kompressionsenergie des Öls und in die kinetische Energie der Ölsäule gewandelt werden. Bei Arbeitspumpen dominieren tatsächlich volumetrische Verluste durch Spalte zwischen Förderkammern und Gehäuse und durch Reibung zwischen den bewegten Teilen und dem Gehäuse. Die volumetrischen Verluste nehmen mit der Druckdifferenz zwischen Pumpeneingang und -ausgang zu. Wegen der bei niedrigen Schergeschwindigkeiten überwiegenden Mischreibung sind bei niedrigen Drehzahlen die Reibmomente groß. Sie sinken mit zunehmender Drehzahl wegen der dann vorherrschenden hydrodynamischen Schmierung. Bei hohen Drehzahlen nimmt das Schergefälle im Schmierspalt zu; die viskosen Verluste werden größer.

Die Begriffe „nutzbare Leistung“ und „Verluste“ beinhalten schon die Problematik bei der Messung und der Interpretation der Wirkungsgrade. Denn was nutzbar ist und was als Verlust empfunden wird, ist eine Frage der Perspektive oder messtechnisch eine Frage der Messstelle. Die Leistung ist ein Energiestrom, der durch eine definierte Fläche hindurchtritt. Die Eingangsleistung ist bei Pumpen genau definiert: es ist das Produkt aus den Effektivwerten von Drehzahl und Drehmoment an der Pumpenwelle. Zuweilen wird bei elektrisch angetriebenen Pumpen als Eingangsleistung das Produkt aus Strom und Spannung am Elektromotor genommen – aber bei diesen Angaben des Wirkungsgrades sind die Verluste am Motor mit eingeschlossen – der so gemessene Wirkungsgrad ist das Produkt aus Motorwirkungsgrad und Pumpenwirkungsgrad.

Auf der Fluidseite muss man zunächst die nutzbare von der genutzten Leistung unterscheiden. Bei Spannhydraulik wird beispielweise hydraulische Leistung nicht in mechanische Arbeit umgesetzt – der Nutzungsgrad ist also Null. Ähnlich verhält es sich bei Schmierölpumpen. Es wird nur ein Ölstrom zur Benetzung der Schmierstellen benötigt, der dafür benötigte Druck ist nur ein notwendiges Übel. Bei der Untersuchung von Pumpen wird aber dieser Aspekt ausgeblendet. Zur Berechnung des hydraulisch-mechanischen Wirkungsgrades wird das Produkt aus Lastdruck und Volumenstrom genutzt.

Bei inkompressiblen Medien treten wie oben gesagt keine Kompressionsverluste auf und der Volumenstrom ist eine Erhaltungsgröße. Die Menge des angesaugten Fluids ist gleich der Summe aus gefördertem Fluid und Lecköl. Bei schwach kompressiblen Medien und bei hohen Drücken ist der am Ausgang messbare Volumenstrom messbar kleiner als der angesaugte Strom; im Fluid wird elastische Energie gespeichert. Theoretisch ist auch diese elastische Energie nutzbar. In einigen Anwendungen z.B. beim Wasserstrahlschneiden wird diese Energie genutzt – in anderen Anwendungen z.B. Pressen nicht. Um bei den Wirkungsgradangaben diese Unsicherheit auszuschließen, verwendet man bei Wirkungsgradangaben den Volumenstrom bei Druck Null und schließt damit die elastische Energie in die nutzbare Leistung mit ein.

Wegen der hohen Kompressibilität von Luft wird mit steigenden Luftanteilen im Öl der Anteil an elastischer Energie immer stärker zunehmen. Hinzu kommen noch thermische Verluste, da die Kompression der Luft in der Pumpe kein isothermer Prozess mehr ist. Diese Verluste überlagern sich mit den Reibungsverlusten und den volumetrischen Verlusten in der Pumpe und müssen gesondert betrachtet werden.

4.2 Binäres Phasendiagramm Luft-Öl

Bei den üblichen Gebrauchstemperaturen von Öl treten keine chemischen Reaktionen zwischen Öl und Luft auf. Die als Alterung bezeichnete Oxidation von Öl durch den Luftsauerstoff können wir vernachlässigen. Auch wenn Luft ein Gemisch verschiedener Gase ist und Öl ein Gemisch verschiedener Kohlenwasserstoffe darstellt, können wir die beiden Stoffe jeweils als eine homogene Phase betrachten mit einer Dichte von 1,2 kg/m^3 für Luft und 860 kg/m^3 für Schmieröl. Eine Stofftrennung durch unterschiedliche Löslichkeit von Sauerstoff oder Stickstoff kann vernachlässigt werden und auch das Abdampfen leicht flüchtiger Ölbestandteile spielt für diese Fragestellung keine Rolle. Öl und Luft können als ein binäres Stoffgemisch betrachtet werden, in dem eine breite Mischungslücke auftritt. Um das folgende Phasendiagramm zu verstehen, betrachtet man zunächst ein Volumen, bei dem Luft und Öl unter Normaldruck stehen und voneinander getrennt sind. Der Anteil CG der Luft am Gesamtvolumen wird in % angegeben (x-Achse). Dann bringt man Öl und Luft in einen engen Kontakt und verringert oder erhöht das Gesamtvolumen, bis der gewünschte Druck entsteht (y-Achse) und das Gleichgewicht erreicht ist.

Bei niedrigen Luftgehalten erhält man eine homogene Phase; die Luft wird im Mineralöl gelöst. Mit zunehmendem Druck p kann immer mehr Luft im Öl gelöst werden. Die Steigung der Trennlinie zwischen gelöster Luft und Luft in Öl wird als Bunsenkoeffizient B bezeichnet und liegt bei ca. 9 %. Das heißt, bei Normaldruck von 1013 mbar absolut sind bereits 9 % Luft in Öl gelöst; bei einem Überdruck von 1,813 bar sind es dann schon 25 %.

$$CG = B * p \qquad (4)$$

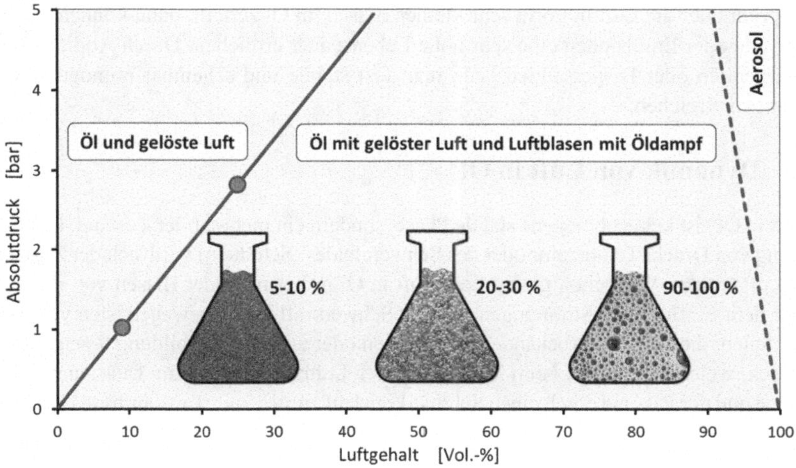

Abbildung 8: Phasendiagramm von Luft-Öl-Gemischen

Bei höheren Luftgehalten und niedrigen Drücken erhält man ein zweiphasiges System aus Luft mit Öldampf und Öl mit gelöster Luft. Der „Dampfdruck" von Ölen ist ein wichtiges Qualitätskriterium und sollte so niedrig wie möglich sein. Ein typischer Wert für Motorenöle ist 0,005 mbar; das heißt, in der Praxis ist in Luft praktisch kein Öldampf enthalten.

Unter dem Einfluss der Schwerkraft bilden sich dabei zwei homogene, stabile Phasen, die durch den Ölspiegel voneinander getrennt sind. Unter dem Einfluss turbulenter Strömungen können sich je nach Luftgehalt metastabile, makroskopisch homogene Phasen bilden:

- Blasen: die Luft bildet kleine und sehr kleine kugelförmige Blasen im Öl. Das Öl wird milchig trübe.
- (Oberflächen-)Schaum: große Luftblasen sind durch dünne Wände aus Öl getrennt.
- Ölnebel, Aerosol: das Öl schwebt in Form kleinster Tropfen in der Luft.

Unter dem Einfluss der Schwerkraft können alle „Phasen" zusammen vorliegen – ein Ölspiegel oder „Füllstand" ist nicht mehr genau zu definieren. Luftblasen, die im Tank aufsteigen, zerfallen an der Oberfläche nicht sofort. Es bilden sich dünne Membranen aus Öl, welche die Luftblasen voneinander trennen. Auf der Oberfläche des Ölspiegels bilden diese Blasen einen Schaumteppich. Die Pumpe sollte mit ihrem nach

Möglichkeit tief liegendem Ansaugstutzen diesen Schaum nicht ansaugen. Für weitere Betrachtungen ist daher der Schaum irrelevant. Wird das Öl in Form sehr feiner Tropfen versprüht oder die Luft in Form sehr kleiner Blasen im Öl zerteilt, dann können solche Aerosole oder Emulsionen eine sehr hohe Lebensdauer erreichen. Durch Additive wie Detergentien oder Dispersantien kann man fast stabile und scheinbar homogene Mischungen erreichen.

4.3 Dynamik von Luft in Öl

„Luft in Öl" ist keine homogene stabile Phase, sondern ein metastabiler Zustand. Bei Änderung von Druck, Temperatur oder des Schwerefeldes (Schütteln) wird sich der Zustand der Luft ändern. Wie schon gesagt liegt Luft in Öl in Form kleiner Blasen vor, die sich unter dem Einfluss von Strömungen und der Schwerkraft im Öl bewegen, sich vereinen oder teilen, die sich bei Druckänderungen bilden oder auflösen. Abbildung 9 zeigt schematisch, welche Vorgänge beim Transport einer Luftblase aus einem Tank durch eine Pumpe und der Passage durch einen Schmierkreislauf zurück zum Tank auftreten können.

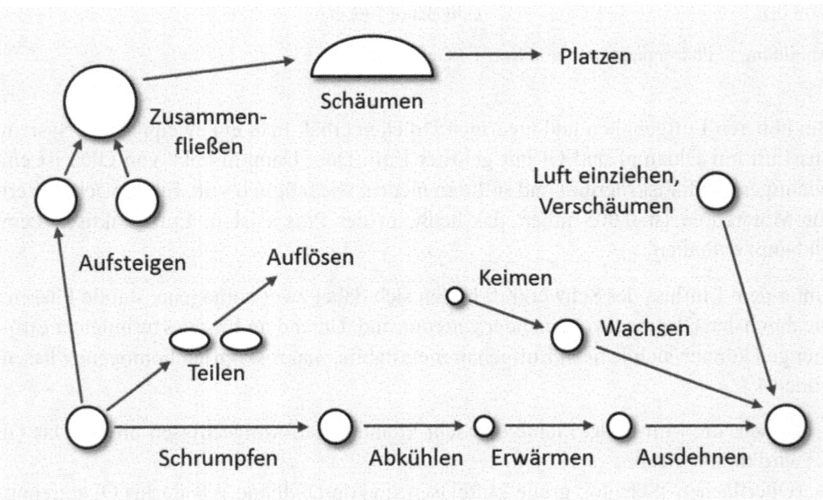

Abbildung 9: Schematische Darstellung der Prozesse, denen Luftblasen in einem Schmierölkreislauf unterzogen sind

Diese Vorgänge lassen sich grob in strömungsmechanische Prozesse und thermodynamische Zustandsänderungen einteilen. Dabei finden thermodynamische Zustandsänderungen im Wesentlichen bei der Passage einer Luftblase durch die Pumpe statt, während die mechanischen Prozesse auf die geschmierten Lager und den Tank für das Schmieröl beschränkt sind. Hält man die Betriebsbedingungen konstant, so wird sich mit der Zeit ein stationärer Gleichgewichtszustand bezüglich der Teilung, dem Aufsteigen, dem Zusammenfließen, dem Platzen der Blasen und dem Einziehen von Luftblasen einstellen. Diese Prozesse laufen bei Atmosphärendruck und bei Umgebungstemperatur ohne Lösungs- oder Ausscheidungsvorgänge ab; das Öl ist mit Luft gesättigt. Im Tank (Aufsteigen, Zusammenfließen, Schaumabbau) und in der Schmierstrecke (Teilen und Lufteinzug) befinden sich die Blasen im thermischen Gleichgewicht. Es stellt sich eine Verteilung der Blasengröße ein, wobei zu sagen ist, dass die mechanischen Prozesse eher zur Bildung von größeren Blasen führen. In dem weiter unten beschriebenen Prüfstand ist ein Aggregat zur Erzeugung eines stabilen Luftgehaltes vorhanden. Diese Luft-in-Öl-Dispersion im Tank befindet sich im Gleichgewicht und wird durch ein Messgerät überwacht.

5 Kreisprozess einer Blase bei der Passage durch die Pumpe

Beim Passieren einer Pumpe durchlaufen die Blasen einen thermodynamischen Kreisprozess, der thermische, barische und chemische Zustandsänderungen beinhaltet. Die Blase an sich befindet sich dabei zu jedem Zeitpunkt im thermischen Gleichgewicht; die Passage durch die Pumpe ist jedoch so schnell, dass zwischen der Blase und dem umgebenden Öl der Wärmetransport und der Stofftransport nicht zu einem Gleichgewichtszustand führen. Dieser stellt sich im Tank erst nach längerer Verweilzeit ein; der Gasgehalt des Fluids vor dem Rücklauf in den Tank wird durch ein weiteres Messgerät überwacht. Da sich die Blasen im Tank im thermischen Gleichgewicht befinden, können für jede Blase und das blasennahe Ölvolumen die Zustandsänderungen betrachtet und dafür ein Kreisprozess definiert werden. Dieser Kreisprozess entnimmt dem rotierenden Antrieb der Pumpe Energie. Diese Energieentnahme macht sich beim Pumpen von Öl-Luft-Gemischen als Wirkungsgradverlust bemerkbar.

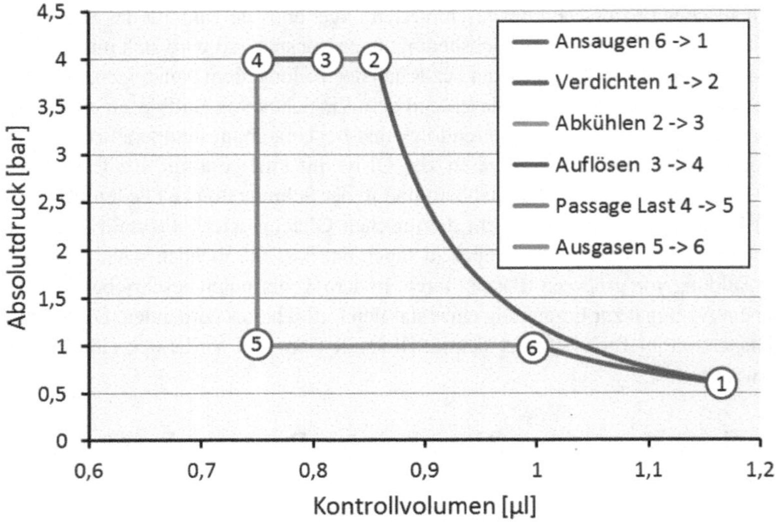

Abbildung 10: Schematische Darstellung des Kreisprozesses, dem eine Luftblase bei der Passage durch die Pumpe unterworfen ist

Im Tank befinden sich Luftblasen unter dem Einfluss der Atmosphäre (Druck p_0 [bar], Referenzdruck 1,013 bar). Sie weisen eine bestimmte Konzentration (Gasgehalt CG [Vol.-%]) und Größenverteilung auf. Durch die Abscheideprozesse tritt auch eine Schichtung auf. Diese Schichtung wird nicht beachtet. Das Öl sollte mit Gas gesättigt sein ($CG_0 = B * p_0$). Die hydraulischen Verluste im Schmierkreislauf bewirken eine Temperaturerhöhung im Tank, die durch eine Kühlung kompensiert werden muss, um ein stationäres Verhalten zu erreichen (Temperatur T_0 [K], Referenztemperatur 300 K).

Für die folgenden Betrachtungen wird ein Kontrollvolumen V_0 herausgegriffen. Die Luftblasen werden zu einer Gasphase mit dem Volumen $CG * V_0$ und zu einer Ölphase mit dem Volumen $(1 - CG) * V_0$ zusammengefasst. Das Kontrollvolumen wird als quasi geschlossenes System betrachtet, das weder Wärme noch Gas mit der Umgebung austauscht. Über die Pumpe wird dem System mechanische Energie zugeführt, die in einer Temperaturerhöhung des Öls hinter der Lastdrossel resultiert. Diese Temperaturerhöhung ist bei einem Durchgang relativ klein. Um einen stationären Zustand zu gewährleisten, wird die eingetragene Wärme über einen Wärmetauscher vor dem Rücklauf in den Tank entfernt. Das Kontrollvolumen hat damit einen Kreisprozess durchlaufen, der in Abbildung 10 dargestellt ist. Da die Blasen eine recht große Oberfläche haben, kann davon ausgegangen werden, dass der Wärmeübergang schneller als die Passage durch die Pumpe stattfindet – es kann ein isotherme Zustandsänderung angenommen werden.

5.1 Saugphase

Das Kontrollvolumen V_0 passiert beim Ansaugen verschiedene Engstellen im Saugtrakt, die unter der Bezeichnung „Saugdrossel" zusammengefasst werden. Der Druckabfall über diesen Drosselstellen ist nach Bernoulli proportional zum Quadrat der Geschwindigkeit – in der Saugkammer der Pumpe herrscht kurz vor dem Umsteuern der Pumpe der Unterdruck $p_1 < p_0$. Dieser ist aber so ähnlich zu p_0, dass kein nennenswertes Ausgasen auftritt. Das Volumen der Blasen vergrößert sich dabei; das Ölvolumen bleibt unverändert. Das Kontrollvolumen wird so groß gewählt, dass es nach der Passage genau in die Saugkammer passt. Das Volumen der Saugkammer wird auch als geometrisch definiertes Schluckvolumen bezeichnet.

$$V_s = \frac{p_0}{p_1} * CG * V_0 + (1 - CG) * V_0 \qquad (5)$$

Der am Sauganschluss messbare Volumenstrom Q ist das Produkt aus Kontrollvolumen und Drehzahl n der Pumpe:

$$Q = n * V_s \frac{p_1}{p_0 * CG + (1 - CG) * p_1} \qquad (6)$$

Der Volumenstrom eines gasfreien Fluids ist gleich dem Produkt aus Schluckvolumen mal Drehzahl. Der Quotient in Formel (6) mindert bei Anwesenheit von freier Luft in Öl die Füllung der Saugkammer, der Quotient hat also die gleiche Bedeutung wie innere Leckage der Pumpe, welche ebenfalls die Saugleistung mindert und durch den volumetrischen Wirkungsgrad beschrieben wird. Es wird daher der nachfolgende Quotient als Füllgrad bei dem Vorhandensein von freier Luft in Öl im Saugtrakt der Pumpe definiert, analog zum volumetrischen Wirkungsgrad.

$$\eta_F = \frac{p_1}{p_1 + CG * (p_0 - p_1)} \qquad (7)$$

Bei einer Pumpe mit inneren Verlusten durch Leckage und einen Anteil an freier Luft im Saugtrakt erhält man dann als resultierendes und nutzbares Fördervolumen Q:

$$Q = \eta_V * \eta_F * n * V_s \qquad (8)$$

5.2 Vorverdichtung

Bei Verdrängerpumpen öffnet sich mit zunehmendem Drehwinkel eine Kammer, die über Steuerschlitze mit der Saugseite der Pumpe verbunden (Saugphase) wird. Nachdem die Kammer das maximale Volumen erreicht hat, wird die Kammer von der Saugseite abgetrennt, das Volumen der Kammer beginnt sich zu verringern (Vorkompression). Da die Kammer von der Saugseite abgetrennt und mit der Druckseite noch nicht verbunden ist, wird das Öl elastisch komprimiert. Diese sogenannte Vorkompression liegt bei luftfreiem

Öl in der Größenordnung weniger Promille. Sobald aber das Öl einige Prozent freie Luft enthält, wird in dieser Phase nicht von einer Vorverdichtung ausgegangen. Die Pumpe erzeugt dadurch bei Verbindung der Fluidkammer zur Hochdruckseite starke Pulsationen und Geräusche. Bei Luftgehalten größer 2 Vol.-% kann der Einfluss der Vorverdichtung auf die Thermodynamik der Luftblasen vernachlässigt werden. Die starken Pulsationen im Drucktrakt beeinflussen die Reproduzierbarkeit der Druck- und Volumenstrommessung, was bei der Analyse des Messsystems berücksichtig werden muss.

5.3 Rückströmung

Sobald die Förderkammer mit dem Hochdruckbereich verbunden wird, strömt aus diesem Bereich Fluid zurück in die Förderkammer der Pumpe, da die Luftblasen komprimiert werden. Die Kompression verläuft sehr schnell, es ist eine adiabatische Zustandsänderung, bei der in den Luftblasen die Temperatur ansteigt. Den Temperaturanstieg kann man mit Hilfe des Adiabatenexponenten $\kappa = 1{,}4$ für Luft berechnen. Für beispielsweise einen Druck $p_2 = 3{,}039$ bar steigt die Temperatur von 25 °C auf 135 °C an. Diese Temperaturspitze klingt aufgrund der wesentlichen höheren Wärmekapazität des Öls schnell ab. Das Öl in der Umgebung der Luftblase wird nur wenig erwärmt.

Der Rückstrom von Öl in die Förderkammer bewirkt bei Hochdruckpumpen einen starken Druckeinbruch. Bei hohem Anteil von freier Luft in dem Hochdruckbereich wirkt diese Luft jedoch wie ein Speicher und der Druck sinkt nur minimal durch den Rückstrom. Man kann daher den Kompressionsvorgang durch Rückströmung als isotherme Zustandsänderung von p_0, V_0 nach p_2, V_2 betrachten:

$$V_2 = (1 - CG) * V_0 + CG * V_0 \frac{p_0}{p_2} = \left(1 + \left(\frac{p_0}{p_2} - 1\right) * CG\right) V_0 \qquad (9)$$

Parallel zur Kompression und zum Temperaturausgleich findet ein Lösungsvorgang der Luft im Öl statt. Dadurch schrumpft das geförderte Volumen weiter. Dabei müssen zwei Fälle unterschieden werden:

- die Luft wird komplett gelöst. $V_3 = (1 - CG) * V_0 \qquad (10a)$
- es bleiben noch Blasen zurück: $CG > B * (p_2 - p_1) \qquad (10b)$
  Das Öl nimmt aus den Gasblasen Luft bis zum Erreichen der Sättigungskonzentration auf; die restlichen Gasblasen bleiben komprimiert.

$$V_3 = (1 - CG) * V_0 + \frac{p_0}{p_2}(CG - B * (p_2 - p_0))V_0 \qquad (11a)$$

$$V_3 = \eta_F V_s \left(1 + CG\left(\frac{p_0}{p_2} - 1\right) - B\frac{p_0}{p_2}(p_2 - p_0)\right) \qquad (11b)$$

Nur das Volumen V_3 passiert die Drossel; nur diesem Volumen ist die hydraulische Leistung $P_{hyd} = \dot{V}_3 * p_2$ der Pumpe zugeordnet. Der Antrieb der Pumpe muss jedoch die Leistung $P_{tot} = \dot{V}_s * p_2$ aufbringen, um die Förderkammer zu leeren. Der Quotient aus hydraulischer Leistung und Antriebsleistung entspricht dem Wirkungsgrad der Förderpumpe. Analog zum mechanischen Wirkungsgrad kann für die Förderung von Luft ein Wirkungsgrad definiert werden, welcher die Kompressionsverluste der Luftblasen beschreibt.

$$\eta_K = 1 - CG \qquad f\ddot{u}r\ CG < B * (p_2 - p_1) \qquad (12a)$$

$$\eta_K = 1 + CG\left(\frac{p_0}{p_2} - 1\right) - B\frac{p_0}{p_2}(p_2 - p_0) \qquad f\ddot{u}r\ CG > B * (p_2 - p_1) \qquad (12b)$$

(12a) beschreibt den Fall, dass die gesamte Luft in Lösung gegangen ist, (12b) den Fall, dass noch freie Luft die Pumpe passiert.

Im Unterschied zum mechanischen Wirkungsgrad von Hochdruckpumpen ist der Kompressionswirkungsgrad nicht vom Volumenstrom, sondern vom Druck abhängig.

6 Versuchsergebnisse

6.1 Aufbau des Prüfstands

Der Antrieb der zu prüfenden Schmierölpumpe erfolgt über einen mit einem Frequenzumrichter gesteuerten Servomotor. Mit diesem Frequenzumrichter wird die Solldrehzahl vorgegeben. An der Welle des Servomotors befindet sich der Messumformer, der das Pumpenantriebsdrehmoment und die Pumpendrehzahl erfasst. Die Pumpe ist in einem Öltank getaucht montiert. Die Flucht zwischen Pumpenwelle und Servomotor wird mittels einer Laserausrichtung präzise eingestellt, um möglichst genau das Antriebsdrehmoment der Pumpe zu erfassen. Der Öltank mit einem Fassungsvermögen von maximal 80 l wird über einen Sekundarkreislauf durch eine Heizung temperiert. Die Ist-Temperatur im Tank wird über einen Temperaturmessumformer erfasst. Über einen Tertiärkreis, FOAM genannt, wird Luft in das Öl eingebracht. Durch ein besonderes Verfahren werden feine Blasen in einer definierten Menge von ca. 1 bis maximal ca. 25 % erzeugt. Die so eingebrachte Luft hat eine lange Verweilzeit im Tank. Durch eine intensive Fluidumwälzung kann im Haupttank eine stabile Luftkonzentration erreicht werden. Der Ist-Wert des Luftgehaltes wird über das CGS erfasst; eine zusätzliche Regelung hält den eingestellten Gasgehalt stabil.

Die Pumpe saugt über eine definierte Schlauchleitung (Länge, Durchmesser) das lufthaltige Öl an, verdichtet es und fördert das Fluid zu einer regelbaren Drossel. Zur Erweiterung des Stellbereiches ist eine feste Drossel parallel angeordnet. Außerdem begrenzt ein weiteres Ventil den maximalen Druck. Der Druck am Ausgang der Pumpe wird erfasst und dient als Ist-Wert für eine Druckregelung. Mit Hilfe der regelbaren Drossel wird so der Druck auf den von der Steuerung vorgegebenen Sollwert eingestellt. Über einen Schlauch von ca. ein Meter Länge und 25 mm Durchmesser ist der Ausgang der regelbaren Drossel mit einer Messblende verbunden. Der Druck vor dieser Blende wird von einem weiteren Drucksensor erfasst. Er dient zur Bestimmung des Durchflusses, angelehnt an das Wirkdruckverfahren nach DIN ISO 5167 Teil 1 und 2 von 2003. Die Vorgaben der Norm können nicht vollständig umgesetzt werden, da wegen der extrem hohen Druckpulsationen eine aussagekräftige Differenzdruckmessung nicht möglich war. Direkt hinter der Messblende befindet sich ein weiteres Messgerät zur Bestimmung des Gasgehaltes im Auslauf der Pumpe; damit werden Lösungs- und Ausgasungsvorgänge untersucht. Danach läuft das Öl in den Tank zurück.

Mit dieser Anordnung lassen sich ein Drehzahlbereich von 0 bis 8.000 1/min, ein Druckbereich von 0,5 bis 8 bar, ein Gasgehalt von 0 bis 25 % und eine Temperatur von 20 °C bis 120 °C vorgeben.

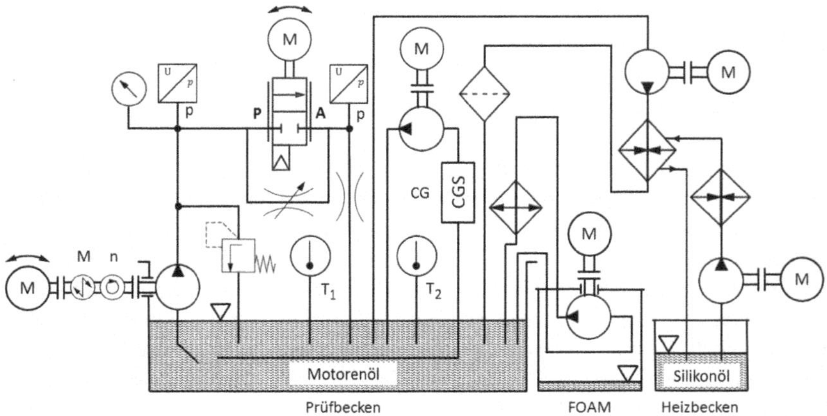

Abbildung 11: Prinzipaufbau des Prüfstands

Abbildung 12: Entwicklungsprüfstand an der Fachhochschule Südwestfalen in Iserlohn

6.2 Methodik der Messung von Luft in Öl

Um den Luftgehalt von Öl zu messen, muss man drei Fälle unterscheiden:

- Keine freie Luft im Öl vorhanden; Luft ist in Öl gelöst, die Konzentration ist kleiner oder gleich dem Sättigungswert von gelöster Luft in Öl.
- Luft ist als zweite Phase vorhanden; Luftblasen können unterschiedliche Größen haben und sind inhomogen verteilt. Es ist aber keine Grenzfläche Öl/Luft erkennbar.
- Das Fluid in einem Behälter enthält Luft, aber unter dem Einfluss der Schwerkraft hat sich eine Grenzfläche Luft/Öl herausgebildet. Von der definierten Oberfläche Luft/Schaum findet dann nach unten hin ein stetiger Anstieg des Ölgehaltes statt. Am Boden des Behälters ist der Luftgehalt am kleinsten.

Gelöste Luft in Öl ist nicht direkt messbar. Verglichen mit den Ölmolekülen sind die Luftmoleküle zu klein, chemisch zu träge und von den Atommassen her den Kohlenwasserstoffen im Öl ähnlich, sodass sich die physikalischen Eigenschaften von Öl durch das Lösen von Luft nicht messbar ändern. Mithilfe eines thermodynamischen Prozesses kann man gelöste Luft in Öl indirekt messen.

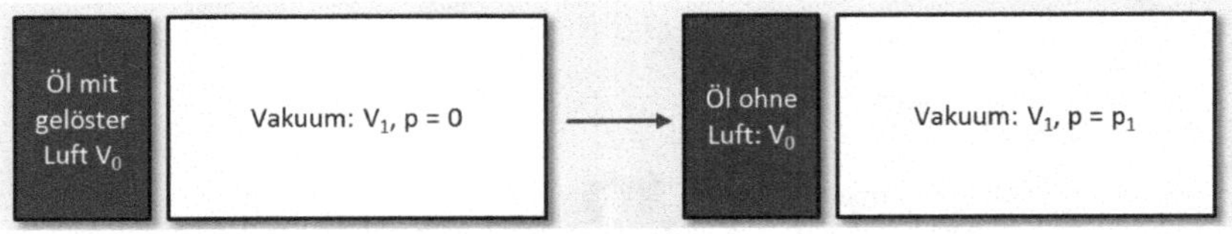

Abbildung 13: Schematische Darstellung eines Verfahrens zur Bestimmung von Luft, welches in Öl gelöst war

Wenn V_1 genügend groß ist, kann man den Luftgehalt mit Hilfe des Normdrucks $p_0 = 1013$ mbar bestimmen

$$CG = \frac{p_1}{p_0} * \left(1 + \frac{V_1}{V_0}\right) \qquad (13)$$

Dieses Verfahren funktioniert ebenso für die anderen beiden Fälle; man kann nie zwischen freier und gelöster Luft unterscheiden.

Für die Messung einer geschichteten Öl/Luftsäule, wie sie im dritten Fall auftritt, ist die Angabe einer „pauschalen" Luftkonzentration schwierig, da keine eindeutige Grenzfläche zwischen Luft und Öl erkennbar ist. Es gibt allerdings Messmethoden mit radioaktiven Präparaten oder mit Röntgengeräten (Computertomograph) mit denen man die lokale Luftkonzentration in einer Schicht feststellen kann. Diese Verfahren waren bis vor einigen Jahren Stand der Technik, sind aber wegen der Probleme bei der Handhabung und wegen der Gefahren im Betrieb in den Hintergrund getreten.

Bei quasihomogenen Öl-Luftgemischen wird der Luftgehalt mit Hilfe der Dichte des luftfreien Öls bestimmt. Man trennt ein Volumen aus dem Kreislauf ab, wiegt dessen Masse. Aus dem Verhältnis dieser Dichte zur Dichte des luftfreien Öls kann man den Luftgehalt bestimmen. Ähnlich kann man sogenannte Spindelaerometer nutzen. Diese Spindeln sinken bei geschichteten Öl/Luftsäulen so tief ein, bis sie in der Tiefe schweben, in der die Nenndichte des Aerometers gleich der umgebenden Dichte des Fluids ist (Bermudaeffekt). Nicht nutzbar sind Messgeräte zur kontinuierlichen Messung der Dichte. Diese beruhen auf der Nutzung von Schwingungen und Schallwellen. Diese werden durch Luftblasen unkontrollierbar beeinflusst. Dies gilt insbesondere für Durchflusssensoren, welche nach dem Coriolisprinzip arbeiten und den Massenstrom erfassen können.

Das Messmittel der Wahl zur kontinuierlichen Messung quasihomogener Öl-Luftmischungen ist daher die Messung der komplexen Impedanz des Fluids. Dabei nutzt man die Tatsache, dass sowohl Luft als auch Öl sehr schlechte elektrische Leiter sind. Zur Messung des Luftgehaltes durchströmt das Öl den Spalt zwischen zwei konzentrisch angeordneten Metallrohren. Diese bilden einen Kondensator; zwischen den beiden

Elektroden wird ein elektrisches Wechselfeld angelegt. Öl und Luft sind sogenannte Dielektrika, die sich unterschiedlich stark polarisieren lassen. Deswegen ändert sich in Abhängigkeit von dem Luftvolumengehalt die komplexe elektrische Impedanz des Kondensators. Diese Änderung wird gemessen und in den Luftgehalt [Vol.-%] umgerechnet [16].

Da verschiedene Öle verschieden stark polarisierbar sind und auch die Polarisierbarkeit von der Temperatur abhängig ist, muss für jedes Öl eine Kalibrierkurve bei dem Luftgehalt Null aufgenommen werden. Danach kann das Messgerät verwendet werden, um in einem relativ großen Kontrollvolumen den Luftanteil in einem Ölvolumenstrom zu messen. Da die Messung kontinuierlich im strömenden Medium erfolgt, sind die bei der Dichtemessung störenden Aufrahmprozesse nicht relevant.

6.3 Messung der Wirkungsgrade

Entsprechend der Definition der Wirkungsgrade benötigt man zur Bestimmung der Wirkungsgrade das geometrische Schluckvolumen, das Drehmoment an der Pumpenwelle, die Drehzahl der Welle, den Druck am Pumpenausgang und den Volumenstrom. Zur Messung wurden Sensoren verwendet, die in Bezug auf Messspanne, Messunsicherheit und Signalverarbeitung auf die Messaufgabe abgestimmt sind. Besonderes Augenmerk muss jedoch auf die Messung des Volumenstroms gelegt werden.

Das Messgerät muss dabei wirklich das Volumen messen. Messgeräte, die den Volumenstrom nur indirekt über die Strömungsgeschwindigkeit messen (z.B. US-Messgeräte, Turbinen, Laser-Doppler-Anemometer, thermische Anemometer) sind ungeeignet, da die Luftblasen eine starke Streuung des Messsignals verursachen. Ein „Auslitern“ des Volumenstromes ist wegen der Ausgasungsprozesse im Tank nicht reproduzierbar. Somit verbleiben nur sogenannte Kammerzähler (Zahnradzähler oder Schraubenspindeln). Diese verursachen allerdings einen so hohen Druckabfall, der im Bereich üblicher hydraulischer Lasten von Schmiersystemen liegt. Dazu kommt ein anderes Problem: Ausführliche Voruntersuchungen haben gezeigt, dass die Luft sich relativ schnell in Öl löst. Das Ausgasen von Luft erfolgt allerdings stark verzögert. Es zeigt sich, dass nach der Passage des Öls durch die Lastdrossel mehrere Sekunden verstreichen, bevor die Konzentration an freier Luft im Öl den Gleichgewichtszustand erreicht hat. Aus diesem Grund wurde zunächst direkt hinter der hydraulischen Last eine Blende angeordnet; der Druckabfall über der Blende lag bei maximalem Volumenstrom unter 1 bar. Die Messung des Volumenstroms erfolgt im Betrieb in Anlehnung an das Wirkdruckverfahren nach ISO 5167-1 und -2. In Anlehnung deshalb, weil keine Differenzdruckmessung durchgeführt wurde. Vielmehr wurde zunächst die Messblende in Serie mit einem Zahnradzähler geschaltet und damit die Blende mit Hilfe des Referenzmessgerätes kalibriert. Für die spätere Wirkungsgradmessung wurde der Zahnradzähler dann ausgebaut.

6.4 Versuchsplanung

Es soll das Kennfeld der Pumpe mit Variation der Parameter Öltemperatur und Gasgehalt ermittelt werden. Dazu werden Drehzahlen von 500 bis 6.000 1/min in 500er Schritten angefahren. Je Drehzahl wird der Druck von 2 bis 7 bar variiert. Das heißt es wird für jeden Betriebspunkt mit den Gasgehalten 0, 4, 8 und 12 % und den Temperaturen von 60 und 90 °C ein Kennfeld aufgenommen. Die Betriebspunkte werden manuell vorgegeben und es wird gewartet bis sich eine stabile Temperatur und ein stabiler Gasgehalt eingestellt haben. Unter Kennfeld versteht man die gleichzeitige Erfassung der Kenngrößen Drehzahl, Drehmoment, Pumpendruck und Volumenstrom.

6.5 Gemessene Kennfelder

In Abbildung 13 ist der Volumenstrom über dem Druck und der Drehzahl aufgetragen. Es ist erkennbar, dass der Volumenstrom bei steigendem Druck kontinuierlich abnimmt, was auf die erhöhten Leckageströme zurückzuführen ist. Bezüglich des Luftgehalts lässt sich erkennen, dass der Volumenstrom bei höheren Verschäumungsgraden abnimmt. Dies lässt sich damit begründen, dass beim Fördern von verschäumtem Öl der effektive Ölvolumenstrom, um den jeweiligen Luftgehalt verringert wird. Im Hinblick auf die Drehzahl lässt sich dieser Effekt ebenfalls beobachten.

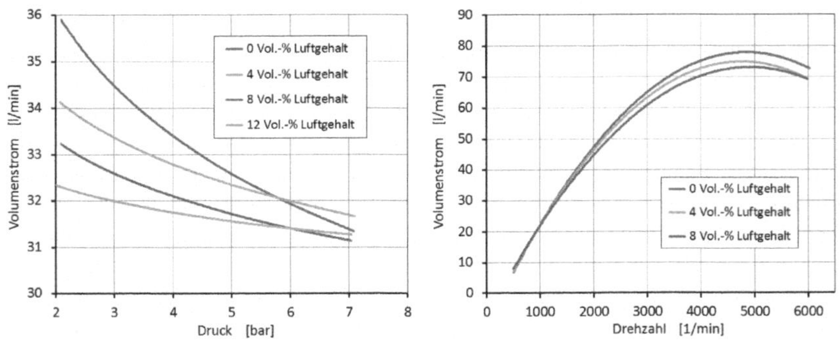

Abbildung 13: Gemessener Volumenstrom bei 60 °C und 1500 1/min

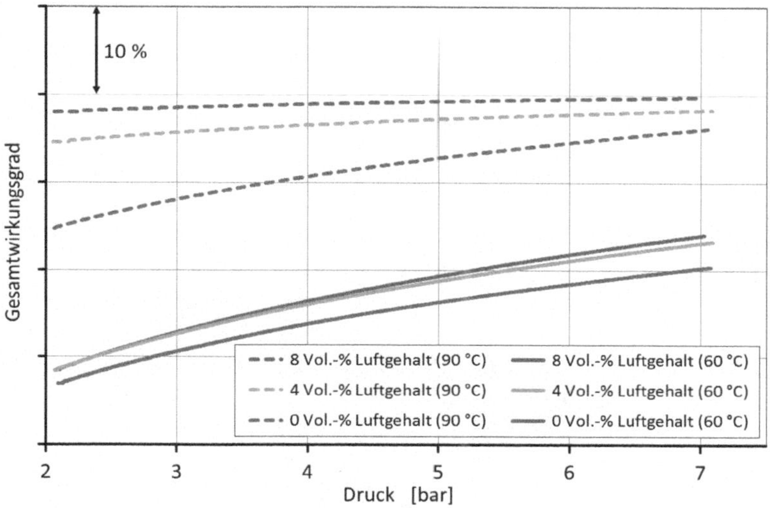

Abbildung 14: Gesamtwirkungsgrad über Förderdruck bei 60 und 90 °C (Drehzahl 1500 1/min)

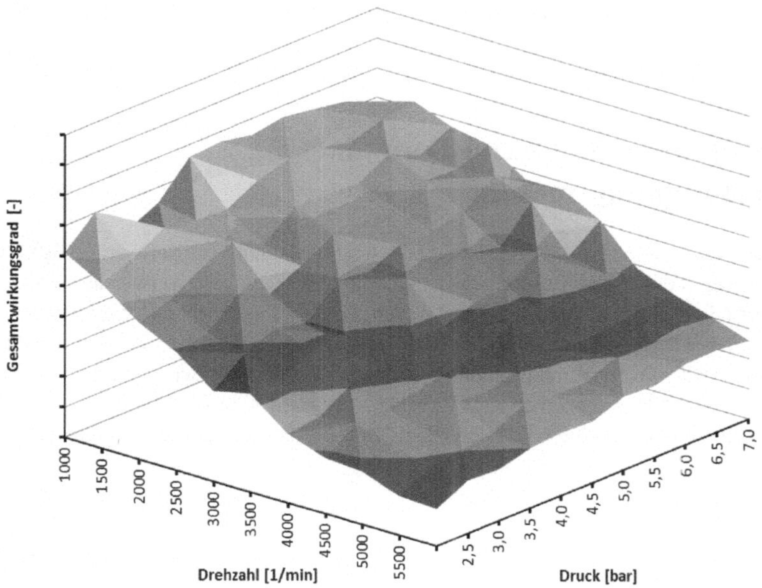

Abbildung 15: Gesamtwirkungsgrad bei 0 Vol.-% Luftgehalt und 60 °C

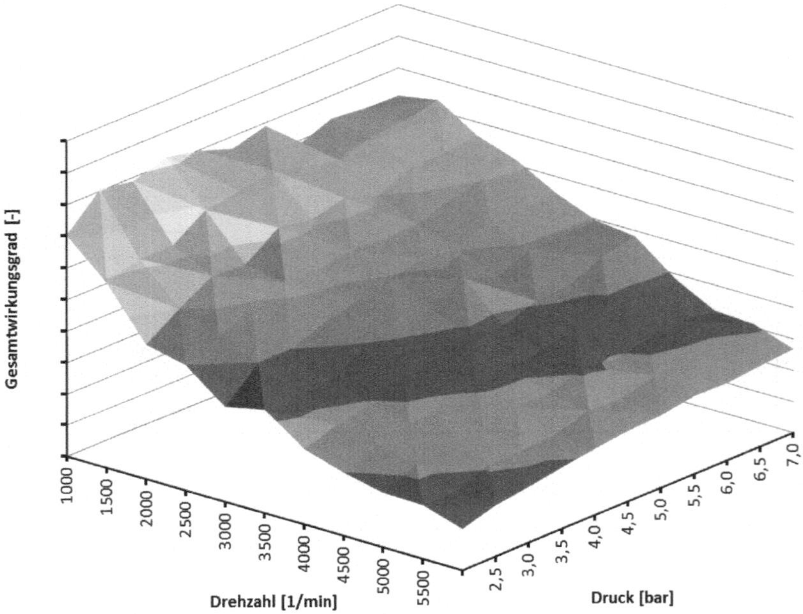

Abbildung 16: Gesamtwirkungsgrad bei 8 Vol.-% Luftgehalt und 60 °C

7 Simulation des Ölkreislaufs eines Verbrennungsmotors

An dieser Stelle sei kurz auf die Simulation des Ölkreislaufs mit der Software AMESim eingegangen, in der die am Prüfstand ermittelten Pumpenkennfelder verwendet werden. Das zu erstellende Simulationsmodell des gesamten Verbrennungsmotors wird parametrisch aus den einzelnen Komponenten des Ölkreislaufs aufgebaut. Es soll dazu dienen, den Ölbedarf des Verbrennungsmotors in Abhängigkeit von dessen Lastzustand, der Öltemperatur und der entsprechenden Viskosität zu berechnen. In Abbildung 17 ist schematische eine Grobdarstellung des Ölkreislaufs eines Verbrennungsmotors dargestellt.

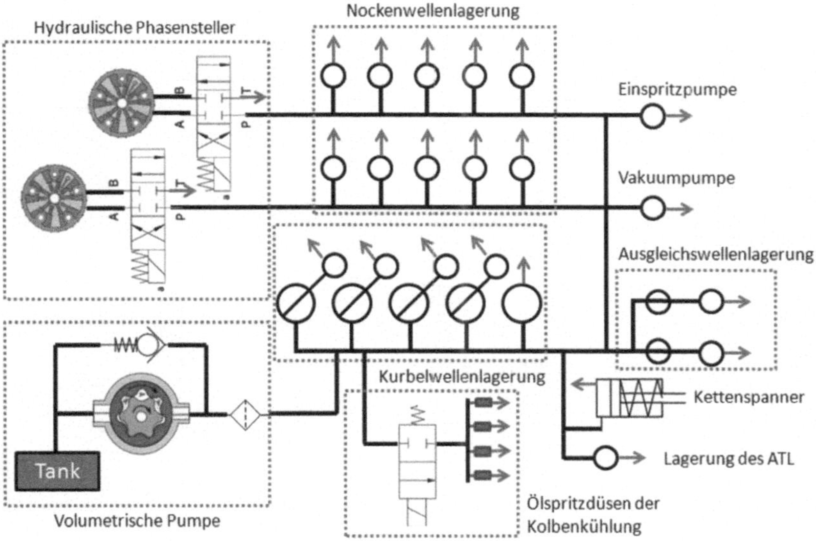

Abbildung 17: Schematische Darstellung des Ölkreislaufes

Die im Modell abzubildenden Komponenten können derart diskretisiert werden, dass auch transiente Vorgänge berechnet werden können. So ist zum Beispiel das Modell einer Nockenwellenverstellung in Abbildung 18 dargestellt [16]. Schon der Aufwand zur Modellabbildung hierzu ist erheblich, wobei ohne die Kenntnis der Schluckkurven der einzelnen Verbraucher eines Verbrennungsmotors die Simulation des Ölhaushaltes kaum aussagekräftig gelingt.

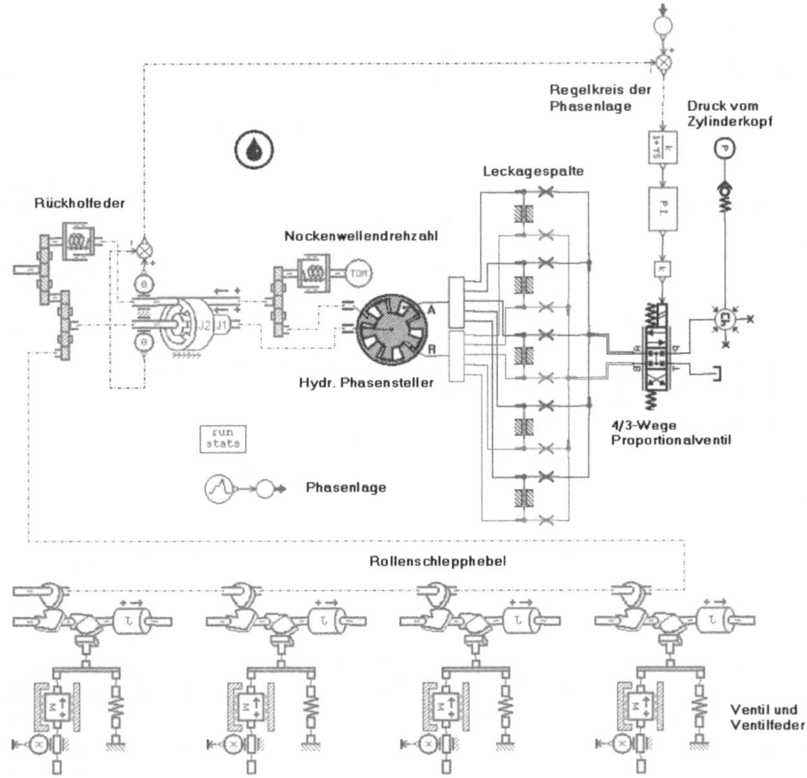

Abbildung 18: Simulationsmodell einer Nockenwellenverstellung [17]

Die Einbindung der Ölpumpe in das Gesamt-Simulationsmodell des Verbrennungsmotors erfolgt an dieser Stelle nicht als mechatronisches Gesamtmodell sondern über die gemessenen Wirkungsgrade. Der Gesamtwirkungsgrad der Pumpe ist im Simulationsmodell in Abhängigkeit der Öltemperatur, der Pumpendrehzahl und der Druckdifferenz zwischen Saug- und Druckstutzen als Look-up-table hinterlegt (s. Abbildung 19).

Ziel ist es, den Einfluss von Änderungen am Ölhaushalt des Motors zu erkennen, um Ansätze möglicher konstruktiver Anpassungen der Schmierölpumpe erarbeiten zu können. Ferner soll mit dem Simulationsmodell die Untersuchung verschiedener Regelkonzepte seitens der Schmierölpumpe ermöglicht werden, um dabei direkte Rückschlüsse auf das Einsparpotenzial innerhalb verschiedener Fahrzyklen zu erhalten.

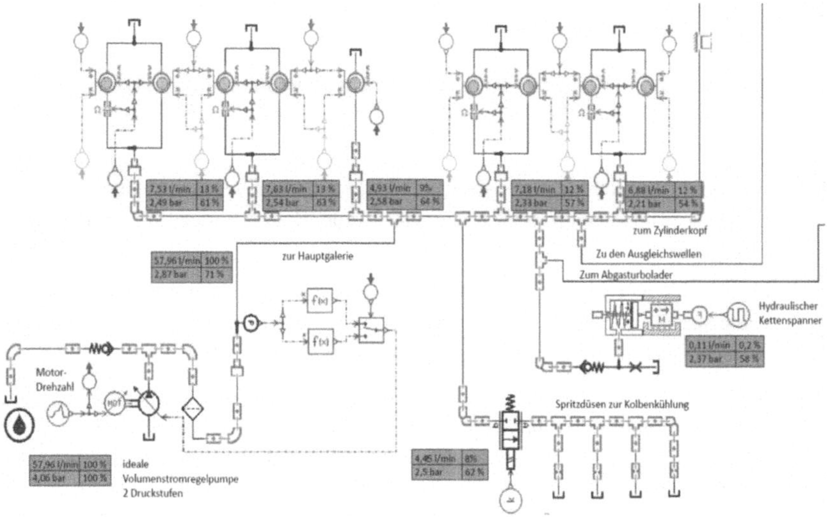

Abbildung 19: Simulationsmodel der Ölpumpe im Gesamtsystem [18]

8 Zusammenfassung / Ausblick

Der vorliegende Beitrag vermittelt einen Einblick in die komplexe Thematik der Entwicklung einer Schmierölpumpe für Verbrennungsmotoren. An modernen Motoren kommen aus Gründen der CO_2-Einsparung geregelte Ölpumpen zum Einsatz. Die Ermittlung der Wirkungsgrade für Ölpumpen unterscheidet zwischen dem volumetrischen und dem hydraulisch-mechanischem Wirkungsgrad. Erstmalig sind die Wirkungsgrade unter dem Einfluss von Luft in Öl definiert worden. An einem Entwicklungsprüfstand für Ölpumpen wurden Kennfelder mit und ohne Luftgehalt aufgenommen, die für die Simulation des Gesamtölhaushaltes von Verbrennungsmotoren genutzt werden können. Mit der Thematik von gelöster Luft im Schmieröl steht die Forschung noch am Anfang, die sich daraus ableitenden Konsequenzen für die Entwicklung von effizienten Ölpumpen nutzbar zu machen.

9 Literaturverzeichnis

[1] Hannibal, W.: Reibungsmessungen an einem schnelllaufenden 4-Takt-Ottomotor, Diplomarbeit am Institut für Kolbenmaschinen, Universität Hannover, 1986

[2] Hannibal, W.; Schütte, S.; Holzer, A.: Systematischer Vergleich von Ölpumpenkonzepten an Verbrennungsmotoren, Baden-Baden, Internationaler Motorenkongress, 2015

[3] Oberland, B.: „Grundlagen der Motorschmierung“, unter: http://www.agvs-beo.ch/cmsfiles/af_motor_schmierung_grundlagen.pdf (Stand: 12.09.2018)

[4] N.N.: „KRAFTHAND-Praxiswissen: Die Funktionsweise einer Pendel-Schieber-Ölpumpe“, unter: https://www.krafthand.de/artikel/krafthand-praxiswissen-die-funktionsweise-einer-pendel-schieber-oelpumpe-12785/ (Stand: 12.09.2018)

[5] Jensen, H.; Janssen, M.; u.a.: Kraftstoffeinsparpotenzial der geregelten Pendelschieberpumpe, Motortechnische Zeitschrift, 02/2010

[6] N.N.: „Bedarfsgeregelte Ölpumpe“, unter: https://www.audi-technology-portal.de/de/antrieb/motor-effizienztechnologien/bedarfsgeregelte-oelpumpe (Stand: 12.09.2018)

[7] N.N.: „Geregelte Ölpumpen“, unter: https://www.trochocentric.com/de/oelpumpen-systeme/motoroel-pumpen/geregelte-oelpumpen.html (Stand: 12.09.2018)

[8] N.N.: „KSPG gibt Ausblick auf IAA Nutzfahrzeuge“, unter: https://www.automobil-industrie.vogel.de/kspg-gibt-ausblick-auf-iaa-nutzfahrzeuge-a-368615/ (Stand: 12.09.2018)

[9] Conrad, H.; Janssen, M.; Wieske, P.: Kombinierte Öl-Vakuumpumpe, Motortechnische Zeitschrift, 07-08/2015

[10] Basshuysen, R.; Schäfer, F.: Handbuch Verbrennungsmotor, Wiesbaden: Springer Vieweg, 2017

[11] Ivantysyn, J.; Ivantysyn, M.; Hydrostatische Pumpen und Motoren, Würzburg: Vogel Buchverlag, 1993

[12] N.N.: „Radiale Spaltkompensation“, unter: https://www.hawe.com/de-de/fluidlexikon/radiale-spaltkompensation/ (Stand: 12.09.2018)

[13] Ebner, D.; King, T.; Scheller, C.; Willimsky, E.: Zahnradpumpen, Bibliothek der Technik 335, München: Verlag Moderne Industrie, 2011

[14] GKN Sinter Metals Holding GmbH, 2006. Zahnradpumpe mit optimiertem Axialspiel. Erfinder: Bachmann, J.; Schwarze, R. 12.04.2006. EP, Patentschrift EP1644641A1

[15] Groth, K.; Rinne, G.; Hage, F.: Grundzüge des Kolbenmaschinenbaus, Braunschweig: Vieweg+Teubner Verlag, 1994

[16] Bode, B.: Messsystem CGS – Grundlagen der Bestimmung des Gasanteils in Zweiphasen-strömungen, Fa. flucon fluid control GmbH, Clausthal-Zellerfeld, 2004

[17] N.N.: Modell eines Nockenwellenverstellers, Datenbank der Software LMS Imagine.Lab Amesim, Fa. Siemens PLM Software

[18] Schütte, S.: Konzeptentwicklung zur Effizienzsteigerung von Schmierölpumpen für Verbrennungsmotoren, Masterarbeit, Fachhochschule Südwestfalen, Iserlohn, 2013

Abbildungsverzeichnis

Abkürzungs- bzw. Formelverzeichnis

Abkürzung	Bezeichnung	Einheit
P_m	mechanische Antriebsleistung	W
M	Drehmoment an der Pumpenwelle	Nm
n	Drehzahl der Pumpenwelle	1/min
P_h	hydraulische Leistung	W
V_s	geometrisches Schluckvolumen der Pumpe	ml
ρ	Dichte des gasfreien Fluides	kg*m^{-3}
CG	volumetrischer Gasgehalt des Fluides	Vol.-%
CG_0	volumetrischer Gasgehalt bei Normalbedingungen (300 K, 1013 mbar)	Vol.-%
p	Druck	bar
Q	Volumenstrom	l/min
B	Bunsenkoeffizient	-
η	Wirkungsgrad	-
η_v	volumetrischer Wirkungsgrad	-
η_{hm}	hydraulisch-mechanischer Wirkungsgrad	-
η_f	Füllverluste	-
η_k	Kompressionsverluste	-

Dynamische Öldrücke im Pleuellager und ihre Bedeutung bei der Entwicklung eines VCR-Pleuels

Denis Pendovski, M.Sc., Prof. Dr. Stefan Pischinger
Lehrstuhl für Verbrennungskraftmaschinen, RWTH Aachen University

Dr.-Ing. Tolga Uhlmann, Dr.-Ing. Mirko Plettenberg
FEV Europe GmbH

J. Liebl (Hrsg.), *Simulation und Test 2018*, Proceedings,
https://doi.org/10.1007/978-3-658-25294-6_3

1 Einleitung

Strengere Richtlinien für die Emission von Abgasen sowie ein zunehmendes Umweltbewusstsein stellen die Automobilindustrie vor wachsende Herausforderungen. Umsetzungen wie das sogenannte Downsizing und der damit verbundenen Aufladung mit Turboladern haben in der Vergangenheit schon dazu beigetragen einen Verbrennungsmotor effizienter zu betreiben [7].
Eine weitere Maßnahme zur Wirkungsgradsteigerung bildet die variable Verdichtung. Diese ermöglicht es das Verdichtungsverhältnis ε in Abhängigkeit des Motorbetriebs anzupassen [1].

$$\varepsilon = \frac{V_h + V_c}{V_c} \tag{1}$$

Darin entspricht V_c dem Kompressions- und V_h dem Hubvolumen. Der thermische Wirkungsgrad η_{th} eines Verbrennungsmotors wird maßgeblich durch das Verdichtungsverhältnis und den Isentropenexponent κ bestimmt [1]. Für den Gleichraumprozess gilt:

$$\eta_{th,V} = 1 - \frac{1}{\varepsilon^{\kappa-1}} \tag{2}$$

Abbildung 1.1 stellt den thermischen Wirkungsgrad in Abhängigkeit des Verdichtungsverhältnisses für unterschiedliche Kreisprozesse dar.

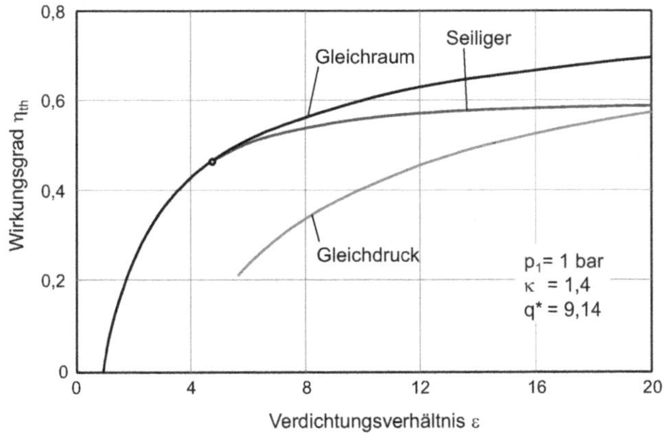

Abbildung 1.1: Thermischer Wirkungsgrad unterschiedlicher Kreisprozesse [1]

Da die Otto- bzw. die Dieselverbrennung mit dem Gleichraum- bzw. Gleichdruckprozess verglichen werden kann [1], lässt sich ableiten, dass eine hohe Verdichtung den

Wirkungsgrad sowohl für den Otto- als auch für den Dieselmotor steigern kann. Das Verdichtungsverhältnis ist jedoch durch die maximal zulässigen Spitzendrücke und -temperaturen bei Volllast nach oben begrenzt (bei Ottomotoren zusätzlich durch die Klopfgrenze) [2]. So wird bei Verbrennungsmotoren mit statischem Verdichtungsverhältnis das thermische Potential im Teillastbetrieb nicht gänzlich ausgenutzt. Das Prinzip einer variablen Verdichtung sieht vor, einen Verbrennungsmotor wirkungsgradoptimal zu betreiben. Dies wird durch eine Erhöhung der Verdichtung im Teillastbetrieb realisiert. Abbildung 1.2 gibt einen Ausblick über mögliche Kraftstoffeinsparungen in Abhängigkeit der Durchschnittsgeschwindigkeit eines Zyklus. Das Einsparungspotential liegt je nach Zyklus zwischen 5 % - 13 %.

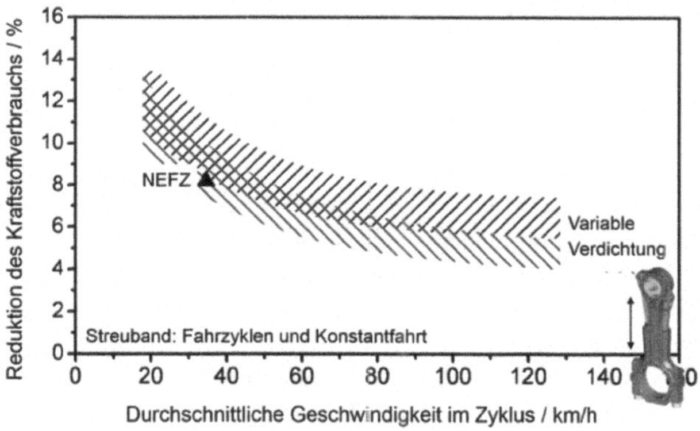

Abbildung 1.2: Reduktion des Kraftstoffverbrauchs durch variable Verdichtung [2]

Das VCR-Pleuel der FEV Europe GmbH bietet ein System für variable Verdichtung, welches sich modular in bestehende Verbrennungsmotoren integrieren lässt. Es erlaubt durch seine Längenverstellbarkeit eine zweistufige Umschaltung zwischen einem hohen und niedrigen Verdichtungsverhältnis (Abbildung 1.3). Der Aufbau lässt sich in eine mechanische und hydraulische Einheit unterteilen, wobei zwei Stützkammern deren Verknüpfung bilden. Das mechanische System ermöglicht es mithilfe eines im kleinen Pleuelauge verbauten Exzenters, die im Triebwerk wirksamen Gas- bzw. Massenkräfte zu nutzen, um die Pleuellänge zu variieren. Wohingegen das hydraulische System die Aufgabe hat die Pleuellänge zu halten. Dafür müssen unter anderem die Stangenkräfte an den Stützzylindern von der Ölsäule aufgenommen werden.

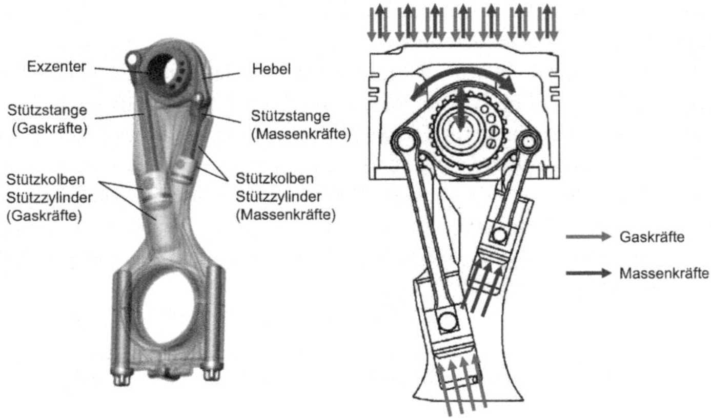

Abbildung 1.3: Aufbau und Funktionalität des VCR-Pleuels der FEV Europe GmbH

Somit kommt den Eigenschaften des Öls eine hohe Bedeutung zu. Beispielsweise bewirkt Luft in ungelöster Form innerhalb des hydraulischen Systems eine Änderung der Kompressibilität und kann das Systemverhalten deutlich beeinträchtigen [3]. Die Hydraulik des Pleuels wird vom Pleuellager gespeist, sodass diverse Effekte den Eintritt des Öls in das Pleuel beeinflussen.

Diese Arbeit beschreibt die Entwicklung eines Berechnungsverfahrens, mit der die Zustandsgrößen des Öls bei Eintritt in das VCR Pleuel durch den Einsatz gekoppelter numerischer Simulationsmodelle untersucht werden können. Dafür werden zunächst die Grundlagen für die Ölversorgung des Pleuellagers eingeführt und im Anschluss ein Lösungsansatz vorgestellt, um das Berechnungsverfahren zu entwickeln. Des Weiteren werden Simulationsergebnisse vorgestellt und mithilfe von Messdaten validiert.

2 Konventionelle Ölversorgungssysteme

Im Schmiersystem strömt Öl zunächst von der Ölpumpe über die Hauptgalerie und die Zulaufleitung in den Lagerschalen-Eintritt des Hauptlagers. Vom schalenseitigen Eintritt des Hauptlagers gelangt das Öl in die Versorgungsnut des Hauptlagers und versorgt das Gleitlager. Das Pleuellager wird, sowohl bei konventionellen Verbrennungsmotoren als auch bei Einsatz eines VCR-Pleuels, über die Kurbelwelle mit Öl versorgt. Häufig verwendet man hier eine sogenannte I-Bohrung, welche sich in der Kurbelwelle befindet und somit Haupt- und Pleuellager miteinander verbindet (Abbildung 2.1). Weitere Ausführungen und Details zur Bohrungs- und Nutgestaltung können [1] entnommen werden.

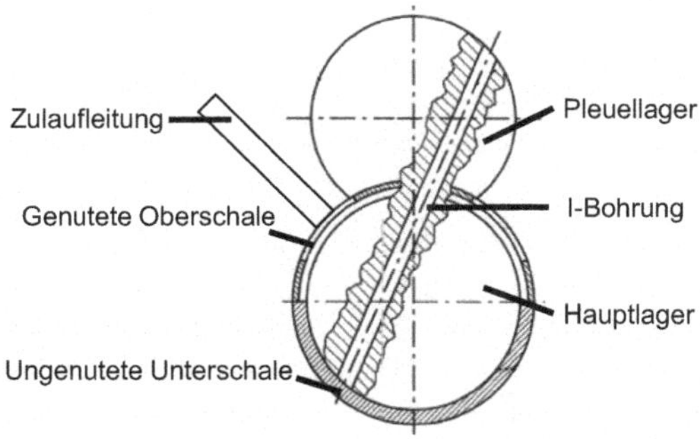

Abbildung 2.1: Prinzip Bild eines Schmiersystems einer Kurbelwelle [8]

Die I-Bohrung ist Teil der Kurbelwelle und erfährt somit eine Rotation. Das Fluid in der Bohrung unterliegt Zentrifugalkräften, weshalb sich eine drehzahl- und ortsabhängige Druckkurve entlang der Bohrung ausbildet (Abbildung 2.2) [8]. Der Druck p in Abhängigkeit des Abstands von der Drehachse r, kann unter Einbeziehung der Fluiddichte ρ und der Kreisfrequenz ω berechnet werden:

$$p(r) = p_{HL} + \frac{\rho}{2}\omega^2(r_{HL}^2 - r^2) \tag{3}$$

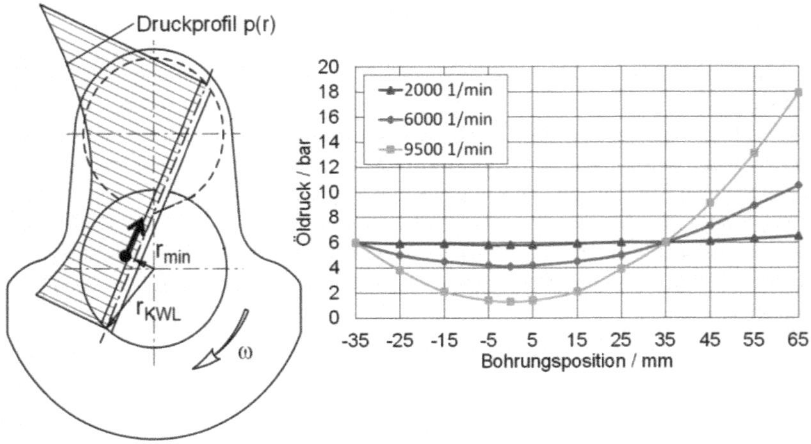

Abbildung 2.2: Druckverteilung innerhalb einer I-Bohrung (r_{min} → Bohrungsposition = 0 mm)

Innerhalb dieser Bohrung kann es zu Gaskavitation kommen. Gaskavitation ist definiert als das durch Druckabfall bedingte Auslösen von Gas, welches in einer Flüssigkeit gelöst ist. Im Anwendungsfall von Schmiersystemen ist dies die vorherrschende Kavitationsform. Aus diesem Grund wird die Dampfkavitation, bei der der Druck unter den Sättigungsdampfdruck fällt und dies eine Phasenumwandlung einer Flüssigkeit bewirkt, nicht weiter betrachtet.

Öl ist in der Lage Gase in sich zu lösen, ohne dass die Fluideigenschaften dabei beeinflusst werden. Das Henry-Dalton Gesetz beschreibt den Zusammenhang zwischen gelöstem Gasvolumen und Systemdruck im Gleichgewicht. Der Bunsenkoeffizient α_V gibt an, wie viel Volumen Gas (V_G) in einem Volumen Flüssigkeit (V_{Fl}) im Normzustand gelöst wird. Übliche Werte für Mineralöle liegen bei 7 % - 9 % [3].

$$V_G = V_{Fl} \cdot \alpha_V \cdot \frac{p}{p_{Norm}} \tag{4}$$

Abbildung 2.3 ist zu entnehmen, dass je nach Ölverschäumungsgrad und Druck im Schmiersystem die Luft frei oder in gelöster Form vorzufinden ist. Der Ölverschäumungsgrad wird in dieser Arbeit als gesamter Volumenanteil an Luft (sowohl gelöst als auch frei) bei Normbedingungen definiert. Die Gesamtmasse an Luft ist demnach für ein abgeschlossenes System konstant.

Entscheidend für die Auslösung ist die Lage der Sättigungslinie. Bewegt sich der Systemdruck unterhalb der Sättigungslinie entstehen freie Luftanteile, welche die Öleigenschaften erheblich beeinflussen.

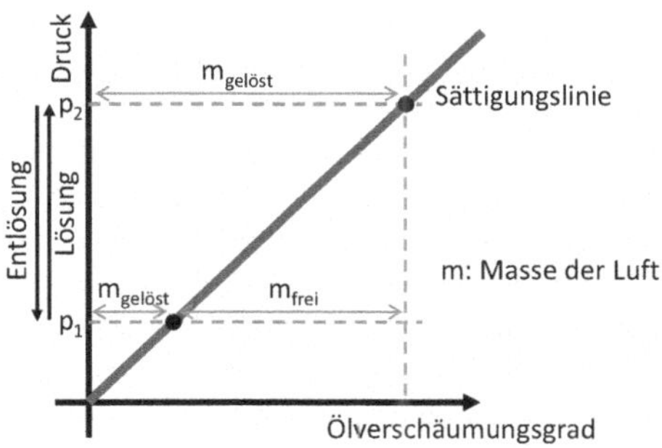

Abbildung 2.3: Statische Betrachtung der Gaskavitation

Abbildung 2.4 zeigt Simulationsergebnisse eines Versorgungssystems mit einer I-Bohrung. Man erkennt, dass aufgrund eines hohen Ölverschäumungsgrads bereits im Hauptlager freie Luftanteile vorzufinden sind. Dies wird durch einen niedrigen Versorgungsdruck begünstigt. Mit abfallendem Druck steigen die Luftanteile weiter an. Im Druckminimum erreichen sie ihr Maximum. Bei einem Druck von etwa 2.2 bar ist der Sättigungsdruck erreicht und die Luft löst sich. Dadurch wird das Pleuellager mit Öl ohne freie Luftanteile versorgt.

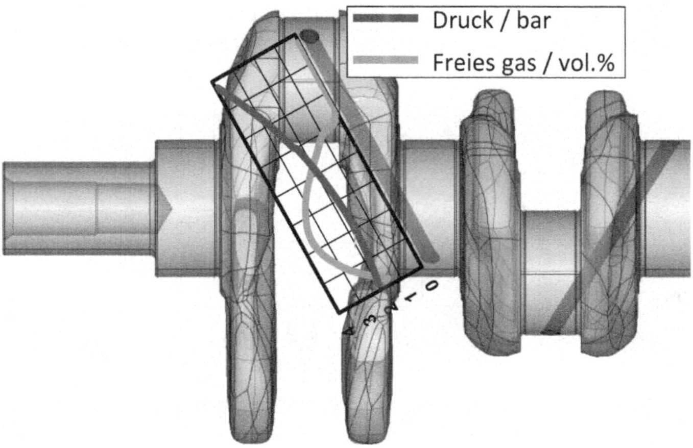

Abbildung 2.4: Simulationsergebnis einer quasistatischen Druck- und Gasverteilung

Das oben dargestellte Simulationsbeispiel erlaubt eine quasistatische Untersuchung des Ölversorgungssystems der Kurbelwelle. Gleichwohl ist es von großem Vorteil eine transiente Betrachtungsweise anzustreben.
Für das Haupt- und Pleuellager repräsentiert die I-Bohrung eine umlaufende Bohrung. Befindet sich das hauptlagerseitige Bohrungsende oberhalb der Nut, gilt das Pleuellager als versorgt, da Öl von der von der Nut des Hauptlagers in die Bohrung und damit in das Pleuellager einströmen kann. Andernfalls gilt es als unversorgt. Wenn beide Phasen alternierend auftreten, liegt eine diskontinuierliche Versorgung vor. Dies verursacht hohe Druckschwingungen in der Bohrung, welche zum einen durch den Ein- und Austritt in die Nut und zum anderen durch die hydrodynamischen Geschehnisse in den Gleitlagern bedingt sind. Der zeitliche Verlauf des Drucks in der Versorgungsbohrung wird mithilfe von Messergebnissen am Beispiel einer I-Bohrung mit diskontinuierlicher Versorgung des Pleuellagers erläutert, siehe Abbildung 2.5. Der Druck wird an vier Stellen gemessen. Neben dem Druck in der Hauptgalerie (p_{HL}) und an der Zulaufbohrung (p_{ZL}) werden der Maximal- und der Minimaldruck (p_{max}, p_{min}) in der Versorgungsbohrung dargestellt. Die Schraffierungen stellen die unversorgten Phasen des Pleuellagers dar. Kurz nach -180°-KW verlässt die Bohrung die Versorgungsnut des Hauptlagers. Man erkennt, dass die Drücke p_{max} und p_{min} bis in den Unterdruckbereich sinken. Dies geschieht, da die Bohrung insgesamt an Öl verliert. Bei etwa 0°-KW tritt die Versorgungsbohrung wieder in die Nut ein. Es kommt zu einem Druckanstieg, da Öl wieder in die Bohrung einströmen und sich ein Druck aufbauen kann. Ferner ist eine Verzögerung des Druckaufbaus zu erkennen. Diese ist mit der Trägheit des Systems zu erklären, welche vom Ölvolumen und der Länge der Rohrleitung beeinflusst wird. Dieser 360°-KW-Zyklus wiederholt sich im weiteren Verlauf.

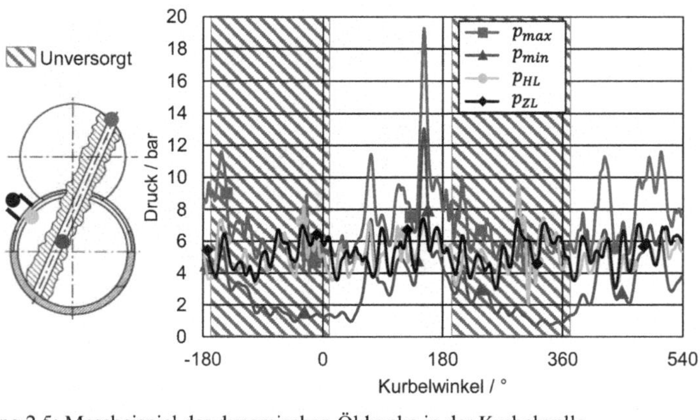

Abbildung 2.5: Messbeispiel der dynamischen Öldrucke in der Kurbelwelle

Hochfrequente Druckpulsationen, wie sie in der Versorgungsbohrung auftreten, können aufgrund instationärer Effekte dazu führen, dass freie Gase, trotz temporär ausreichend hohen Systemdrucks, nicht mehr gelöst werden. Ergänzend zu Darstellung 2.3, beschreibt Grafik 2.6 das Verhalten der instationären Gaskavitation. Statische Modelle berechnen das Verhältnis von gelöster zu ungelöster Luft mithilfe des Henry-Dalton Gesetz und ermitteln somit einen Gleichgewichtszustand. In diesem Fall verlaufen die Zustandsänderungen entlang der Sättigungslinie. Bei dynamischen Zustandsänderungen hingegen, beeinflussen die Löse- und Auslösegeschwindigkeit das Verhalten maßgeblich. So ergeben sich bei Änderung des Drucks zeitliche Verlaufslinien, welche gestrichelt gekennzeichnet sind. An der Länge der Linie erkennt man, dass der Lösevorgang deutlich länger anhält als der Auslösevorgang. Laut [5] beträgt die Lösegeschwindigkeit etwa dem 10.000fachen der Auslösegeschwindigkeit.

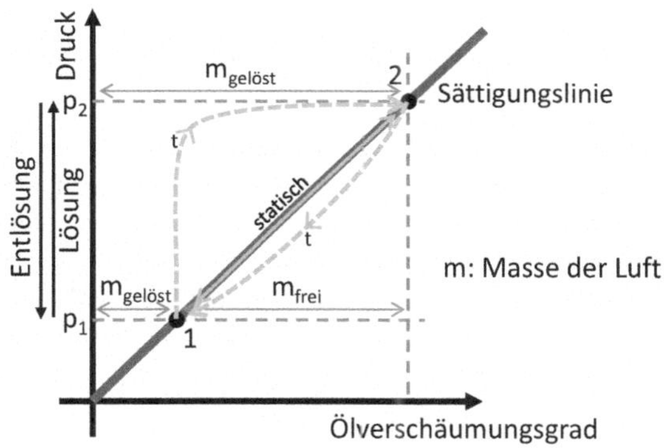

Abbildung 2.6: Transiente Betrachtung der Gaskavitation

Um die Auswirkungen der transienten Gaskavitation weiter zu verdeutlichen, zeigt das Diagramm 2.7 Simulationsergebnisse einer hydraulisch betriebenen Zylinder-Kolben-Einheit. Der Druck in der Kammer hat zu Beginn des Experiments einen Wert von 1 bar. Das Öl ist zu diesem Zeitpunkt leicht übersättigt und weist geringe Mengen an freier Luft auf. Der Systemdruck fällt zunächst auf nahe 0 bar ab und oszilliert im Anschluss zyklisch zwischen 15 bar und ~0 bar. Betrachtet man die Entwicklung der freien Luftanteile, fällt auf, dass sie beim ersten Druckabfall schnell ansteigen und im Anschluss aufgrund der höheren Lösegeschwindigkeit trotz des hohen Drucks nicht schnell genug sinken und zu keinen Zeitpunkt mehr vollständig in Lösung gehen.
Um die freien Luftanteile dauerhaft zu senken, bietet es sich an das mittlere Druckniveau zu erhöhen, indem beispielsweise niedrige Drücke vermieden werden.

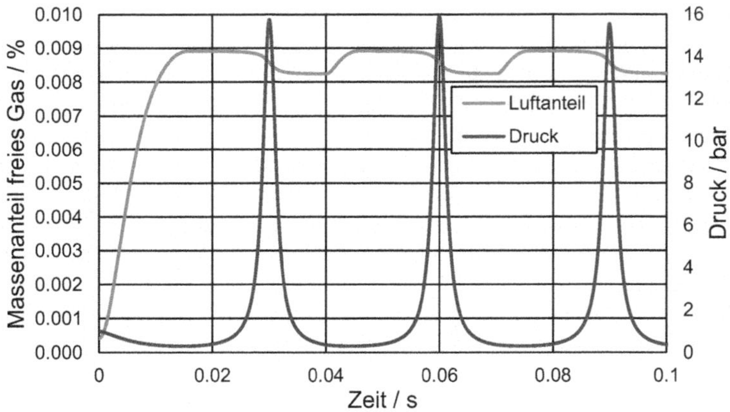

Abbildung 2.7: Simulative Analyse der Gaskavitation in einer hydraulischen Zylinderkammer

Das obige Beispiel hebt die Notwendigkeit hervor den Druck in der Versorgungsbohrung mithilfe numerischer Methoden transient abbilden zu können, um das Verhalten von freien Gasanteilen besser analysieren zu können. Aus diesem Grund wird im Folgenden ein Berechnungsansatz vorgestellt, welcher es ermöglicht unterschiedlichste Schmiersysteme, unter Berücksichtigung der im Kurbeltrieb wirksamen Kräfte – beginnend von der Zulaufleitung der Ölgalerie und endend im Pleuellager – zu modellieren.

3 Gekoppelte Gleitlagerberechnung

3.1 Modellbildung

Der Leitgedanke für eine transiente Berechnung des Drucks in der Bohrung basiert auf einer vereinfachten Betrachtung der Bohrung als hydraulische Kapazität [3]:

$$\frac{dp}{dt} = \frac{1}{\beta \cdot V_B} \cdot \frac{dV_{Fl}}{dt} \tag{5}$$

Entsprechend entscheidet – neben dem Kompressibilitätskoeffizient β – das Fluidvolumen innerhalb des Bohrungsvolumens V_B über den Druckverlauf. Aus diesem Grund müssen die ein- und ausfließenden Volumenströme der Bohrung bilanziert werden. Da die Bohrung mit den Lagern interagiert, entspricht der eintretende Volumenstrom in die Bohrung dem austretenden Volumenstrom des Gleitlagers in die Bohrung. Dieser Abschnitt zeigt wie sich dieser mithilfe der Druckverteilung im Gleitlager bestimmen lässt.

Der Lösungsansatz besteht darin eine gekoppelte Simulation aufzubauen, welche zum einen die hydrodynamische Druckverteilung im Lager berechnet und zum anderen eine Strömungssimulation für die Bohrung durchführt. Bild 3.1 beschreibt die hier genannte gekoppelte Gleitlagerberechnung. Sie besteht aus den drei Systemelementen:

- Mehrkörpersimulation des Kurbeltriebs
- Elasto-hydrodynamisches (EHD) Gleitlagermodul
- Strömungssimulation von Rohrleitungen

Die Dynamik des Kurbeltriebs wird dabei mit einer Mehrkörpersimulation mit FEV Virtual Engine abgebildet. Das darin integrierte EHD-Gleitlagermodul ermöglicht die Ermittlung der Druckverteilung im Lager und der Volumenströme in die Bohrungen. Simultan benötigt das Gleitlager transiente Versorgungsdrücke an den Eintrittsstellen. Diese Randbedingungen werden von der Strömungssimulation bereitgestellt. Beide Simulationsumgebungen werden zum Datenaustausch über das standardisierte Functional Mock-Up Interface (FMI) miteinander gekoppelt. Die hier verwendete Gleitlagersimulation basiert auf einer massenkonservativen Lösung der Reynoldsschen Differentialgleichung [6].

$$\frac{\partial}{\partial x}\left(\frac{\rho_M h^3}{12\,\eta}\frac{\partial p}{\partial x}\right) + \frac{\partial}{\partial y}\left(\frac{\rho_M h^3}{12\,\eta}\frac{\partial p}{\partial y}\right) = \frac{u_1 + u_2}{2}\frac{\partial}{\partial x}(\rho_M h) + \frac{\partial(\rho_M h)}{\partial t} \tag{6}$$

Mithilfe der in Grafik 3.2 vorgegebenen Druckverteilung im Schmierspalt eines Gleitlagers, soll die Volumenstrombestimmung grafisch erläutert werden. Unter Belastung eines Gleitlagers durch eine äußere Kraft, bildet sich ein charakteristischer Druck-

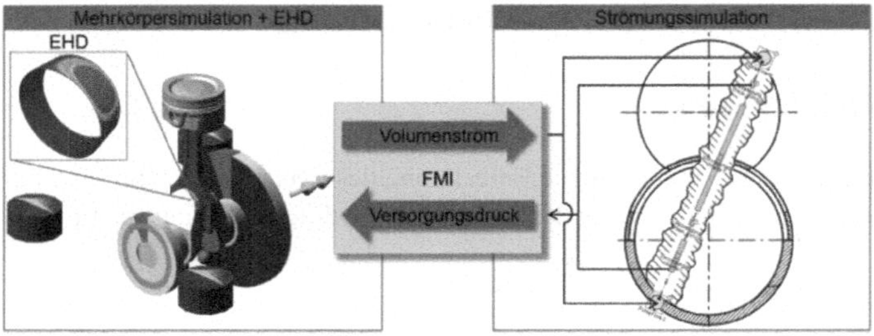

Abbildung 3.1: Schema gekoppelte Gleitlagersimulation

verlauf im Schmierspalt aus, der die Kraft aufnimmt. Durchläuft eine Versorgungsbohrung dieses Druckgebiet, kommt es an dieser Stelle zu einem Druckabfall im Gleitlager. Aufgrund der Kompressibilität des Öls kann sich hydrodynamisch über der Bohrung kein derart hoher Druck aufbauen wie im Schmierspalt. Die Druckverteilung verursacht einen Volumenstrom in die Bohrung, welcher wiederum Druckänderungen an dieser Stelle nach sich zieht. Der Volumenstrom wird nach [6] wie folgt berechnet:

$$q = -\frac{h^3}{12\eta}\frac{\partial p}{\partial x} + \frac{u_1 + u_2}{2}h \tag{7}$$

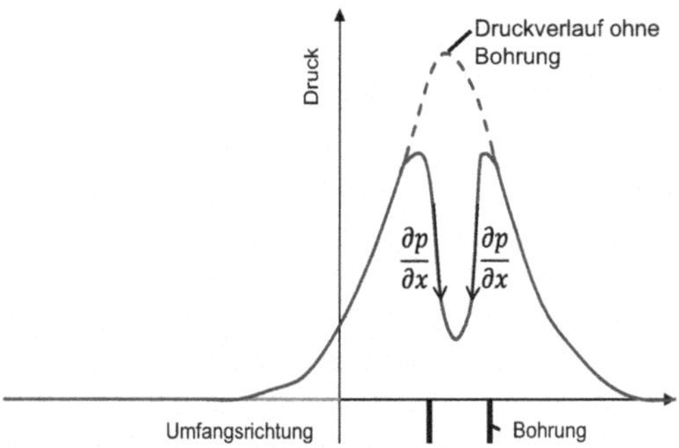

Abbildung 3.2: Prinzipskizze einer möglichen Druckverteilung in einem Gleitlager

Die Modellierung der Bohrung innerhalb der Kurbelwelle wird dabei nicht als vereinfachte Kapazität abgebildet, da wegen Gasblasenbildung eine inkompressible Betrachtung des Fluids zu groben Fehlern führen würde [3]. Stattdessen basiert sie auf einer zweiphasigen eindimensionalen Strömungssimulation, welche die vollen Navier-Stokes-Erhaltungsgleichungen löst.

3.2 Simulationsergebnisse

Die Simulationsergebnisse werden in zwei Phasen bewertet und validiert. Zunächst werden die Ergebnisse des Druckverlaufs in der Versorgungsbohrung für unterschiedliche Drehzahlen qualitativ bewertet, ehe anschließend eine Validierung mithilfe von Messdaten für einen Motorbetriebspunkt durchgeführt wird. In Abbildung 3.3 sind die Verläufe des Maximaldrucks und des Minimaldrucks in der Versorgungsbohrung für drei Drehzahlen dargestellt. Die Druckverläufe bei 3000 1/min und 5000 1/min zeigen dieselben Merkmale wie bei der dargestellten Messung (Diagramm 2.4). Man erkennt, dass p_{Max} und p_{min} eine Druckdifferenz aufweisen, die infolge der Zentrifugalkräfte verursacht wird. Betrachtet man den Verlauf, erkennt man den Druckabfall in den unversorgten Bereichen, während der Eintritt in den versorgten Bereich zu einem Anstieg des Drucks führt. Abweichend davon zeigt das Simulationsergebnis für 1000 1/min ein unterschiedliches Verhalten. Während sich die erste Umdrehung des Motorzyklus wie erwartet verhält, kommt es im zweiten unversorgten Bereich zu einem kurzzeitigen Druckanstieg. Dieser Anstieg wird durch einen in die Versorgungsbohrung einströmenden Volumenstrom induziert. Grund dafür ist eine temporäre Druckverteilung wie in Abbildung 3.2 erläutert. Bei 1000 1/min ergibt sich aufgrund der Verlagerung der Kurbelwelle ein hoher Druck oberhalb der Bohrung, welcher den Druckanstieg verursacht.

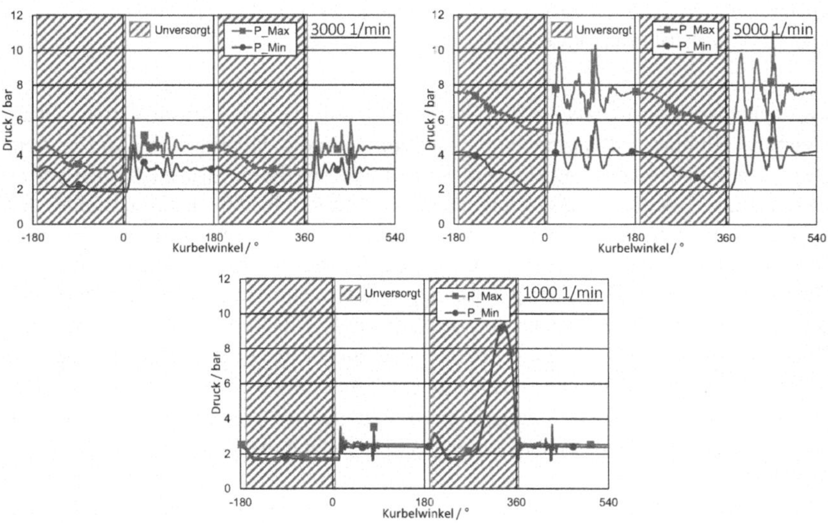

Abbildung 3.3: Simulationsergebnisse der dynamischen Öldrucke in der Kurbelwelle

Das folgende Diagramm zeigt abschließend einen Mess-Rechnungs-Vergleich eines Vierzylinder-Motors. Das Versorgungssystem besteht aus einer 180°-Nut in der oberen Hauptlagerschalte und einer I-Bohrung (Abbildung 3.4, links).

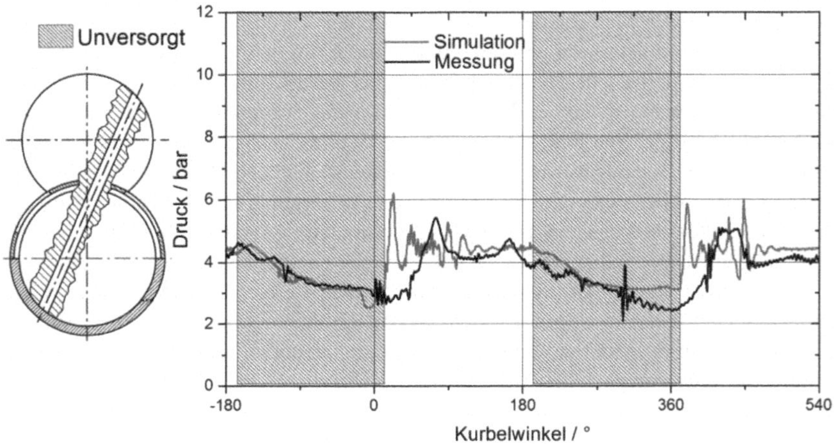

Abbildung 3.4: Mess-Rechnungsvergleich der dynamischen Öldrucke (3000 1/min, Versorgungsdruck 4 bar)

Die Ergebnisse zeigen, dass die Berechnungsmethodik den qualitativen Verlauf gut abbildet. Im Hinblick auf Gaskavitation sind vor allem die Amplitude und die zeitliche Dauer von Niederdruck- und Hochdruckphase relevant. Beide Größen werden gut reproduziert, sodass die Gasauslösung unter ähnlichen Randbedingungen stattfindet. Betrachtet man die beiden Zeitpunkte des Druckanstiegs, bei Eintritt in den versorgten Bereich, erkennt man eine leichte Phasenverschiebung. Zusätzlich treten stärkere Oszillationen auf als in der Messung. Eine mögliche Ursache dafür ist die Starrkörpermodellierung, welche für die Berechnung gewählt wurde. Eine Berücksichtigung der Elastizität der Körper könnte zum einen die Phasenverschiebung korrigieren und zum anderen dämpfend auf die Druckoszillationen wirken. Des Weiteren können die stärkeren Oszillationen durch einen zu gering angenommenen Ölverschäumungsgrad resultieren, da freie Luftanteile in der Bohrung eine dämpfende Wirkung auf den Druckverlauf haben.

Demzufolge erlaubt die Berechnungsmethodik nun eine Mitberücksichtigung flexibler Körper, sodass der Einfluss zukünftig untersucht werden kann.

4 Entwicklung eines Ölversorgungssystems für den Einsatz eines VCR Pleuel

Die im vorherigen Kapitel vorgestellte Simulationsmethodik bietet die Möglichkeit, die Versorgungsbedingungen des Gleitlagers zu analysieren und zu verbessern. So kann beispielsweise eine unzulässig ausgeprägte Gasblasenbildung erkannt werden, die dazu führt, dass das Pleuellager nicht mehr ausreichend versorgt wird und damit keine ausreichende Tragfähigkeit mehr vorliegt.

Bei Einsatz eines VCR-Pleuels kommt dem Schmiersystem eine noch höhere Bedeutung zu. Um die Funktionalität des VCR-Pleuels zu gewährleisten, benötigt das Pleuel eine Ölzufuhr aus dem Pleuellager. Es ergeben sich damit zusätzliche Anforderungen an das Schmiersystem:

- Kontinuierliche Ölversorgung des Pleuels
- Schwingungsarmer Druck an der Ölzufuhr des Pleuellagers
- Reduktion freier Gasanteile an der Ölzufuhr des Pleuellagers auf ein Minimum

Den Anforderungen zufolge müssen die Gleitlagerschalen und das Bohrbild der Kurbelwelle angepasst werden. Abbildung 4.1 zeigt eine beispielhafte Konfiguration für ein VCR-Pleuel.

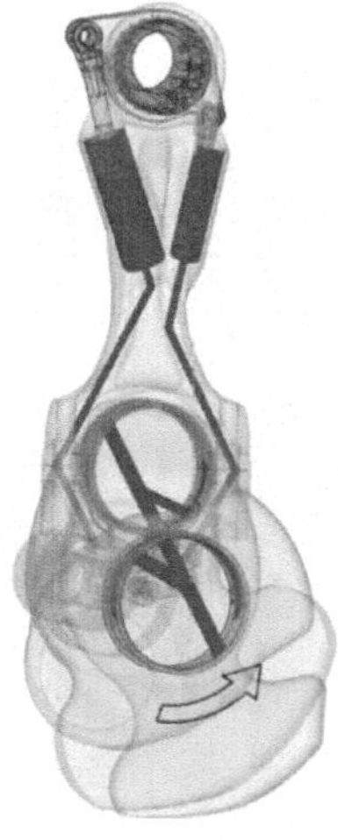

Abbildung 4.1: Beispielhaftes Ölversorgungssystem unter Einsatz eines VCR-Pleuels

Man erkennt, dass das Pleuel von einer Nut im Pleuellager versorgt wird. Dementsprechend ist eine kontinuierliche Versorgung der Nut gegenüber einer diskontinuierlichen Versorgung vorzuziehen, um Ölbedarfsphasen des Pleuels über den gesamten Motorzyklus zu decken. Um dies zu realisieren, zeigt das Beispiel sowohl im Haupt- als auch im Pleuellager eine 180°-Nut, kombiniert mit Y-förmig angeordneten Bohrungen. Das System verdeutlicht, dass zahlreiche Konfigurationsmöglichkeiten existieren, welche mit der vorgestellten Simulationsmethodik analysiert werden können.

Abbildung 4.2 zeigt wie die Auslegung des Bohrbilds bereits durch Anwendung der quasistatischen Berechnung untersucht und optimiert werden kann. Wie in Abbildung 2.4 sind der Druckverlauf und die freien Luftanteile innerhalb der Bohrungen aufgetragen. Man erkennt, dass Bohrung 2, welche zum Pleuellager führt, an einer Stelle ansetzt, in der noch freie Luftanteile vorzufinden sind. Des Weiteren steigt der Druck entlang dieser Bohrung nicht nennenswert an, da sich der Abstand zur Drehachse nicht wesentlich ändert und damit die Zentrifugalkraft entlang der Bohrung gleich bleibt. Die Luftanteile in der Bohrung 2 bleiben somit frei und können direkt in die Pleuellagernut gelangen. Durch Optimierung des Bohrbilds kann eine Fehlversorgung des Pleuels vermieden werden.

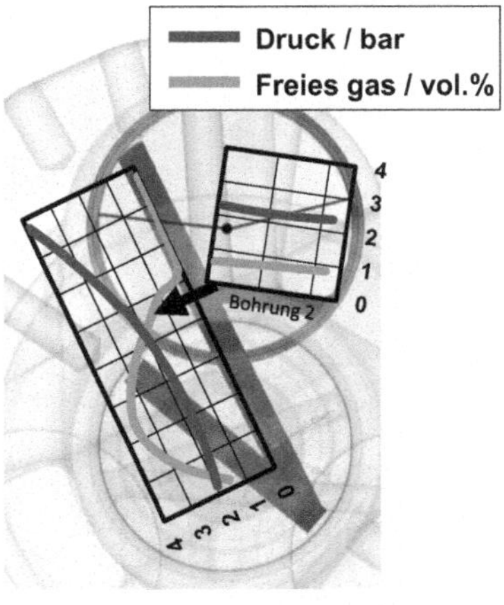

Abbildung 4.2: Beispielhafte Fehlauslegung des Bohrbilds in der Kurbelwelle

Die quasistatische Berechnung erlaubt damit eine Auslegung des Bohrbilds mit dem Ziel das mittlere Druckniveau im Schmiersystem zu erhöhen. So lassen sich Bohrlängen, -umlenkungen und – wie im Fallbeispiel verdeutlicht – der Verzweigungspunkt der Y-Bohrung auslegen.

Druckschwingungen in der Pleuellagernut hängen hingegen von den Längen und Positionen der Nuten ab sowie von den Austrittsstellen der Bohrungen. Um Druckschwingungen zu analysieren und zu reduzieren kann die hier vorgestellte gekoppelte Gleitlagerberechnung verwendet werden. Diese gibt gleichzeitig Auskunft über die Tragfähigkeit der Lager, welche vor allem durch lange und breite Nuten reduziert wird. Der Vorteil der gekoppelten Simulation zeigt sich bei Betrachtung der Systemgrenzen. Diese können bei der Modellierung weiter ausgelegt werden. Für das VCR-Pleuel bedeutet dies die Möglichkeit das hydraulische System des Pleuels in die Modellierung miteinzubinden, welche ebenfalls mit dem Mehrkörpermodell des Kurbeltriebs gekoppelt ist (Abbildung 4.3)

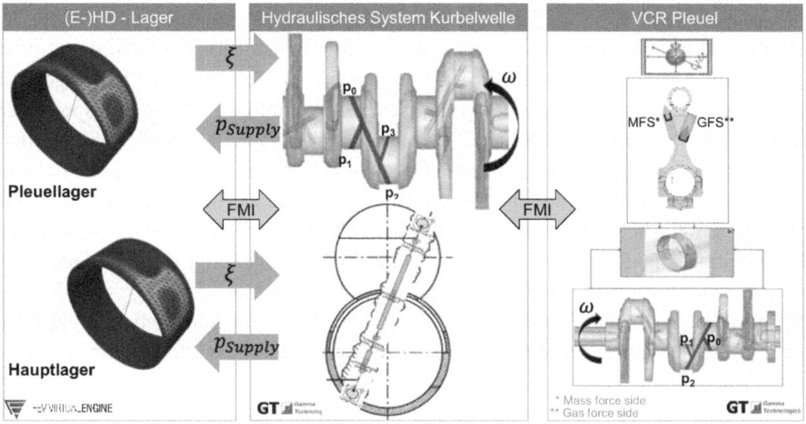

Abbildung 4.3: Schema gekoppelte Simulation mit VCR-Pleuel

5 Zusammenfassung

Der Einsatz neuer Komponenten in einem Verbrennungsmotor erfordert ebenso den Einsatz neuer Auslegungs- und Analysemöglichkeiten.

Zur Realisierung eines variablen Verdichtungsverhältnisses existieren unterschiedliche Konzepte. Eine Möglichkeit besteht darin ein Pleuel einzusetzen, welches mithilfe eines integrierten hydraulischen Kreislaufs seine Länge verstellt. Die Hydraulik derartiger Pleuel wird typischerweise vom Pleuellager gespeist. Dem Fluid kommt damit eine hohe Bedeutung zu, um die Funktionalität des Pleuels über den gesamten Motorbetrieb zu gewährleisten. Eine niedrige Kompressibilität, stellt dabei die wohl wichtigste Anforderung dar. Gleichwohl unterliegt das Öl im Schmiersystem eines Verbrennungsmotors höchsten Belastungen. Neben hohen Zentrifugalkräften, sind hochfrequente Anregungen unter hohen Temperaturen zu nennen. Außerdem ist das Schmiersystem nicht abgeschlossen und damit stets in Wechselwirkung mit sich umgebenden Gasen. Den Effekt der Gaskavitation in einem Schmiersystem gilt es entsprechend detailliert zu analysieren und zu erforschen.

Die entwickelte Simulationsmethodik bietet die Möglichkeit das Schmiersystem eines Verbrennungsmotors beginnend in der Hauptgalerie und endend im Pleuellager (für konventionelle Systeme) bzw. im hydraulischen Kreislauf des VCR-Pleuels zu untersuchen. Der physikalische Lösungsansatz basiert auf einer gekoppelten Simulation, welche zum einen die hydrodynamische Druckverteilung im Lager berechnet und zum anderen eine Strömungssimulation für die Bohrung in der Kurbelwelle durchführt. Die Dynamik des Kurbeltriebs wird dabei mit einer Mehrkörpersimulation modelliert. Das EHD-Gleitlagermodul ist darin integriert. Gleichlaufend benötigt das Gleitlager transiente Versorgungsdrücke an den Eintrittsstellen. Diese Randbedingungen werden von der Strömungssimulation bereitgestellt. Beide Simulationsumgebungen sind zum Signalaustausch der jeweiligen Zustandsgrößen über das standardisierte Functional Mock-Up Interface miteinander gekoppelt.

Der Vergleich von Messung und Simulation zeigt eine gute Übereinstimmung der transienten Druckverläufe in der Kurbelwelle. Die Berechnungsmethodik stellt den qualitativen Verlauf gleichwertig dar und gibt auch quantitativ ähnliche Druckwerte wieder. Zur Optimierung des Verfahrens ist die Berücksichtigung flexibler Körper eingeführt worden.

Die Berechnungsmethodik wird zukünftig eingesetzt, um das Verhalten der Gaskavitation im Schmiersystem zu untersuchen. Des Weiteren lassen sich optimierte Schmiersysteme entwickeln, welche einen schwingungsärmeren Druck und ein höheres Druckniveau aufweisen. Außerdem sind umfassende Messungen geplant um die Methodik für einen Kurbeltrieb mit VCR-Pleuel zu validieren.

Literaturverzeichnis

[1] Pischinger, S. „Verbrennungskraftmaschinen 1", Vorlesungsumdruck, Lehrstuhl für Verbrennungskraftmaschinen, RWTH Aachen University, 2009

[2] Pischinger, S. „Alternative und elektrifizierte Fahrzeugantriebe", Vorlesungsumdruck, Lehrstuhl für Verbrennungskraftmaschinen, RWTH Aachen University, 2018

[3] Murrenhoff, H. „Grundlagen der Fluidtechnik Band Teil 1: Hydraulik", 7.Auflage, Institut für fluidtechnische Antriebe und Steuerungen, RWTH Aachen 2012

[4] Maaßen, F., Dissertation „Pleuellagerbetrieb bei verschäumtem Schmieröl", RWTH Aachen, 1997

[5] Zhou, J.; Vacca, A.; Manhartsgruber, B. (2013): A Novel Approach for the Prediction of Dynamic Features of Air Release and Absorption in Hydraulic Oils. In: Journal of Fluids Engineering. 135. Jg., Nr. 9, S. 305–313.Zhou

[6] Back, A., Dissertation „Elasto-hydrodynamische Gleitlagermodellierung im Umfeld einer hybriden Mehrkörpersimulation", RWTH Aachen, 2017

[7] Pischinger, S. „Verbrennungskraftmaschinen 2", Vorlesungsumdruck, Lehrstuhl für Verbrennungskraftmaschinen, RWTH Aachen University, 2017

[8] Orlowsky, K., Dissertation „Druckdynamische Effekte bei der Ölversorgung von Gleitlagern in Verbrennungsmotoren", RWTH Aachen, 2004

Simulation of Caulking Process to Rate the Impact and Improvement on Bearing Outer Race Move-out

Mohd Razif Bin Abd Mokhti, L. Kukat, Opel Automobile GmbH

J. Liebl (Hrsg.), *Simulation und Test 2018*, Proceedings,
https://doi.org/10.1007/978-3-658-25294-6_4

SIMULATION OF CAULKING PROCESS TO RATE THE IMPACT AND IMPROVEMENT ON BEARING OUTER RACE MOVE-OUT

Mohd Razif Bin Abd Mokhti / Lars Kukat
Simulation & Analysis - Transmission Hardware Engineering
25th September 2018

Subject Matter

Method Development – Component Simulation

TABLE OF CONTENTS

1. **Introduction**
2. **Problem Statement**
3. **Design of Experiment & Requirements Definition**
4. **Simulation Flow**
5. **Results**
6. **Summary and Conclusions**

2 Razif Mokhti / Lars Kukat Simulation & Analysis Transmission Hardware Engineering

INTRODUCTION

Ideal axial movement

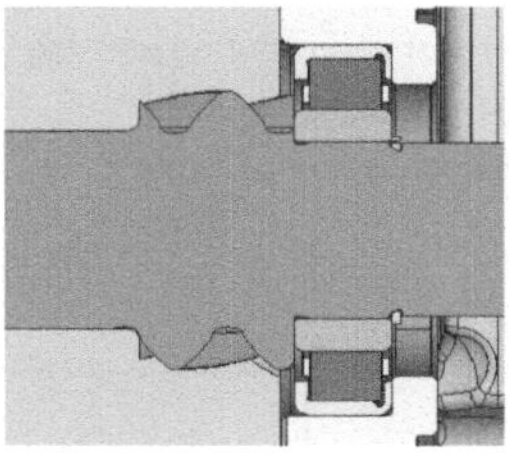

Issue arises

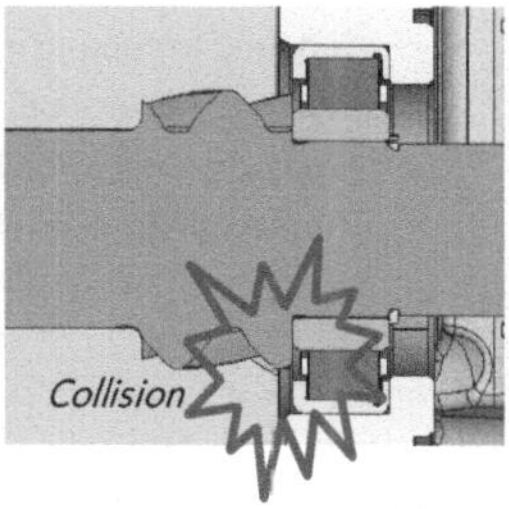

Consequence

3 Razif Mokhti / Lars Kukat Simulation & Analysis Transmission Hardware Engineering

PROBLEM STATEMENT (1/2)

- *Failure Mode → Outer bearing race moves away from its seat*
- Increase press-fit → high financial investment in manufacturing ✖
- Retainer ring/plate → unviable, design changes required → high in cost and lead time ✖
- Solution → ***form-fit connection*** using caulking procedure

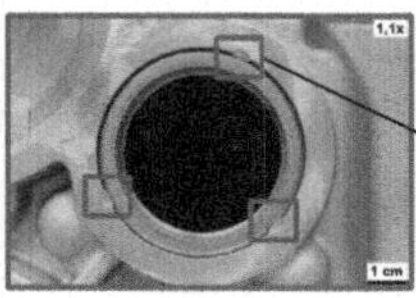

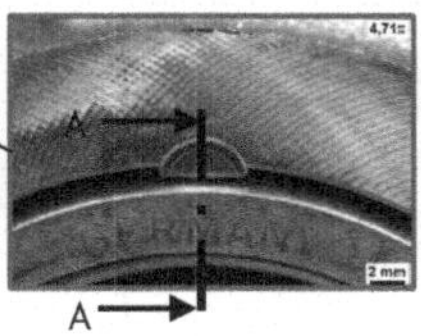

Section A-A

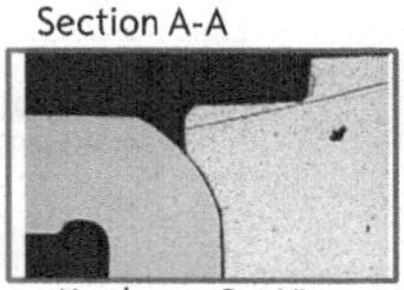

Hardware Cut-View After Caulking

- Impact of caulking :
  - Upside → increase bearing pull-out force
  - Downside → increase in bearing ovalisation

4 Razif Mokhti / Lars Kukat Simulation & Analysis Transmission Hardware Engineering

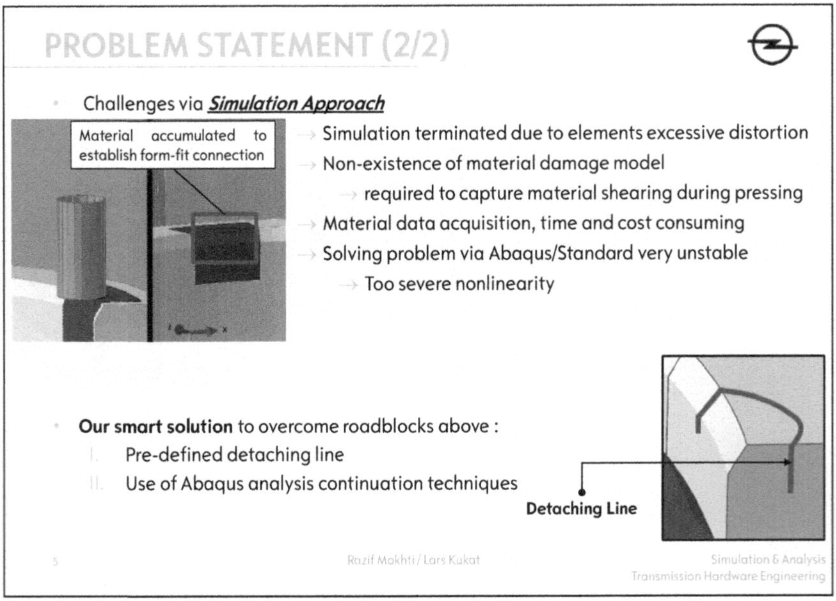
PROBLEM STATEMENT (2/2)
Challenges via Simulation Approach
Material accumulated to establish form-fit connection
→ Simulation terminated due to elements excessive distortion
→ Non-existence of material damage model
→ required to capture material shearing during pressing
→ Material data acquisition, time and cost consuming
→ Solving problem via Abaqus/Standard very unstable
→ Too severe nonlinearity
Our smart solution to overcome roadblocks above :
I. Pre-defined detaching line
II. Use of Abaqus analysis continuation techniques
Detaching Line
5
Razif Mokhti / Lars Kukat
Simulation & Analysis
Transmission Hardware Engineering

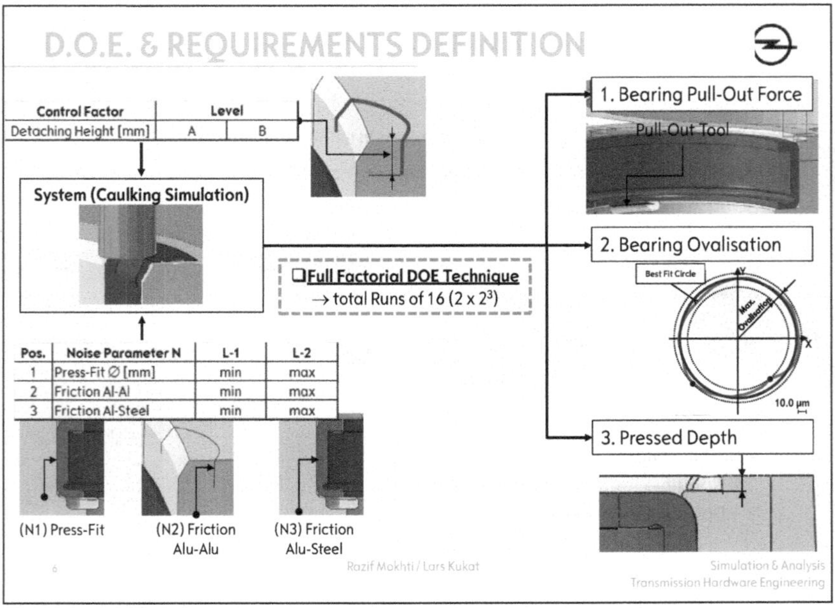
D.O.E. & REQUIREMENTS DEFINITION
Control Factor | Level
Detaching Height [mm] | A | B
System (Caulking Simulation)
Full Factorial DOE Technique
→ total Runs of 16 (2 x 2³)
Pos. | Noise Parameter N | L-1 | L-2
1 | Press-Fit ∅ [mm] | min | max
2 | Friction Al-Al | min | max
3 | Friction Al-Steel | min | max
(N1) Press-Fit
(N2) Friction Alu-Alu
(N3) Friction Alu-Steel
1. Bearing Pull-Out Force
Pull-Out Tool
2. Bearing Ovalisation
Best Fit Circle
Max. Ovalisation
10.0 µm
3. Pressed Depth
6
Razif Mokhti / Lars Kukat
Simulation & Analysis
Transmission Hardware Engineering

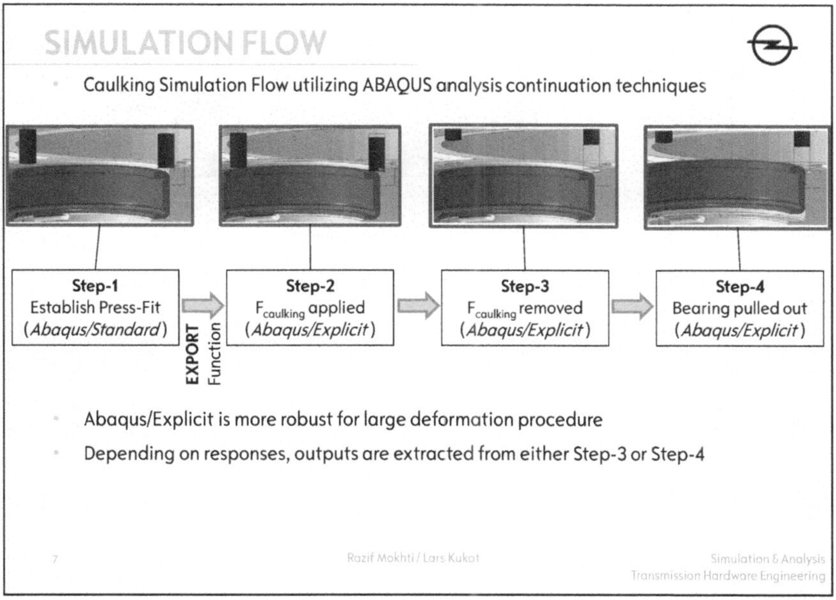
SIMULATION FLOW
Caulking Simulation Flow utilizing ABAQUS analysis continuation techniques
Step-1
Establish Press-Fit
(Abaqus/Standard)
EXPORT
Function
Step-2
F caulking applied
(Abaqus/Explicit)
Step-3
F caulking removed
(Abaqus/Explicit)
Step-4
Bearing pulled out
(Abaqus/Explicit)
Abaqus/Explicit is more robust for large deformation procedure
Depending on responses, outputs are extracted from either Step-3 or Step-4
7
Razif Mokhti / Lars Kukat
Simulation & Analysis
Transmission Hardware Engineering

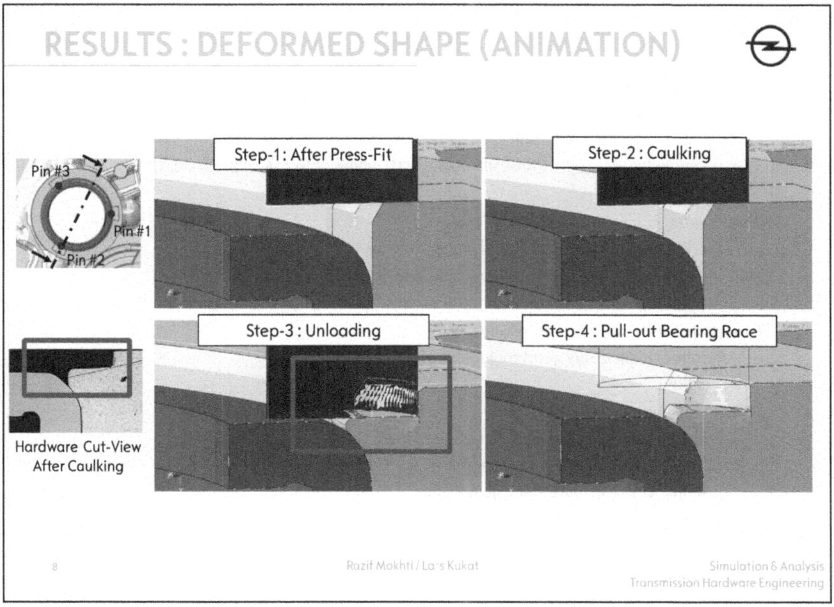
RESULTS : DEFORMED SHAPE (ANIMATION)
Pin #3
Pin #1
Pin #2
Step-1: After Press-Fit
Step-2 : Caulking
Step-3 : Unloading
Step-4 : Pull-out Bearing Race
Hardware Cut-View
After Caulking
8
Razif Mokhti / Lars Kukat
Simulation & Analysis
Transmission Hardware Engineering

RESULTS : COMPARISON FEA VERSUS TESTS

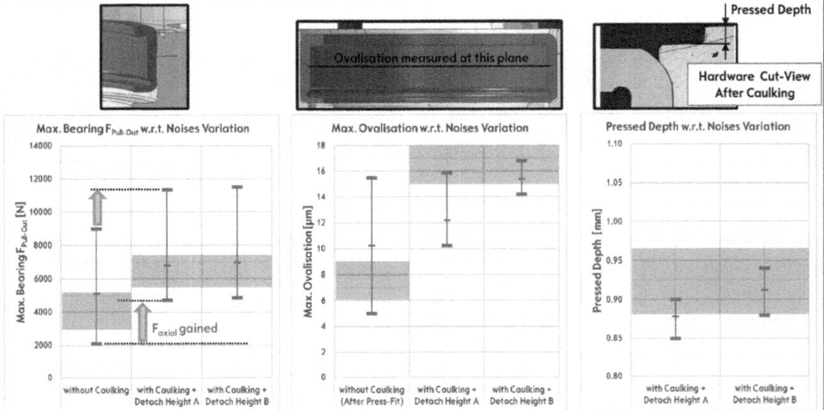

Measurements / Tests

9 Razif Mokhti / Lars Kukat Simulation & Analysis Transmission Hardware Engineering

SUMMARY AND CONCLUSION (1/2)

- Main challenges in FEA
  - Lack of material data
  - Excessive elements distortion
  - To obtain feasible quasi-static solution using Dynamic Solver (Abaqus/Explicit)
- Max. Bearing $F_{pull-out}$ → Good Correlation ✓
  - Test results within max. calculated range from FEA
- Max. Bearing Race Ovalisation → Very Good Correlation ✓
  - Results from Test and FEA after Press-Fit and after Caulking correlated well.
- Pressed Depth → Very Good Correlation ✓
  - Results exhibited very good conformity with Test range.
- Our Smart Solution utilizes :
  I. ABAQUS analysis continuation techniques
  II. Simple elastic-plastic material model
  III. Simplification in finite element modeling
  IV. Design of Experiment (DOE) method

10 Razif Mokhti / Lars Kukat Simulation & Analysis Transmission Hardware Engineering

SUMMARY AND CONCLUSION (2/2)

- Using this simplified approach, due to good correlations with test results :
  I. Caulking parameters can be determined to get the best out of this form-fit connection

Caulking Parameters

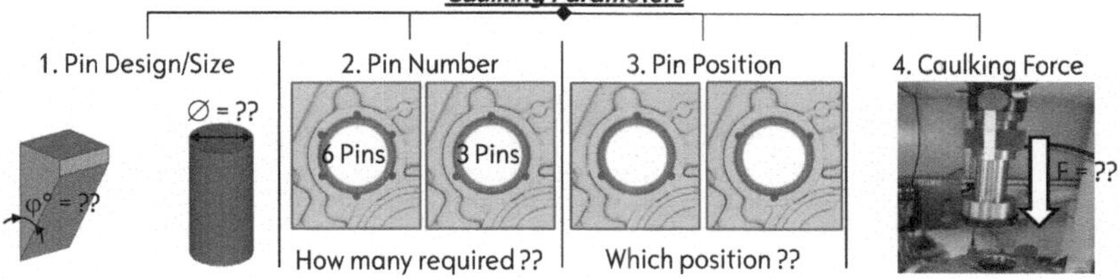

  II. Additional axial force gained can be quantified
  III. Impact of caulking on ovalisation can be monitored

11 Razif Mokhti / Lars Kukat Simulation & Analysis Transmission Hardware Engineering

Everything should be made as simple as possible, but not simpler.
- Albert Einstein -

Author
Mohd Razif Bin Abd Mokhti
FEA Simulation Engineer – Structure Analysis

+49(0)6142-7-74263
razif.mokhti@opel.com

Co-Author
Lars Kukat
Technical Group Leader – Structure Analysis
Gears & NVH

+49(0)6142-7-50564
lars.kukat@opel.com

Thank You
For
Your Attention

12 Razif Mokhti / Lars Kukat Simulation & Analysis Transmission Hardware Engineering

Direkte Kopplung von Mehrkörperdynamik und Thermodynamik zur realitätsnahen Abbildung von transienten Betriebszuständen im hybriden Antriebsstrang

Dipl.-Ing. Sören Franke
Dr. rer. nat. Karl-Heinz Hartwig
Dr.-Ing. Bernd Findeisen
Dipl.-Ing. Christian Meissner

alle IAV GmbH

J. Liebl (Hrsg.), *Simulation und Test 2018*, Proceedings,
https://doi.org/10.1007/978-3-658-25294-6_5

1 Motivation

Neben den Aspekten Effizienz, Emission, Masse sind Komfort und Fahrverhalten wesentliche Kriterien für die Entwicklung eines optimalen hybriden Antriebsstrangs. Im Vergleich zu rein verbrennungsmotorischen Antriebssträngen bieten parallele und leistungsverzweigte Hybridstrukturen mehr Flexibilität, sich an die ändernden Lastanforderungen im Passenger Car Bereich anzupassen. Dies spiegelt sich in einer größeren Anzahl von Betriebszuständen wider, welche in der Entwicklung und Applikation zu einer höheren Komplexität führen.

Der Fokus dieser Veröffentlichung liegt in der Kopplung von Mehrkörpersimulation und Thermodynamik zur realitätsnahen und effektiveren Abbildung der wechselnden Betriebszustände im hybriden Antriebsstrang. Im Vordergrund stehen hierbei die Start- und Stoppvorgänge der Verbrennungskraftmaschine VKM, welche extrem instationäre Zylinderdruckrandbedingungen aufweisen. Diese Vorgänge sind in der Komfortbewertung und der dynamischen Auslegung von Entkopplungselementen nicht zu vernachlässigen, da sich die Schwelle, was als störend empfunden wird, aufgrund der deutlich geringeren Geräuschemission bei elektrischer Fahrt deutlich verschiebt. Dies und die Anforderung nach verkürzten Entwicklungszeiten erfordert einen zunehmenden Grad der virtuellen Entwicklung und somit einen Zuwachs der Genauigkeit von Berechnungsmodellen.

Durch den Entfall einer aufwendigen Beschaffung von Zylinderdruckrandbedingungen verkürzt diese Methode zudem die Bearbeitung von Variantenuntersuchungen in der Motoren- und Antriebsstrangsynthese. Im Bereich der Ventiltriebsentwicklung für Funktionssysteme mit hohen Druckunterschieden, wie zum Beispiel dem Bremsbetrieb in Nutzfahrzeugmotoren, konnte ein langwieriger iterativer Prozess eingespart werden, indem die Wechselwirkungen zwischen Ventiltriebsdynamik und Thermodynamik in einer Simulation berücksichtigt wurden. Somit kann der dynamische Ventilhub unter Berücksichtigung der maximalen Bremsleistung und Bauteilbeanspruchungen ausgelegt werden.

2 Modellierung

Die in diesem Beitrag gezeigten Untersuchungen erfolgten mit dem IAV-Tool EDDy, **E**ngine and **D**riveline **Dy**namics (s. Abbildung 1). Der Aufgabenschwerpunkt liegt in der Berechnung und Bewertung der Gesamtmotordynamik sowie des dazugehörenden Antriebsstrangs. Mit dem direkten Zugriff auf den Quellcode lassen sich für neue Entwicklungsschwerpunkte je nach gewünschter Genauigkeitsanforderung neue Modelle implementieren oder bestehende verbessern.

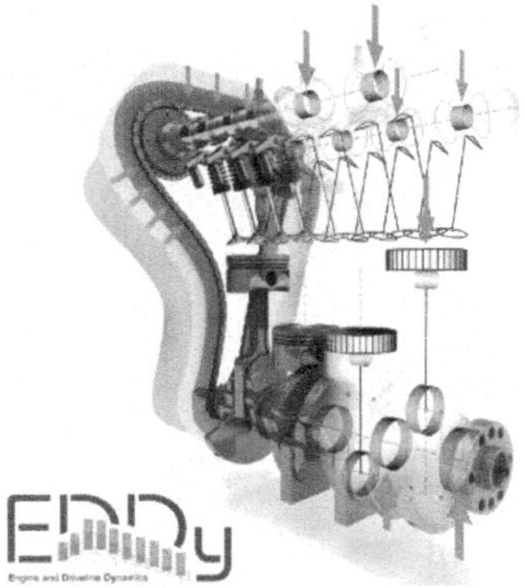

Abbildung 1: EDDy - Gesamtmotormodell

Bestandteil der Mechanikbibliothek sind torsions- und biegeelastische Wellen, sowie Rädertriebe, Zugmittelgetriebe und Ventiltriebe als ebene Modelle mit hydraulischen Modellen für Kettenspanner und Hydroelemente. In Verbindung mit Dämpfern, Tilgern und Kupplungselementen ist ein modularer Aufbau des Gesamtmotors mit Antriebsstrang möglich. Als Anregungen lassen sich stationäre Druckverläufe für die Zylinder und Kanäle vorgeben. Da dies aufgrund genannter Anforderungen für spezielle Aufgabenstellungen nicht ausreichend war, ist eine Kopplung der physikalischen Modelle für die Mechanik und Thermodynamik erforderlich.

Als Modell wurde ein nulldimensionaler Ansatz nach der Füll- und Entleermethode gewählt. Dabei werden die Zylinder, der Ansaug- sowie der Abgaspfad an den relevanten Drosselstellen in Behälter diskretisiert. An den Grenzen ist das Modell mit der Umgebung und dem Kurbelgehäuse mit konstanten Zustandsgrößen verbunden. Für die zeitlich differentielle Berechnung der Zustandsänderung wird für jeden Behälter die Masse- und Energiebilanz betrachtet. Für den Zylinder (s. Abbildung 2) ist die Massebilanz in Formel (1) und die aus dem ersten Hauptsatz der Thermodynamik abgeleitete Energiebilanz in Formel (2) beschrieben.

$$\dot{m} = \dot{m}_E - \dot{m}_A - \dot{m}_{Leck} + \dot{m}_B \tag{1}$$

$$-p\dot{V} + \dot{Q}_B - \dot{Q}_W + h_E\dot{m}_E - h_A\dot{m}_A - h_A\dot{m}_{Leck} = \dot{U} \tag{2}$$

Über die aus der Mechanikbibliothek bekannten Ventilhübe können die Massen- und Enthalpieströme zu den Ein- und Auslasskanälen berechnet werden. Als Leckage wird das Blow-By über die Kolbenringe zum Kurbelgehäuse berücksichtigt. Die Kraftstoffmasse wird auf Basis der Frischluftmasse und des Verbrennungsluftverhältnisses berechnet. Die zeitliche Abgabe der Verbrennungswärme kann über einen Vibe-Ersatzbrennverlauf oder die Vorgabe von Brennverläufen über Last und Drehzahl erfolgen.

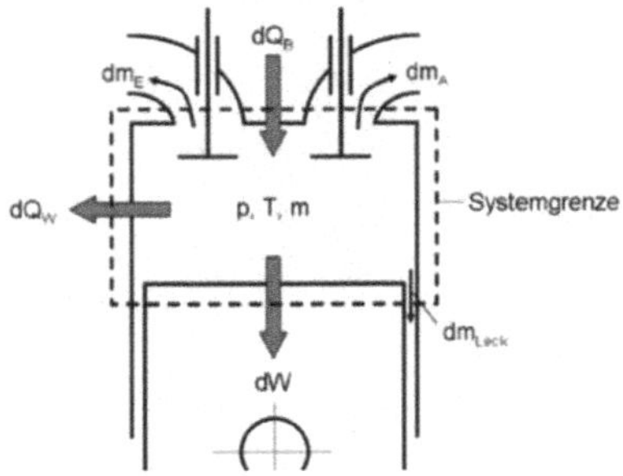

Abbildung 2: Einzonen-Brennraum-Modell [1]

Die Berechnung des Wandwärmeübergangskoeffizienten im Zylinder erfolgt nach dem Ansatz von Woschni. Mit der Kolbenbewegung ergibt sich die Volumenänderungsarbeit und aus dem Druck im Zylinder das resultierende Drehmoment auf den Kurbelzapfen. Die Lösung der gewöhnlichen Differentialgleichung 2. Ordnung für die Mechanik und 1. Ordnung für die Thermodynamik erfolgt mittels dem expliziten Runge-Kutta-Nyström Verfahren.

3 Modellaufbau P0- und P2- Hybridantriebsstrang

Für die Untersuchungen dient ein exemplarischer Hybridantriebstrang. Der schematische Modelaufbau für die P2-Anordnung ist in Abbildung 3 dargestellt. Die Verbrennungskraftmaschine ist ein aufgeladener 1,6 Liter Reihenvierzylinderottomotor mit Direkteinspritzung. Die zwei Nockenwellen für die Betätigung der Einlass-, Auslassventile und Hochdruckpumpe sind über einen Kettentrieb mit der Kurbelwelle verbunden. Der Gaspfad zwischen Umgebung und Zylinder ist in Behälter mit den charakteristischen Drosselstellen Abgasturbolader, Drosselklappe und Ventile aufgeteilt. Die Kurbelwelle ist als torsions- und biegeelastische Welle mit den angebundenen Kurbeltrieben modelliert. Danach folgen das Zweimassenschwungrad (ZMS – DMF) mit einer massebehafteten Feder, die Trennkupplung (K0 – C0), die elektrische Maschine und die Fahrkupplung, welche die Verbindung zum Fahrzeuggetriebe herstellt. Im Getriebe ist beispielhaft der vierte Gang eingelegt. Nachfolgend bilden das Differential, die Seitenwellen und die Räder den Transferpfad bis zum Fahrzeug der Kompaktklasse.

Die Zugkraft an der Fahrzeugträgheit wird über die Fahrwiderstände berechnet. Der Motor-Getriebe-Verbund ist als 3D-Starrkörper über das Motorlager, Getriebelager und die Pendelstütze (Torque Rod) mit nichtlinearen Federkennlinien mit der Karosserie verbunden. Als Anregung des Systems wirken die freien Kräfte und Momente sowie das an die Seitenwellen übertragene Drehmoment.

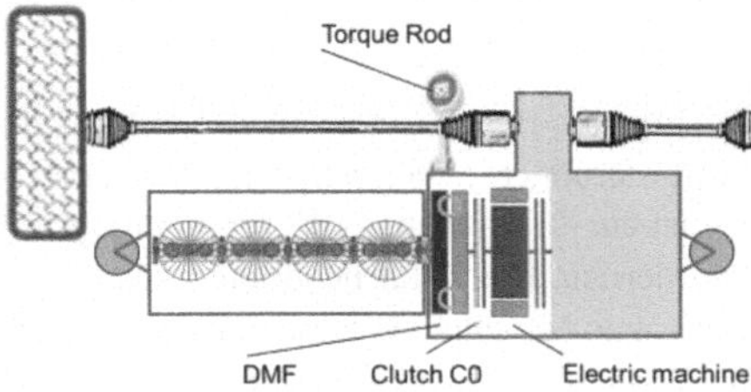

Abbildung 3: Modell P2-Hybridantriebsstrang

Der P0-Hybridantriebsstrang ist analog aufgebaut. Die elektrische Maschine und die Trennkupplung im Getriebe werden dabei durch einen Poly-V-Riementrieb mit Riemenstartergenerator (RSG – BSG; s. Abbildung 4) ersetzt. Ein Doppelarmspannsystem am RSG sorgt für eine optimale Vorspannung und somit Kraftübertragung im motorischen und im generatorischen Betrieb.

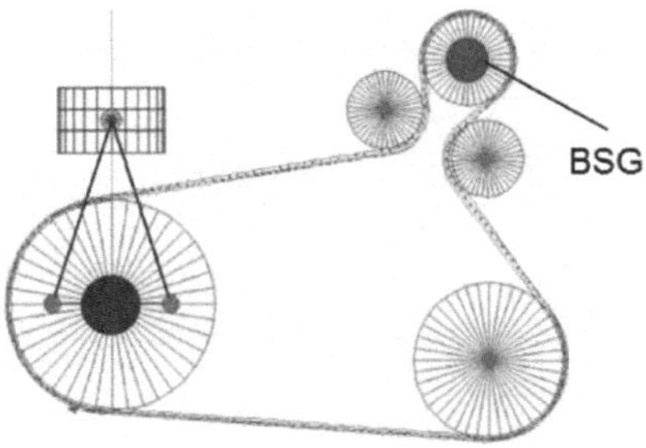

Abbildung 4: P0-Hybrid – Modell Riemenstartergenerator

4 Untersuchung von Start- und Stoppvorgängen

4.1 Herausforderungen im hybriden Antriebsstrang

Die Untersuchungen werden am Beispiel eines P0- und P2- Hybridantriebsstrangs dargestellt. Sie dienen zur Veranschaulichung der relevanten Effekte und können auf andere Hybridstrukturen und Aufgabenstellungen übertragen werden.

In Abbildung 5 sind die wichtigsten Betriebsmodi für einen P2-Hybridanstriebsstrang dargestellt. Niedrige Lastanforderungen ermöglichen ein rein elektrisches Fahren. Bei höheren Lastanforderungen ist ein Zuschalten der Verbrennungskraftmaschine (VKM) über einen Schleppstart erforderlich. Das dafür benötigte Drehmoment muss als Drehmomentreserve an der elektrischen Maschine vorgehalten werden, um eine Zugkraftunterbrechung zu vermeiden. Während des hybriden Fahrens geben VKM und elektrische Maschine ein Drehmoment an den Fahrzeugabtrieb ab. Sollte ein Laden der Batterie während der Fahrt erforderlich sein, kann dies über eine Lastpunktverschiebung der VKM in einen wirkungsgradoptimaleren Bereich und einer Drehmomentabnahme über die elektrische Maschine erfolgen. Bei sinkender Lastanforderung kann die VKM über die Trennkupplung wieder abgestellt werden. Ein Verzögern des Fahrzeugs über die elektrische Maschine mit gleichzeitigem Laden der Batterie wird als Rekuperieren bezeichnet.

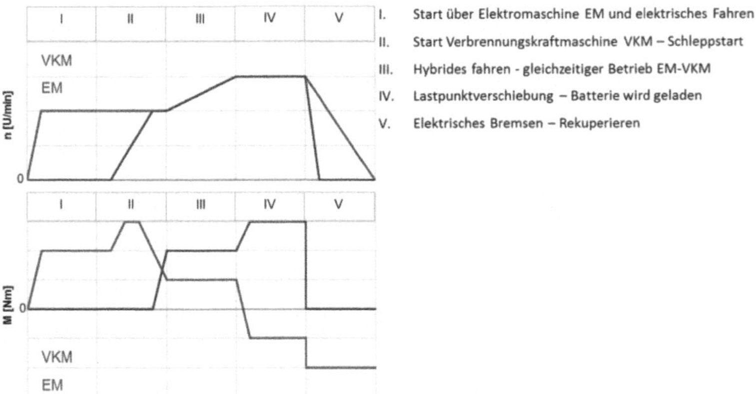

Abbildung 5: Betriebsstrategien – P2-Hybridantriebsstrang

Mit dieser Flexibilität im Antriebsstrangs ist eine bessere Anpassung an den dynamisch variierenden Zugkraftbedarf möglich. Damit steigen auch die in der Entwicklung von

Antriebsstrangkomponenten zu beachtenden Lastkollektive. Besonders der Wechsel zwischen den Betriebsmodi mit Start/Stopp der VKM und wechselnden Drehmomentenflüssen hat einen wesentlichen Einfluss auf das NVH-Verhalten, da hierbei Antriebstrang und Motorlagereigenmoden angeregt werden. Dies erfordert eine realitätsnahe Abbildung dieser Zustände in der Auslegung von Entkopplungselementen wie zum Beispiel Zweimassenschwungrad, Riementriebsdecoupler und Motorlager.

4.2 Abstellvorgang der Verbrennungskraftmaschine

Der Abstellvorgang der VKM erfolgt im P2-Hybridantriebsstrang durch Öffnen der Trennkupplung bei 1000 1/min bei unterschiedlichen Kurbelwinkelstellungen und Drosselklappenquerschnitten. In Abbildung 6 ist ein Auszug der Varianten für zwei unterschiedliche Öffnungsquerschnitte der Drosselklappe, 0,5% und 10%, dargestellt. Nach dem Öffnen der Trennkupplung wird die Kurbelwelle aufgrund der wirkenden Reibdrehmomente und indizierten Drehmomente verzögert. Umso mehr die Drosselklappe geöffnet ist, desto mehr Luftmasse wird angesaugt und verdichtet. Dies spiegelt sich in einem größeren Gaswechselmoment und Drehungleichförmigkeit wider. Bei größeren angesaugten Luftmassen ist das Gaswechselmoment gegenüber dem Reibmoment dominant. Dies bewirkt kurz vor Stillstand ein Taumeln mit teilweisem Zurückdrehen der Kurbelwelle bis zum Druckgleichgewicht zwischen Zylinder und Kurbelgehäuse.

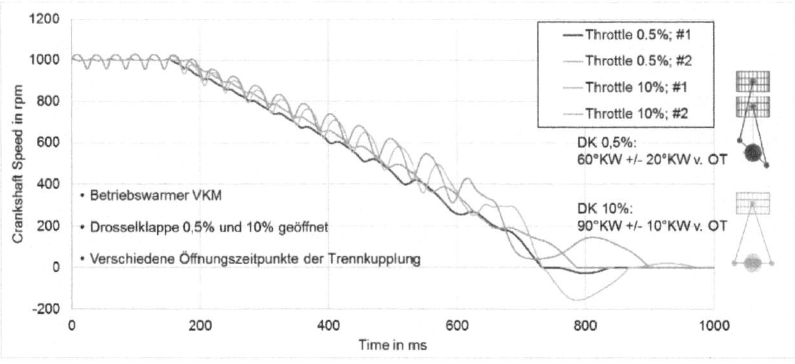

Abbildung 6: Sensitivitätsanalyse Abstellvorgang der VKM

Bei einem Öffnungsquerschnitt von 10% wurde für alle Variationen eine Abstellposition von 90°KW vor Zünd-OT mit einer Streubreite von 10°KW erreicht. Mit kleiner werdendem Öffnungsquerschnitt verschiebt sich diese Position in Richtung oberer Totpunkt und die Streubreite nimmt zu. Diese Ergebnisse decken sich mit Fesefeldt [2].

Bei einer komplett geschlossenen Drosselklappe kommt es zu einer stochastischen Verteilung der Abstellposition.

Um das Schwingungsverhalten zu verdeutlichen ist in Abbildung 7 der Abstellvorgang für einen Zustand mit 0,5% Drosselklappenöffnungsquerschnitt infolge der wirkenden Drehmomente dargestellt Beim Öffnen der Trennkupplung, Marker I, kommt es zum Entspannen des Zweimassenschwungrads mit anschließenden Drehmomentnulldurchgängen sowie zu einer Erhöhung der Vorspannung des Antriebsstrangs und der Aggregatlagerung. Dies hat eine Anregung der jeweiligen Eigenform zu Folge, welche aber durch eine Drehmomentenkompensation des VKM-Schleppmoments durch die elektrische Maschine beim Öffnen der Trennkupplung vermieden werden kann.

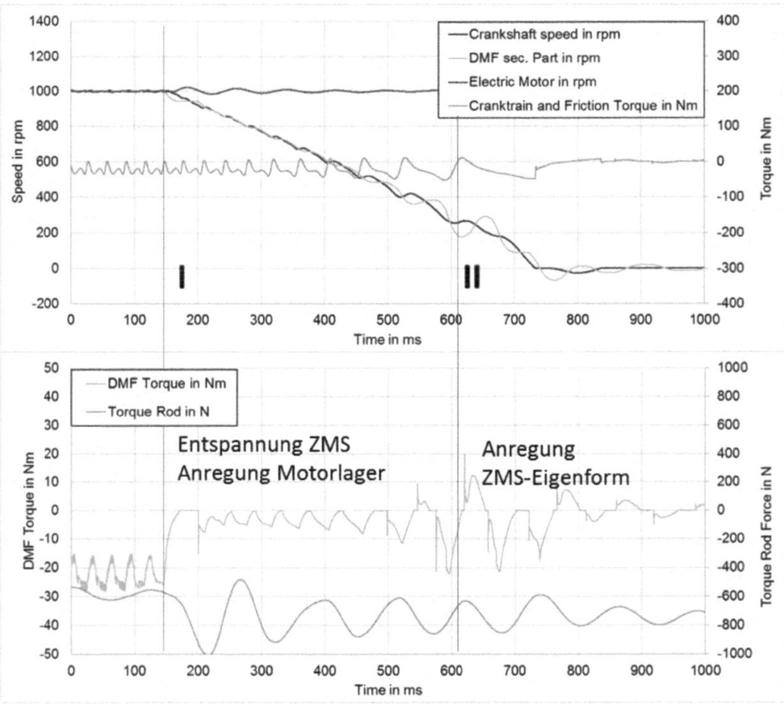

Abbildung 7: Abstellvorgang Throttle 0,5%, #1

Beim Reduzieren der Kurbelwellendrehzahl, Marker II, werden die Resonanzstellen der Aggregatlagerung- und ZMS-Eigenform durchfahren. Dadurch kommt es im ZMS zu wiederholten Anlagenwechseln, was sich auch beim Einsatz von Fliehkraftpendeln akustisch negativ auswirkt. Durch konstruktive Änderungen der Federkennlinie und Dämpfungseigenschaften können solche Anschlagimpulse und die Geräuschemission in der Simulation untersucht und optimiert werden.

Zusammenfassend hat der Öffnungsquerschnitt der Drosselklappe nicht nur einen Einfluss auf die Abstellposition, sondern auch auf das NVH-Verhalten. Kann mit einer geöffneten Drosselklappe eine gezielte Abstellposition eingestellt werden, kommt es aufgrund der höheren Spitzendrücke und somit Gaswechselmomente zu stärkeren Anregungen von Anbindungseigenformen. Dies äußert sich in stärkeren Vibrationen an den Motorlagern sowie im Zweimassenschwungrad.

4.3 Startvorgang am P0-Hybrid

An einem P0-Hybridantriebsstrang mit Riemenstartergenerator werden Startuntersuchungen für verschiedene Kurbelwellenpositionen mit und ohne Verbrennung durchgeführt. Es wird angenommen, dass sich das System in Beharrung befindet, d.h. sich in den Zylindern atmosphärischer Druck eingestellt hat. In Abbildung 8 ist zu erkennen, umso größer die eingeschlossene Luftmasse bei der ersten Verdichtung ist, desto größer ist das indizierte Drehmoment und der Drehzahleinbruch auf der ersten halben Umdrehung, was sich auf den weiteren Verlauf bis zur Einspritzfreigabe durch das Steuergerät auswirkt. Hinsichtlich Startzeit ist eine Kurbelwellenposition zwischen 45 und 90°KW vor dem oberen Totpunkt (OT) anzustreben. Die Abstelluntersuchungen haben gezeigt, dass dies über die Drosselklappenstellung erzielt werden kann.

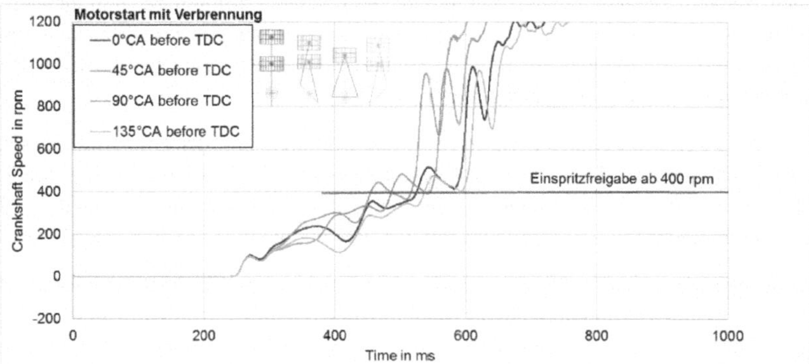

Abbildung 8: Sensitivitätsanalyse Motorstart mit Riemenstartergenerator

Für einen eventuellen Direktstart ist 90°KW vor OT aufgrund der verfügbaren Luftmasse eine gute Ausgangssituation und wird für die weiteren Untersuchungen als Anfangslage gesetzt. Während des Motorstarts werden charakteristische Eigenformen durchfahren und je nach Strategie mehr oder weniger angeregt, was zu spürbaren in die Karosserie eingeleiteten Schwingungen führt.

In Abbildung 9 ist der Startvorgang anhand der wichtigsten Drehzahlen, der Zylinderdrücke und Belastungen im Detail dargestellt. Unter Beachtung der Riementriebsdynamik wird das Drehmoment des Startergenerators entsprechend eines ausgelegtem Gradienten erhöht, um Überlastungen, Abheben und übermäßigen Schlupf zu vermeiden, aber eine ausreichende Performance zu gewährleisten (s. Marker I). Während des Hochlaufs wird die Eigenform des Rollens durch das Gaswechselmoment angeregt, was zu einer Vibration an der Pendelstütze (Torque Rod) führt.

Sobald das Steuergerät, ab Erreichen einer definierten Drehzahl die Einspritzfreigabe gibt, Marker II, kann die erste Verbrennung erfolgen. Auch mit nahezu geschlossener Drosselklappe sind die ersten Ansaugphasen aufgrund der Luftmasse in Ansaugpfad kaum gedrosselt. Somit kann eine große Frischluftmasse angesaugt und bei einem Verbrennungsluftverhältnis von eins eine Kraftstoffmasse vergleichbar zur Saugvolllast umgesetzt werden. Dies führt zu einer großen Winkelbeschleunigung der Kurbelwelle und zu einer starken Anregung der ZMS-Eigenform, wodurch die sekundäre gegen die primäre Trägheit schwingt. Dabei kommt es zu Drehmomentnulldurchgängen. Das Spiel des ZMS wird durchfahren und die Differenzgeschwindigkeit wird über die Bogenfeder abgebremst. Je nach Ausführung der Federkennlinien kann es hierbei zu akustischen Effekten beim Anschlagen kommen. Nach erster erfolgreicher Zündung kann sich die VKM selbstständig beschleunigen und das Drehmoment des RSGs kann über einen definierten Gradienten so auf null reduziert werden, dass die Eigenform des Riementriebs mit Doppelspanner kaum angeregt wird.

Nach circa zwei Umdrehungen ist der Luftpfad evakuiert und der Drosseleffekt setzt ein. Aufgrund der erreichten Kurbelwellendrehzahl greift die Leerlaufregelung, Marker III. Diese verschiebt die Verbrennungsschwerpunktlage in Richtung spät, um das indizierte Drehmoment ins Gleichgewicht mit dem Reibmoment des Motors zu bringen.

Bei geringen Startzeitanforderungen ist eine Verschiebung der Einspritzfreigabe zu höheren Drehzahlen mit höherem Drosselgrad möglich. Dadurch verringern sich der Eintrag von Brennstoffenergie, folgend die Anregung des Systems und die NVH relevanten Belastungen.

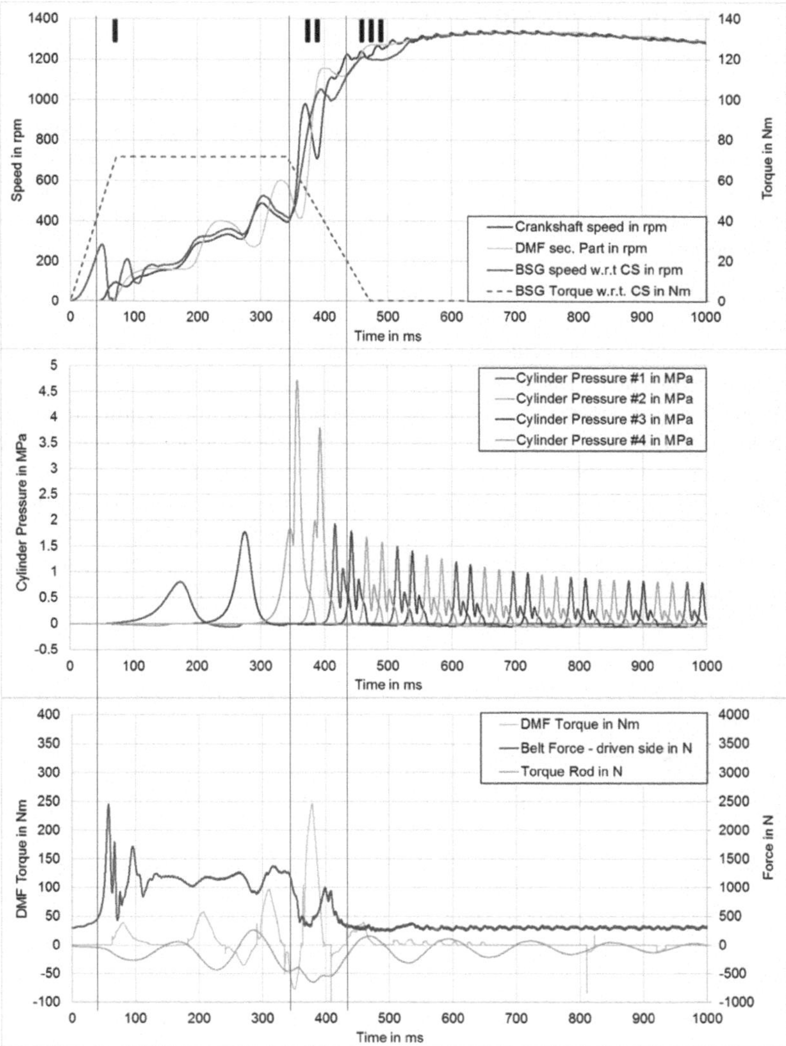

Abbildung 9: Motorstart mit Riemenstartergenerator

Dieser Lastfall ist für eine gesamtheitliche Auslegung des Riemendoppelspanners und des Nebentriebsdecouplers unter Beachtung des RSG-Übertragungsverhaltens essentiell.

4.4 Zuschaltvorgang am P2-Hybrid

Im folgenden Abschnitt wird der Schwungstart der Verbrennungskraftmaschine und die auftretenden Wechselwirkungen in einer P2-Hybridanordnung untersucht. Abbildung 10 zeigt die Ausgangsvariante für die Untersuchung. Das Fahrzeug fährt elektrisch im vierten Gang bei einer Getriebeeingangsdrehzahl von 3000 U/min und einem motorischen Drehmoment von 100 Nm. Zum Aufzeigen der Effekte bleibt die Fahrzeugkupplung während des Zuschaltvorgangs geschlossen und das effektiv abgegebene Drehmoment konstant.

In Phase I erfolgt das Schließen der Trennkupplung mit einem definierten Drehmoment, welches die Kurbelwelle entgegen der mechanischen und thermodynamischen Verluste beschleunigt. Das Drehmoment wird dem Getriebeeingang entzogen und führt zu einer Zugkraftunterbrechung. Dies kann durch eine Drehmomentenreserve der elektrischen Maschine kompensiert werden. Die Kurbelwellendrehzahl wird in Phase II über das Kupplungsmoment und wenn erforderlich über das indizierte Drehmoment an die elektrische Maschine angeglichen. Sobald Drehzahlgleichheit erreicht ist, Phase III, geht die Trennkupplung K0 in Überanpressung zur Übertragung des maximalen verbrennungsmotorischen Drehmoments. Allerdings kommt es an dem Synchronpunkt zu einem Drehzahlsprung in der Reibkupplung um das wegfallende Beschleunigungsmoment, was eine starke Schwingungsanregung des Antriebsstrangs zur Folge hat.

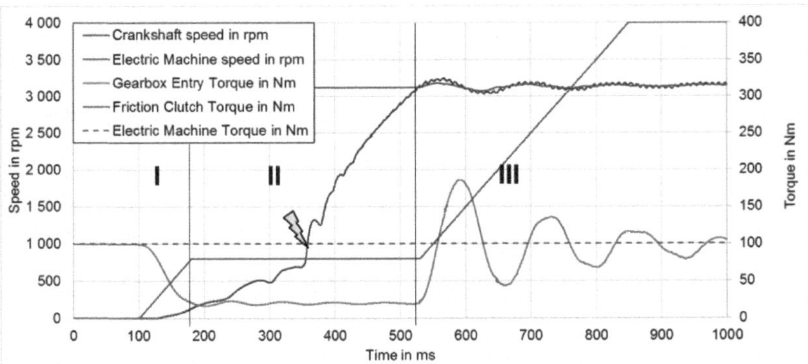

Abbildung 10: Motorstart über Trennkupplung in P2-Hybridanordnung

In Abbildung 11 ist die Verbesserung des Zuschaltvorgangs dargestellt. Am Marker I gleicht das elektrische Drehmoment die Entnahme über die Trennkupplung aus, um die Zugkraftunterbrechung zu vermeiden. Das Zweimassenschwungrad wird komfortneutral vorgespannt und die Kurbelwelle beschleunigt. Aufgrund der einsetzenden Verbrennung werden die Aggregatelagerung und das ZMS stärker mit wahrnehmbaren Belastungen angeregt.

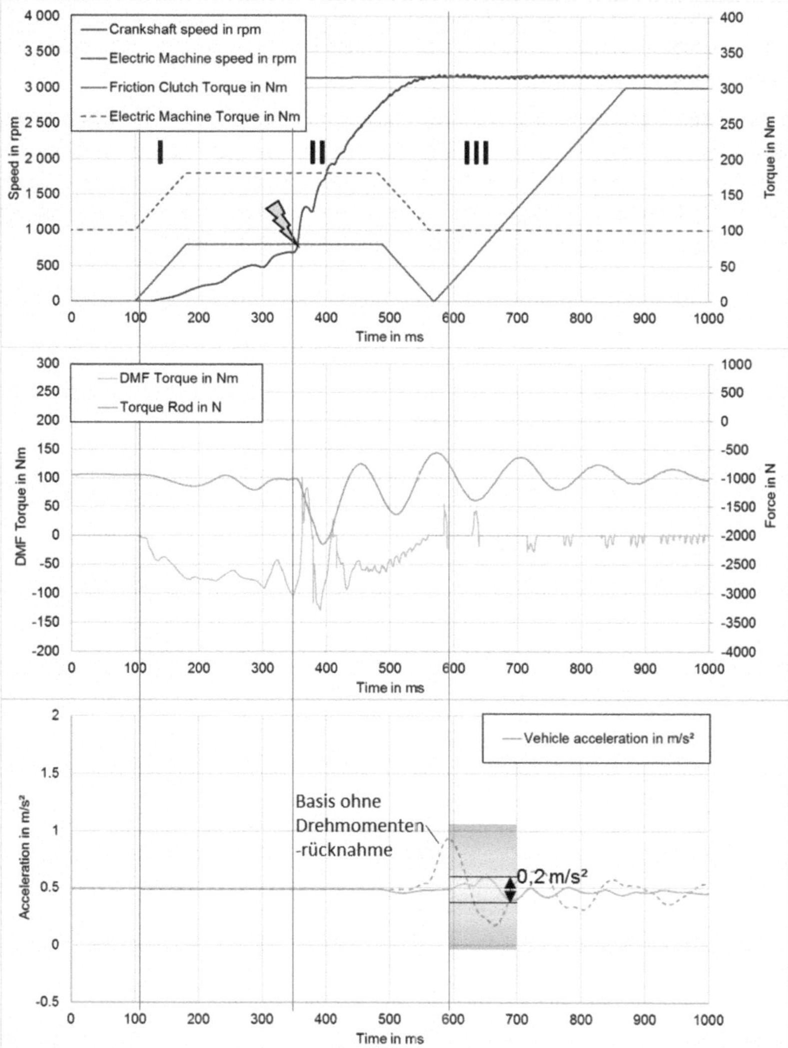

Abbildung 11: Motorstart über Trennkupplung mit Drehmomentenrücknahme

Wie für den Riemenstart bereits beschrieben kann dieser Effekt durch Verschiebung der Einspritzfreigabe aus den Resonanzbereich verbessert werden. Der Synchronisationsvorgang, Marker III, kann durch eine vor die Überanpressung der K0 geschaltete Drehmomentrücknahme und somit einer besseren Überführung deutlich komfortabler gestaltet werden. Die Längsbeschleunigungsamplitude am Fahrzeug kann auf ca. 25% der Ausgangsbasis verringert werden und in einem komfortmäßig ertragbaren Bereich verschoben werden.

Auf dieser Basis wurden weitere Untersuchungen zur Optimierung von ZMS- und Motorlagerfederkennlinien sowie von Zuschaltstrategien durchgeführt. Untersuchungsbestandteil waren die Aspekte Zuschalten mit und ohne Verbrennung, Erhöhung des indizierten Drehmoments hinsichtlich Performancesteigerung und der Vergleich von Zuschaltvorgängen mit und ohne Makroschlupf der Fahrzeugkupplung.

5 Zusammenfassung

Mit der direkten Kopplung der Mehrkörper- und Thermodynamiksimulation können Start- und Stoppvorgänge der Verbrennungskraftmaschine mit plausiblen instationären Druckrandbedingungen für unterschiedliche Startbedingungen sowie unter Berücksichtigung von thermodynamischen und applikativen Einflüssen untersucht werden.

Die hier vorgestellte Methode bildet die physikalischen Prozesse hinreichend genau ab und bietet die Möglichkeit eine hohe Anzahl von Varianten in kurzer Zeit zu untersuchen. Dies schafft die Voraussetzung neue Konzepte aus der Antriebsstrangsynthese hinsichtlich Komfort und Performance zu bewerten, Schaltstrategien und Schaltelemente virtuelle zu entwickeln und das NVH-Niveau bestehender Powertrains durch Optimierung der dynamischen Eigenschaften der Entkopplungselemente zu verbessern.

Eine Erweiterung der Methode um das Streckenverhalten von Sensorik und Aktuatorik sowie die direkte Kopplung mit den Steuergerätefunktionen schafft die Grundlage für eine virtuelle Funktionsentwicklung und Kalibration, bevor erste Prototypen verfügbar sind.

6 Literaturverzeichnis

[1] Pischinger, R.:
„Thermodynamik der Verbrennungskraftmaschine 2. Auflage“
Springer Verlag, Wien, 2002

[2] Fesefeldt, T.:
„Ganzheitliche Betrachtung zur Auswahl der Starteinrichtung des Verbrennungsmotors eines Parallel-Hybrids mit Trennkupplung“
Dissertation, Technische Universität Darmstadt, 2009

[3] Görke, D.:
„Untersuchung zur kraftstoffoptimalen Betriebsweise von Parallehybridfahrzeugen und darauf basierende Auslegung regelbasierter Betriebsstrategien“
Springer Fachmedien Wiesbaden, 2016

RDE-Optimierung mittels Abbildung verschiedener Fahrercharakteristiken

Dipl. Ing. Jochen Petters

J. Liebl (Hrsg.), *Simulation und Test 2018*, Proceedings,
https://doi.org/10.1007/978-3-658-25294-6_6

Einführung

Der Verbrauch und die Emissionen von Kraftfahrzeugen unter Realfahrbedingungen stehen seit einiger Zeit im Fokus der Gesetzgebung und der gesellschaftlichen Diskussion. Durch die Einführung der Euro 6d-Abgasnorm ist es für neue Fahrzeuge zwingend erforderlich, Emissionsgrenzwerte sowohl auf dem Prüfstand als auch im öffentlichen Straßenverkehr einzuhalten. Die Entwicklung von Fahrzeugantrieben, die diese Aufgaben erfüllen und auch über die gesamte Lebensdauer des Fahrzeugs hinweg einhalten können, ist aktuell eine große Herausforderung.

Um optimale technische Maßnahmen für diverse Fahrzeugkonzepte bewerten und gezielt entwickeln zu können, ist es erforderlich, repräsentative Realfahrbedingungen und die Reproduzierbarkeit und Variabilität von Tests sicherzustellen. Bei Straßentests ist insbesondere die Reproduzierbarkeit aufgrund einer Vielzahl ablaufbedingter äußerer Einflüsse nicht gegeben. Dazu kommt, dass lediglich eine mögliche Variante des Fahrzeuges (Beladung, Schaltstrategie, Datenstand) geprüft werden kann.

Für die Abweichungen der Emissionsmessungen auf dem Prüfstand von den realen Schadstoffemissionen auf der Straße gibt es mehrere Ursachen. Eine dieser Ursachen liegt in der Tatsache begründet, dass es nur schwer möglich ist, sogenannte „Emissionsevents" auf dem Prüfstand zu erzeugen. Unter einem Emissionsevent versteht man eine Fahrsituation, die eine stark erhöhte Emission von Schadstoffen (auch „Emissionspeak" genannt) zur Folge hat. Diese entstehen durch eine Verkettung verschiedener Umstände, die sich nur sehr schwer reproduzieren lassen. Oft entstehen diese nicht im stationären Betrieb, sondern durch Fahrmanöver wie eine schnelle Beschleunigung nach einer langen Schub- oder Leerlaufphase oder nervöses Verhalten am Gaspedal. Auch Umgebungsbedingungen wie Ansaugtemperatur oder Höhe sowie ein Auskühlen der Abgasanlage durch eine sehr niedriglastige Fahrweise können zu Emissionsevents führen.

Szenariengenerierung mit dem RDX Test Generator

Mithilfe der offenen Integrations- und Testplattform CarMaker von IPG Automotive werden Emissions- und Verbrauchsanalysen im virtuellen Fahrversuch ermöglicht. Diese erfolgen über eine Kopplung mit dem realen System (XIL). Um eine möglichst hohe Anzahl relevanter Fahrsituationen berücksichtigen zu können, wurde der RDX Test Generator (siehe Abb. 1) entwickelt.

Mit dessen Hilfe können unterschiedliche Verkehrsdichten für Stadt-, Überland- und Autobahnverkehr auf einer bekannten Strecke festgelegt werden. Um dies zu ermöglichen, wurde eine umfangreiche Datenbank aufgebaut, die über eine große Anzahl verschiedener Verkehrssituationen verfügt. Diese Situationen wurden nach ihrer Dynamik, Durchschnittsgeschwindigkeit und ihres Ortes katalogisiert.

Die Verkehrssituationen werden abhängig vom Straßentyp und der Verkehrsdichte definiert, nachdem der Streckenverlauf inklusive Beschilderung und Ampeln in die Simulationssoftware geladen wurde. Die Definition des Verkehrs wird durch die Platzierung unsichtbarer Verkehrsschilder umgesetzt – für stockenden Verkehr werden zum Beispiel einige Stoppschilder hintereinander gesetzt. Innerhalb dieser Randbedingungen kann sich der simulierte Fahrer, abhängig von seiner definierten Charakteristik, frei bewegen. Die Auswahl der Situationen erfolgt zufällig, je nach gewählter Verkehrsdichte haben entsprechende Verkehrssituationen aber eine größere Wahrscheinlichkeit platziert zu werden als andere.

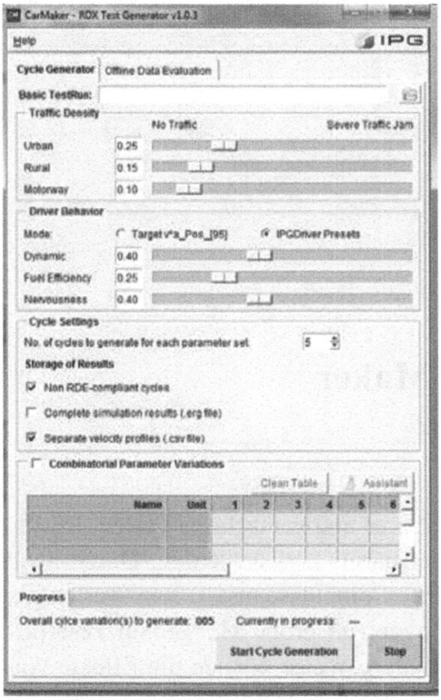

Abb. 1: RDX Test Generator

Der Charakter des Fahrers kann ebenfalls bezüglich Dynamik, Energieeffizienz und Nervosität parametriert werden. Der Dynamikwert definiert unter anderem, wie stark der Fahrer beschleunigt und wie viel Querbeschleunigung er zulässt. Der Wert der Energieeffizienz bestimmt, wie stark der Fahrer die Fahrkurve „verschleift“, wie weit er vorausschaut und ab wann er mit Schub verzögert, anstatt zu bremsen. Die Nervosität bestimmt, wie ruhig sich der Fahrer am Gaspedal verhält.

Bevor die Simulation im Anschluss startet, werden die für RDE ausschlaggebenden Ergebnisse berechnet. Dies kann beispielsweise *v*apos95,* also das 95.-Perzentil der positiven Beschleunigung multipliziert mit der Geschwindigkeit sein.

Auf diese Weise kann eine Vorauswahl geeigneter Verkehrssituationen und Zielwerte für *v*apos95* für den Prüfstand getroffen werden. Mithilfe einer detaillierten Textmatrix (siehe Abb. 2) können die bereits angesprochenen Emissionsevents identifiziert werden. Die Matrix beinhaltet diverse Kombinationen der Randbedingungen wie Verkehr, Beladung, Fahrertyp und Schaltstrategie, um eine möglichst große Anzahl verschiedener Verkehrssituationen abdecken zu können.

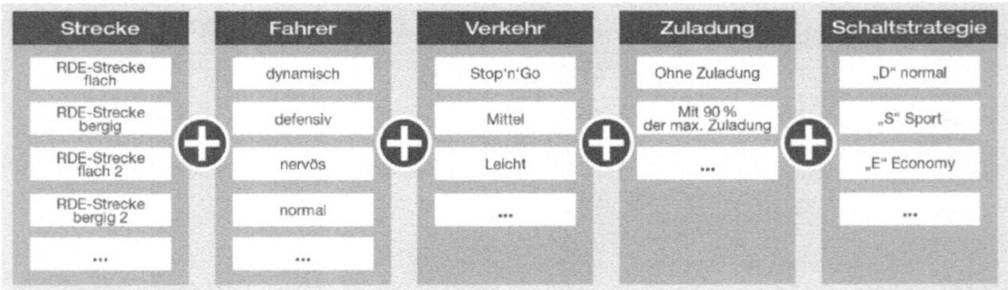

Abb. 2: Beispielhafte Testmatrix

Entwicklungsmethodik mit CarMaker

Virtueller Prototyp

Der virtuelle Fahrversuch ermöglicht reproduzierbares und gefahrloses Testen. Ergänzend kann eine nennenswerte Zeit- und Kostenersparnis erzielt werden. Durch neue Verfahren wie die Simulation auf High Performance Computern und Testauswertungen auf Basis von Bewertungskriterien können in kurzer Zeit große Mengen an Testkilometern abgefahren und ausgewertet werden. Auf diese Weise können die Effekte von Parameter- bzw. Softwareänderungen in zahllosen Verkehrssituationen analysiert werden. Ein zentraler Baustein des virtuellen Fahrversuchs ist der virtuelle Prototyp.

Bei herkömmlichen Testmethoden wird größtenteils mit realen Prototypen gearbeitet. Tests werden hierbei signalbasiert durchgeführt und die einzelnen Fahrzeugsysteme separat betrachtet. Dem Ansatz des Automotive Systems Engineerings folgend sollten die Systeme allerdings unter realen Testbedingungen sowie im Verbund getestet werden.

Der virtuelle Prototyp kann eine Lösung sein, um dieses Ziel zu erreichen. Er ist ein vollständig parametriertes Gesamtfahrzeugmodell und aus den gleichen Komponenten und Systemen aufgebaut wie der entsprechende reale Prototyp. Bei den OEMs und Zulieferern werden sämtliche benötigten Komponenten und Systemmodelle zu einem möglichst frühen Zeitpunkt innerhalb des Entwicklungsprozesses kombiniert. Somit kann jede Entwicklungsabteilung den virtuellen Prototyp durchgängig im Entwicklungsprozess einsetzen. Dies führt bis hin zu Funktions- und Freigabetests an einem Hardware-in-the-Loop-Prüfstand, was den Einsatz von Frontloading ermöglicht.

Abb. 3: Der virtuelle Prototyp

Durch den Einsatz des virtuellen Prototyps kann die Anzahl der benötigten realen Prototypen demnach drastisch gesenkt werden. Ergänzend zur erwähnten Kostenersparnis kann der extrem hohe Aufwand reduziert werden, alle realen Prototypen zu jeder Zeit auf dem gleichen Entwicklungsstand zu halten. Jeder beteiligte Ingenieur kann jederzeit auf den tagesaktuellen Entwicklungsstand zugreifen und diesen domänenübergreifend nutzen.

Strecke

Abb. 4: IPGRoad

Mithilfe des in CarMaker integrierten Straßenmodells namens IPGRoad und dem enthaltenen Scenario Editor können Straßen und kundenspezifische Teststrecken realitätsgetreu und ohne großen Zeitaufwand generiert werden. Ebenfalls können real existierende Straßenabschnitte automatisiert importiert werden – beispielsweise aus ADAS RP von HERE.

Auch mehrspurige Straßen, komplexe Kreuzungen und weitere Straßenformen können definiert werden. Fahrbahneigenschaften wie Gefälle oder Neigung können übertragen werden. Dies ist für die gesamte Strecke oder abschnittsweise möglich. Die entsprechenden Definitionen werden entweder manuell oder durch den Import von CRG-Daten automatisch erzeugt. Alle Straßen können außerdem anhand von Straßeninfrastruktur wie Beschilderung, Vegetation und Gebäuden auf die eigenen Wünsche zugeschnitten werden.

Verkehr

Einen großen Einfluss auf das Testergebnis hat der Verkehr. Damit verschiedene Verkehrssituationen reproduzierbar untersucht werden können, wurde für den RDX Test Generator ein Ansatz zur phänomenologischen Verkehrssimulation ohne

Definition virtueller Verkehrsobjekte entwickelt. Hier entscheidet das Fahrermodell – innerhalb der Rahmenbedingungen und abhängig von der Parametrierung – selbstständig über Fahrkurve und Dynamik des virtuellen Fahrzeugs.

Abb. 5: Verkehr

Die simulierten Verkehrssituationen stammen aus einer Realfahrdatenbank, die über eine große Anzahl von Fahr- und Verkehrssituationen verfügt. Durch eine Klassifizierung, einer Gewichtung nach Verkehrsdichte und Strecke sowie der Platzierung auf der Strecke entstehen verschiedenste realistische Fahrprofile.

Fahrer

Nicht zuletzt hat der Fahrer, beziehungsweise das Fahrermodell, einen essenziellen Einfluss auf das Testergebnis. Das in CarMaker integrierte Modell verfügt über eine frei konfigurierbare Längs- und Querführung des Fahrzeugs; Geschwindigkeits- und Lenkprofile können dabei von extern vorgegeben werden. Basierend auf dem Streckenverlauf und den Fahrzeugeigenschaften ist ebenfalls eine eigenständige Kurs- und Geschwindigkeitsplanung möglich.

Hier kann auf vordefinierte Fahrercharakteristiken zurückgegriffen werden, vom defensiven bis hin zum sportlichen Fahrer. Das Fahrermodell ist außerdem in der Lage, komplexe Verkehrssituationen wie stockenden Verkehr oder Parkmanöver umzusetzen. Auch im RDX Test Generator können die Charakteristiken abgebildet und stufenlos variiert werden.

Ergebnisse

Im Projektverlauf wurden mithilfe des RDX Test Generators drei Szenarien mit der gleichen Verkehrssituation erzeugt und die Ergebnisse im Anschluss mit einer realen Messfahrt verglichen. Um eine gute Vergleichbarkeit zu gewährleisten, wurde die gefahrene Strecke digitalisiert. Ebenso wurde ein virtueller Prototyp des verwendeten Fahrzeugs erstellt, um realistisches Beschleunigungs- und Fahrverhalten bewerten zu können.

Von diesen Basismessungen ausgehend wurden mehrere Varianten simuliert, um die Auswirkungen unterschiedlicher Fahrertypen auf die RDE-relevanten Kriterien zu analysieren.

Vergleich Realfahrt – Simulation

Um einen möglichst genauen Vergleich zwischen realen und simulierten Testfällen zu gewährleisten, wurde ein digitales Abbild des Testszenarios erstellt: Die reale Strecke wurde mithilfe von GPS-Messungen digital rekonstruiert – inklusive Steigungen, Kurven, Ampeln, Stoppschildern und Geschwindigkeitsbegrenzungen. Als Fahrzeug diente ein virtueller Prototyp, der dem realen Fahrzeug möglichst exakt nachempfunden wurde; Gewicht, Ausrollverhalten, Übersetzungen und die Leistungscharakteristik des Motors wurden übernommen.

Die Messfahrten wurden auf der 86 Kilometer langen RDE-Strecke von IPG Automotive rund um Karlsruhe durchgeführt. Abbildung 6 zeigt die v*apos95 (95. Perzentil-Wert des Produktes aus Geschwindigkeit und positiver Beschleunigung) - und RPA-Werte (RPA – relative positive Beschleunigung) im Vergleich.

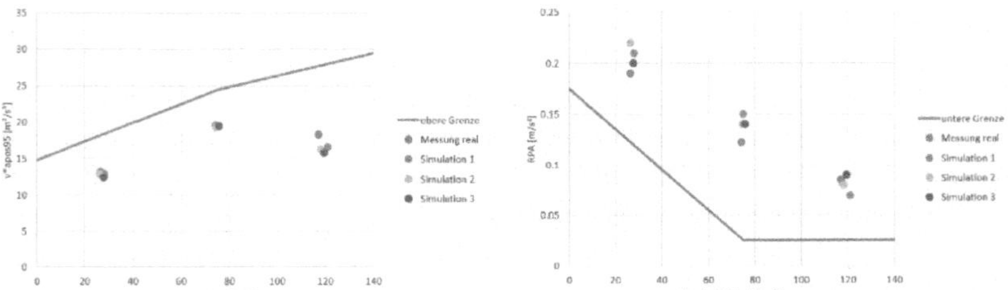

Abb. 6: Vergleich v*apos95 und RPA-Straßenmessung zu simulierten Varianten

Der Vergleich zeigt eine große Übereinstimmung der v*apos95 -Werte mit der realen Straßenmessung. Ebenso sind die RPA-Werte in einem geringen Toleranzband.

In den Abbildungen 7 und 8 ist jeweils ein Vergleich der Fahrzeuggeschwindigkeiten und den Gaspedalstellungen im städtischen Bereich abgebildet (aus Gründen der Übersichtlichkeit jeweils nur der Vergleich der Straßenmessung zur ersten Simulation):

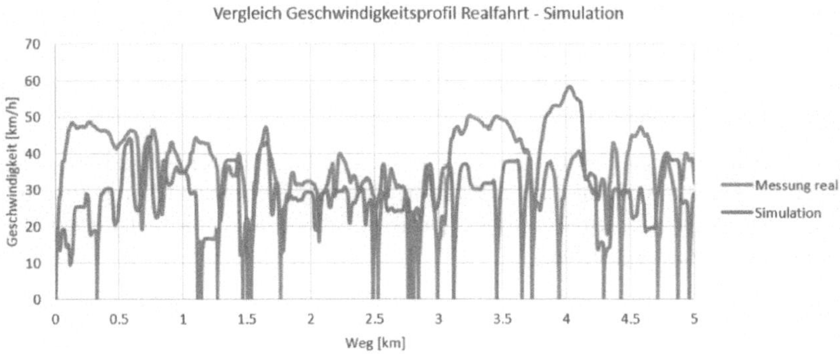

Abb. 7: Fahrzeuggeschwindigkeit

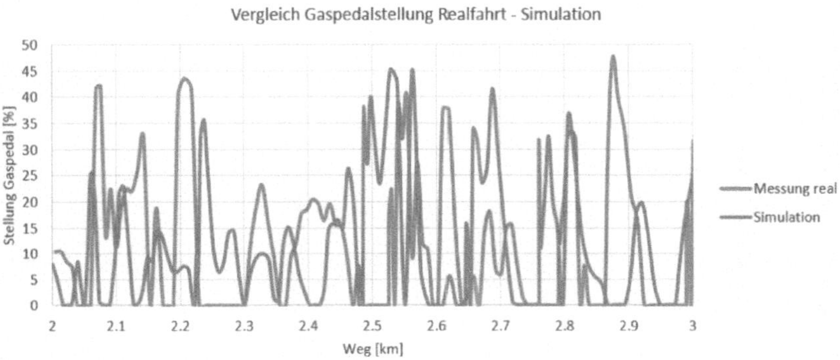

Abb. 8: Gaspedalstellung

Es wurden auf der gleichen Strecke drei zufällige Verkehrsszenarien mit der gleichen Verkehrsdichte und einem ähnlichen Fahrerverhalten erzeugt. Diese ergeben in den wichtigsten Kriterien eine sehr gute Näherung an die reale Fahrt.

Ausgehend von dieser soliden Basis können nun die Auswirkungen von unterschiedlichen Fahrerverhalten auf die RDE-Kriterien untersucht werden.

Variation von Nervosität am Gaspedal

Das Fahrermodell IPGDriver ermöglicht es, verschiedene Stufen der Nervosität eines Fahrers darzustellen. Als Nervosität wird das Verhalten am Gaspedal definiert, also wie ruhig eine bestimmte Geschwindigkeit erreicht oder beibehalten wird.

Nervosität „0“ entspricht der Basismessung Simulation1; zwei Stufen der Nervosität werden untersucht: Die Werte 0.5 und 1 für die Nervosität entsprechen der Standardparametrierung des Fahrermodells.

In Abbildung 9 ist deutlich zu erkennen, dass die Erhöhung der Nervosität (orange und grün) eine erhöhte Aktivität des Gaspedals bewirkt. Die Frequenz und Amplitude können auch getrennt parametriert werden. In diesem Fall wurde auf die hinterlegten Standardparameter zurückgegriffen.

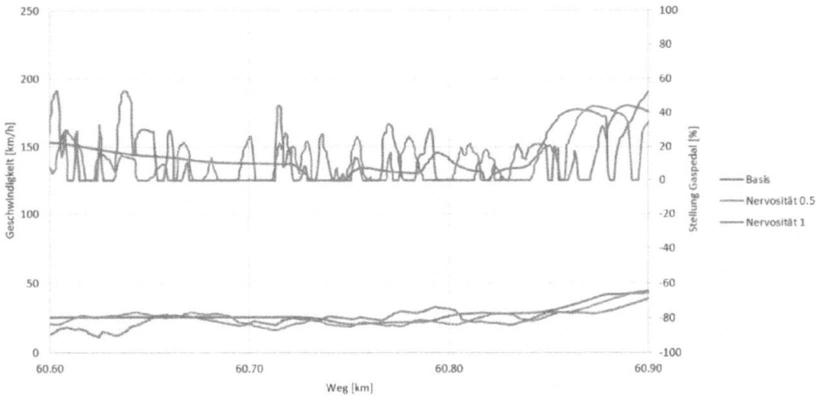

Abb. 9: Gaspedal Nervosität

Die Auswirkungen auf v*apos95 und RPA sind in Abbildung 10 dargestellt:

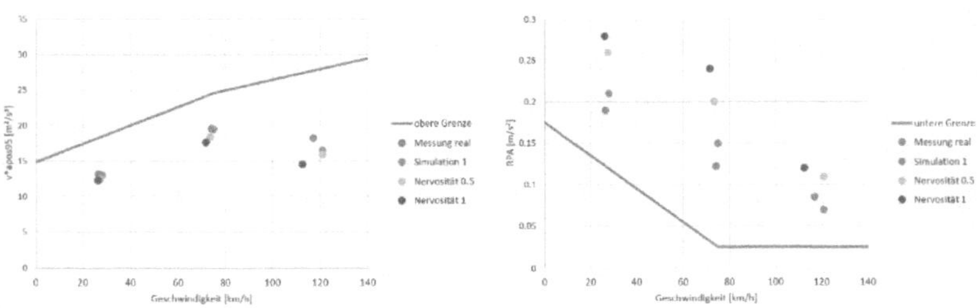

Abb. 10: Variation Nervosität

Es wird deutlich, dass sich die v*apos95-Werte in diesem Fall teilweise reduzieren. Dies kann auf die erhöhte Anzahl von positiven Beschleunigungen zurückgeführt werden. In der Basissimulation ergeben sich für den Überlandbereich beispielsweise 424 Beschleunigungen, bei erhöhter Nervosität erhöht sich die Anzahl auf 616. Dadurch steigt die Anzahl der oberen 5% der Beschleunigungen, die gemäß der RDE-Gesetzgebung abgeschnitten werden. Nach dem Abschneiden bleibt ein niedriger v*apos95-Wert bestehen, siehe Abbildung 11.

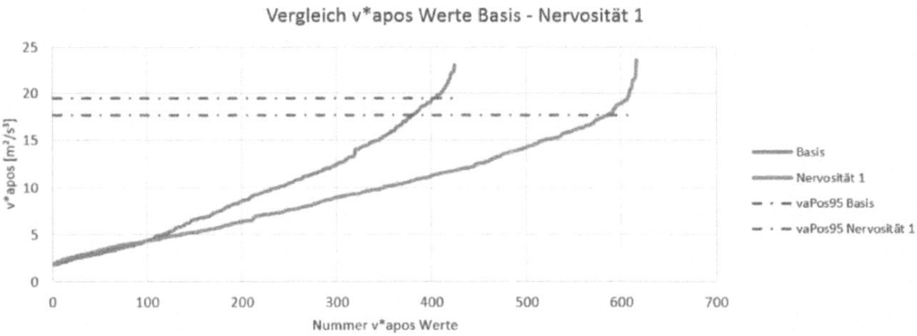

Abb 11:Vergleich von v*apos-Werten Basismessung zur Variante mit erhöhter Nervosität

Ein sehr nervöser Fahrer ist beispielsweise eine große Herausforderung für die Abstimmung der Luft- und Ladedruckregler, für die Emissionierung und die generelle Fähigkeit zur Regeneration (viel Zug-Schub-Betrieb). Für die OBD (On-Board-Diagnose) ist von Interesse, ob Diagnosen unter diesen Umständen durchlaufen können oder ob die Erkennung angepasst werden muss.

Variation von energieeffizientem Fahrverhalten

Im Folgenden werden die Variationen des energieeffizienten Fahrerverhaltens betrachtet. Unter energieeffizientem Fahren wird hier beispielsweise verstanden, wie stark der Fahrer die Fahrkurve schneidet, um möglichst wenige Beschleunigungen zu erhalten oder wie früh er bei einem nahenden Stopp vom Gas geht, um das Fahrzeug ausrollen zu lassen. Dies kann mit dem Standardparameter „Energieeffizienz" des Fahrermodells variiert werden. Abbildung 13 zeigt die Auswirkung einer erhöhten Energieeffizienz auf Gaspedalstellung und Fahrkurve. Die Bewegung des Gaspedals wird ruhiger und die Fahrkurve wird geschnitten, wie es der grüne Verlauf zeigt.

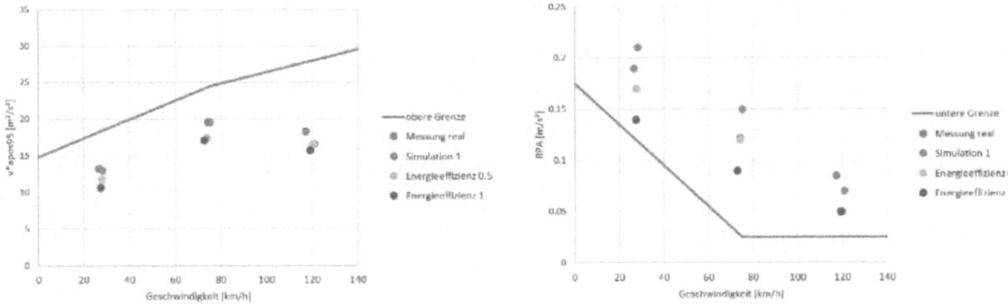

Abb. 12: Variation Energieffizienz

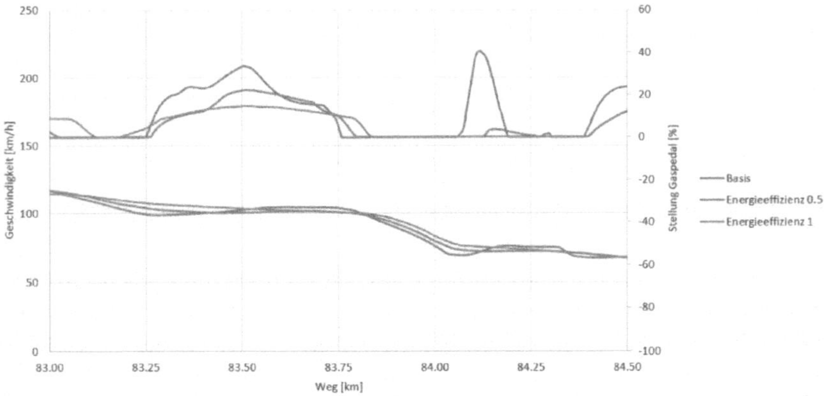

Abb 13: Vergleich der Gaspedalstellung und des Geschwindigkeitsprofils der Basissimulation und erhöhter Energieeffizienz

Abbildung 12 zeigt, dass mit erhöhtem Wert der Energieeffizienz sowohl der v*apos95-Wert als auch der RPA-Wert abgesenkt werden. Der RPA-Wert entspricht auch bei stark erhöhter Energieeffizienz noch den gesetzlichen Vorgaben. Durch die Variation der Energieeffizienz können niedriglastige Grenzfälle abgeprüft werden, zum Beispiel ein mögliches Auskühlen der Abgasanlage, die Regenerationsfähigkeit des Partikelfilters oder ein Versotten der Abgasrückführungsstrecke.

Zusammenfassung

Mithilfe des neu entwickelten RDX Test Generators können RDE-Tests auf Basis eines intelligenten Fahrers und eines phänomenologischen Verkehrsmodells für eine bekannte Strecke generiert werden. Die Durchführung im Büro ermöglicht es, die kostenintensive Zeit am Prüfstand zu minimieren. Nach der Vorauswahl werden die kritischsten Fälle zum Beispiel mithilfe eines Engine-in-the Loop-Prüfstands geprüft. Diese Methodik erlaubt es, die Robustheit der Hardware und der Kalibrierung unter verschiedensten Bedingungen abzuprüfen.

Durch die Generierung von repräsentativen Verkehrsszenarien können auf der eigenen RDE-Strecke verschiedenste Situationen und Grenzfälle abgeprüft werden. Dies ist möglich, ohne diese Situationen zuvor real gemessen zu haben.

Damit kann die Kalibrierung der Motor- und Getriebesteuergeräte unter Realfahrbedingungen effizienter und zielgerichteter erfolgen, da die Auswirkungen von Änderungen der Kalibrierung unabhängig von Verkehrs- oder Fahrereinflüssen sind. So kann eine Reduzierung der realen PEMS-Fahrten und eine höhere Unabhängigkeit von der Verfügbarkeit von Prototypen erreicht werden.

Test emissionsrelevanter Fahrzyklen auf dem Motorprüfstand

Dr. Christian Mayr[a], Reinhard Merl [a], Hans-Peter Gigerl[a] , Mario Teitzer[a] , David König[b], Daniel Stemmer[b], Felix Retter[c]

[a] AVL List GmbH, Hans-List Platz 1, 8020 Graz, Austria

[b] Mercedes-AMG GmbH, Daimlerstraße 1, 71563 Affalterbach, Deutschland

[c] QTronic GmbH, Alt-Moabit 92, 10559 Berlin, Deutschland

J. Liebl (Hrsg.), *Simulation und Test 2018*, Proceedings,
https://doi.org/10.1007/978-3-658-25294-6_7

Einleitung und Motivation

Real Driving Emissions (RDE) repräsentiert eine der aktuell größten Herausforderungen für die Automobilindustrie. Fahrzeuge müssen nach dieser neuen Gesetzgebung die erforderlichen Emissionsgrenzwerte nicht nur auf einem Prüfstand unter kontrollierten Bedingungen, sondern auch unter realen Konditionen unter Einbeziehung von Faktoren wie Fahrverhalten, Verkehr und Umgebungsbedingungen erreichen. Aufgrund dieser Einflüsse ist die Straße für die Entwicklung nicht gut geeignet. Die Ursache, ob unterschiedliche Ergebnisse von der Kalibrierung oder von äußeren Einflüssen stammen kann nur schwer beurteilt werden. Der zunehmende Kostendruck erfordert eine Reduktion von Prototypen und Testfahrten sowie eine verkürzte Entwicklungszeit. Zusätzlich bringt der zusätzliche Aufwand, welcher durch die RDE Gesetzgebung verursacht wird, die Kapazitäten der Rollenprüfstände in Europa an ihre Grenzen. Dies zeigt, es gibt sehr viele Gründe emissionsrelevante Fahrzyklen auch auf anderen Prüfstandsumgebungen wie z. B. Motorprüfständen zu fahren. Ein großer Vorteil, den Motorprüfstand als Entwicklungsumgebung zu verwenden, besteht darin, dass bereits relativ früh im Entwicklungsprozess Prototypen von Motoren verfügbar sind. Um Fahrzyklen wie im Fahrzeug fahren zu können, ist es allerdings erforderlich die nicht vorhandenen Komponenten, wie z. B. Getriebe, Reifen, Chassis, Umgebung, Fahrer und Steuergeräte zu simulieren.

Bevor Entwicklungsaufgaben vom Fahrzeug auf eine andere Umgebung verlagert werden können, muss bewiesen werden, dass diese Entwicklungsumgebung dieselben Ergebnisse liefert wie im Fahrzeug. Dafür sind entsprechende Simulationstools und die richtige Methodik von entscheidender Bedeutung.

In dieser Arbeit wird ein Ansatz vorgestellt, der im Zuge eines gemeinsamen Projektes zwischen Mercedes-AMG, QTronic und AVL erarbeitet wurde. Dabei wird auf die Anforderungen eingegangen die erforderlich sind, um Straßenmessungen in der kombinierten Testumgebung Motorenprüfstand mit Fahrzeugsimulation reproduzieren zu können. Dies umfasst unter anderem

- Anforderungen und Aufbau am Motorenprüfstand
- Aufbereitung der Messung für die 3D Simulationsumgebung
- Anforderungen an die Simulationsmodelle (Fahrzeug, Fahrer, Getriebe, TCU)
- Erforderliche Methodik

Die Ergebnisse vom Motorenprüfstand werden mit der Straßenmessung sowie Messungen vom Rollenprüfstand verglichen.

Aufbau

Abbildung 1 zeigt den schematischen Aufbau des Gesamtsystems. Das verwendete Automatisierungssystem bei Mercedes-AMG am Motorenprüfstand ist Horiba Stars. Qtronic Silver läuft auf einem eigenen Windows 10 PC und simuliert Getriebe sowie TCU. AVL Testbed.CONNECT ist eine Echtzeitplattform und wird verwendet, um AVL VSM, FRED sowie einen Momentenschätzer für das Motormoment zu betreiben.

AVL VSM wird hier verwendet, um Fahrzeug, Manöver, Straße und Umwelt zu simulieren. FRED ist ein neu entwickelter Fahrerregler von AVL, um Emmisionszyklen effizient im gesamten Entwicklungszyklus und in allen Entwicklungsumgebungen fahren zu können. Für eine dynamische Kopplung von Prüfstand und Simulation muss das Motormoment benutzt werden. Wird einfach nur das gemessene Moment von Messflansch verwendet, ist ein stabile Kopplung schwer möglich, [1].

Stars, Silver und Testbed.CONNECT sind mittles CAN Bus verbunden.

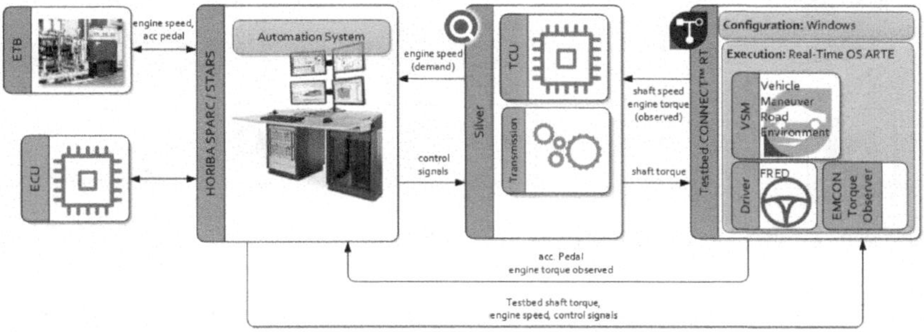

Abbildung 1: Schema Gesamtaufbau

Softwarewerkzeuge

Mercedes-AMG setzt seit vielen Jahren auf Virtualisierungen von Steuergeräten (vECUs), insbesondere des Getriebesteuergeräts (TCU), durch die QTronic GmbH [2]. Den Funktionsentwicklern und Applikateuren wird mit Silver eine Umgebung (SiL) bereitgestellt, in der die originale Funktionssoftware der TCU auf einem beliebigen Laptop kompiliert, ausgeführt und somit entwicklungsbegleitend getestet werden kann. Mittels XCP und virtuellem CAN haben die Ingenieure die Möglichkeit, mit ihren gewohnten Tools wie z.B. Inca und CANape zu messen und zu applizieren ohne auf Bandbreitenbeschränkungen Rücksicht zu nehmen. Da keinerlei echte Hardware in diesen Setups verwendet wird, gibt es auch keinen Zwang zur Echtzeitfähigkeit des Gesamtsystems. Dies ermöglicht den Einsatz eines sehr detaillierten physikalischen Getriebemodells mit variabler Schrittweite und einer umfassenden Abbildung der Hydraulik.

Die für den Powertrain bei Mercedes-AMG wichtigen Steuergeräte für Motor und CPC (Central Power Controller) sind in diesem SiL nur rudimentär als Restbus abgebildet. Ferner fehlt ein sehr guter automatischer Fahrer für RDE Fahrten, da der SiL zumeist interaktiv von den Funktionsentwicklern und Applikateuren genutzt wird.

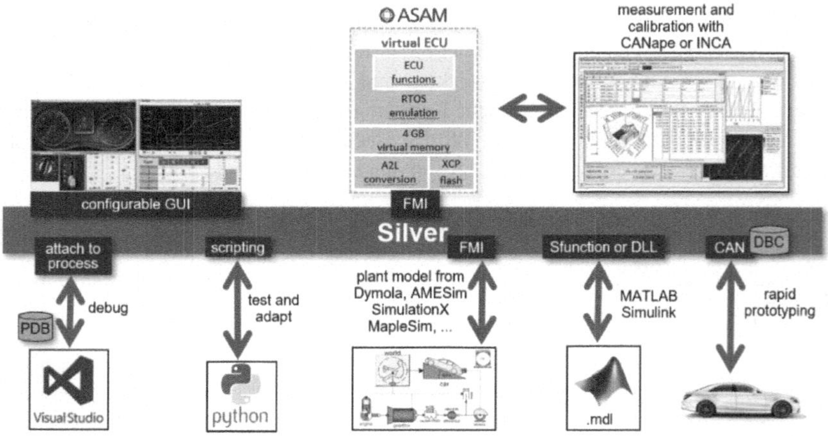

Abbildung 2: Silver als Ausführungsplattform für vECUs

Ergänzt man dieses Setup mit dem physikalischen Motor am Prüfstand mit CPC Steuergerät und den bereits erwähnten AVL Komponenten sind diese Nachteile nicht mehr existent. Um den SiL nun als reine Getriebesimulation am Prüfstand einzusetzen, sind folgende Punkte zu klären:

- Echtzeitfähigkeit der Simulation
- Kopplung des detaillierten physikalischen Getriebemodells mit der Fahrzeugsimulation von AVL VSM
- Einbindung des SiLs in die Automatisierung am Prüfstand

Silver als Simulationsplattform ist für die Ausführung auf einem normalen Windows-Rechner gedacht und kann somit nicht auf echtzeitfähiger Hardware betrieben werden. Silver stellt allerdings einen Echtzeitmodus zur Verfügung, sodass der SiL von der Taktung und Signallaufzeit ausreichend gut ist und bereits am HiL [3] und im Fahrzeug [2] im Verbund mit echten Steuergeräten erfolgreich eingesetzt wird. Die Ergebnisse in Abbildung 3 wurden mit einer Taktung von 5ms am Motorprüfstand erreicht (blaue vs. rote Kurve). Da das verwendete Streckenmodell des Getriebes in manchen Fahrsituationen sehr rechenintensiv ist, wurde ein High-End Rechner mit 4,8 GHz als Ausführungsplattform verwendet. Kurzzeitig größere Latenzzeiten der Simulation haben sich nicht auf beteiligte Steuergeräte oder die Fahrzeugsimulation ausgewirkt.

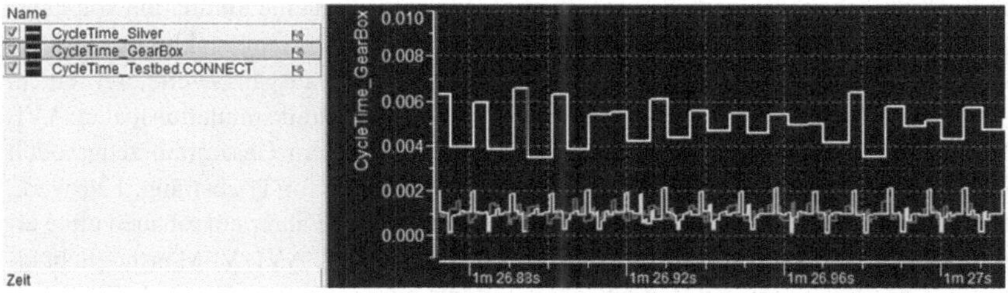

Abbildung 3: Zykluszeiten auf dem CAN Bus. Blau/Rot: Grundtaktung im 1ms Raster (Silver/Testbed.CONNECT). Weiß: Taktung der physikalischen Getriebesimulation im 5ms Raster.

Aufgrund der hohen Ansprüche der TCU an die Getriebesimulation und der bestehenden Reife und Verfügbarkeit des (Getriebe-) SiLs wird das bestehende Streckenmodell weiterverwendet. Die Modelle werden von Daimler Inhouse entwickelt und basieren auf Modelica/Dymola [4]. Für den Standardeinsatz in der Getriebesoftwareentwicklung wird damit das Gesamtfahrzeug von Motor bis zur Fahrbahnbeschaffenheit dargestellt. Für dieses Projekt wird aus dem bestehenden Modell nur die Getriebekomponente beibehalten und muss mit dem Fahrzeugmodell AVL VSM sowie dem Motorprüfstand gekoppelt werden. Die Synchronisation der Modelle und des Motorprüfstands erfolgt über den Austausch des aktuellen Moments und der Drehzahl via CAN (siehe Abbildung 1).

Die Einbindung der Getriebesimulation in die Automatisierung am Prüfstand erfolgt ähnlich zur physikalischen Kopplung via CAN und speziell definierter Botschaften im Millisekunden Takt. Die so empfangenen Befehle werden in Silver von einem Python Skript verarbeitet. Auf diese Weise ist es möglich, jederzeit vom Prüfstand aus den Fahrzyklus zu starten, zu stoppen oder zu wiederholen. Zusätzlich ist der Rechner so konfiguriert, dass bei einem schweren Fehler wie einem Absturz des CAN-Treibers oder einem Windowsfehler der Rechner automatisch neu gestartet wird und ein eindeutig definierter Startpunkt innerhalb von ein bis zwei Minuten verfügbar ist.

Zur Ausführung der verwendeten AVL Komponenten (AVL VSM, FRED und Drehmomentenschätzer) wurde Testbed.CONNECT verwendet. Es besteht aus einer genau definierten High Performance PC Hardware sowie einem Echtzeitbetriebssystem. Damit wird ein deterministisches Systemverhalten sichergestellt. Bei zeitdiskreten Kopplungen mit anderen Systemen (z.B.: über CAN) werden dadurch alle Signale mit festgelegten Frequenz gesendet. Zusätzlich ist das Systemverhalten bezüglich Jitter bekannt. Obwohl Modelle sowie I/O auf dem Echtzeitbetriebssystem laufen, erfolgt die Bedienung über Microsoft Windows am selben PC.

Die Simulation präziser transienter Last- und Drehzahlprofile für den Verbrennungsmotor bzw. das vorgelagerte Silver Getriebemodell erfordert eine Simulation von Fahrzeug und Fahrverhalten und den Komponenten des Antriebstrangs inklusive Achsgetriebe und Allradverteilergetriebe bis zur Hauptgetriebeausgangswelle auf einem simulierten RDE-Fahrzyklus. Es wird dafür das Fahrdynamiksimulationspaket AVL VSM eingesetzt, welches es dem Anwender ermöglicht, ein Gesamtfahrzeugmodell modular aus vordefinierten parametrierbaren Submodellen für Triebstrang, Fahrwerk, Reifen, Umgebung, Manöver, 2D oder 3D Fahrzyklus und Fahrer aufzubauen ohne eigene komplexe Simulationsmodelle erstellen zu müssen [5]. AVL VSM ermöglicht einerseits das Verlagern von Aufgaben der Entwicklung (z.B. Steuergerätekalibrierung zur Fahrbarkeitsapplikation) von der Straße hin zu früheren Entwicklungsphasen am Prüfstand (road-to-rig) [6] [7], und andererseits Fragestellungen der Hardware- und Systemauslegung in der frühen Fahrzeugkonzeptphase rein virtuell im Office mit konsistenten Modellen durchzuführen [8].

Bei dem verwendeten Fahrermodell FRED handelt es sich um einen neuen Prototypen von AVL, welcher speziell für das automatisierte Fahren von zeit- oder wegbasierenden Geschwindigkeitsverläufen von Emissionszyklen (z.B.: WLTC, FTP, NEFZ und RDE) entwickelt wurde. Dabei wurde besonders auf eine realistische, dem menschlichen Fahrer ähnliche Pedalbetätigung Wert gelegt. FRED steht für **F**ast and **R**eliable **E**conomic **D**river. FRED stellt zwei Betriebsmodi zur Verfügung:

Modus: Reproduktion

Dieser Modus dient zum Übertrag von Straßen- und Prüfstandsmessungen auf andere Entwicklungsumgebungen. Die Ausgangslage dazu ist eine unveränderte Unit-Under-Test, im speziellen ein unveränderter Momentenpfad. Wird beispielsweise eine Rollenprüfstandsmessung am Antriebsstrangprüfstand reproduziert, so befindet sich zwar der gleiche Antriebsstrang am Prüfstand, der Rollwiderstand und Schlupf des Reifens wird aber nun simuliert. Um eine korrekte Simulation und daraus resultierende Vergleichbarkeit sicherzustellen, wird dem Fahrzeug der gleiche Pedalwert aufgeprägt. Der Prüfstand regelt dabei die Fahrzeuggeschwindigkeit. Über die Fahrzeugmasse und die Fahrwiderstandgleichung ist nun die Genauigkeit der Straßenlastsimulation ermittelbar. Der Reproduktionsmodus diente in diesem Projekt zur Verifikation während der Inbetriebnahme.

Modus: Geschwindigkeitsregelung

Dieser Modus dient zur Berechnung von Fahr- und Bremspedal, um einer zeit- oder wegbasierten Sollgeschwindigkeitsspur automatisiert zu folgen. Er ist in der Lage, Zukunftswerte der Sollwerte (Fahrzeuggeschwindigkeit und Straßensteigung) zu verarbeiten. Damit wird ein parametrierbares Toleranzband berechnet, welches die Verwendung einer prädiktiven Komponente zulässt. Dies ermöglicht, neben den Fahrphasen „Beschleunigen“ und „Bremsen“ auch die Phase „Rollen oder Segeln“ zu definieren. Die Prädiktion erlaubt diesen weiteren Modus, solange die prädizierte Geschwindigkeit das definierte Toleranzband in der Zukunft nicht verlässt.

Durch Kenntnis von Fahrzeugmasse, Nennleistung sowie den Fahrwiderstandskoeffizienten samt prädiziertem Geschwindigkeitsverlauf wird der Zeitpunkt für den Beginn „Beschleunigen“ bzw. „Bremsen“ definiert. Folgend lässt sich der voraussichtliche Fahrpedalwert schätzen. Ein PI Regler zur Korrektur des geschätzten Wertes muss dabei nur minimal arbeiten. Damit lässt sich eine hohe Dynamik ohne schwingendes Verhalten des Fahrpedals erreichen.

Das Fahrverhalten ist ebenfalls beeinflussbar. Über einen „Accuracy“ – Wert ist festgelegt, wie streng der Sollgeschwindigkeitspur zu folgen ist. Das Toleranzband beschreibt die maximal zulässige Abweichung zur Sollgeschwindigkeit und dient somit als „harte Grenze“ für den Fahrpedalregler, als auch zur Definition der zulässigen „Roll- und Segelphasen“.

Die Vorteile auf einen Blick:

- Die Basisparametrierung erfolgt nur über stets bekannte Größen. (Fahrzeugmasse, Fahrwiderstandskoeffizienten und Nennleistung)
- Die Parametrierung des Fahrers ist nur fahrzeug- und nicht zyklusabhängig. Beispielsweise werden ein NEFZ und ein dynamischer RDE-Zyklus mit gleicher Reglereinstellung gefahren.
- Der Regler ist in allen Testumgebungen anwendbar (Office, Virtual Testbed, Motorprüfstand, Antriebsstrangprüfstand, Rollenprüfstand, Testgelände)

Methodik

Um eine bestmögliche Ergebnisqualität zu erzielen, ist eine entsprechende Methodik von höchster Bedeutung. Diese beginnt bei der richtigen Aufbereitung von Fahrzeugmessungen für die Simulationsumgebung, geht über die richtigen Schritte bei der Validierung des Gesamtsystems, den richtigen Prüfstandsaufbau selbst und endet mit einer korrekten Auswertung der Ergebnisse. Um realistische Ergebnisse bei emissionsrelevanten Zyklen am Motorprüfstand zu erreichen, sind sehr genaue Modelle von Getriebe und Fahrzeuge sowie ein passendes Fahrermodell erforderlich. Die wesentlichen Schritte für die Integration der Simulation am Prüfstand sind in Abbildung 4 dargestellt.

Erzeugung der 3D RDE-Strecke in AVL VSM

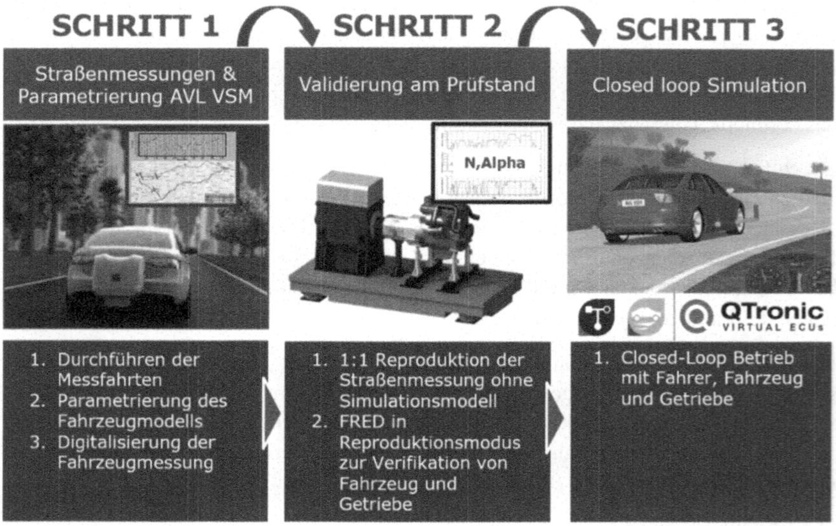

Abbildung 4: Überblick Methodik

Für die Validierung der erzielbaren Korrelationsgüte am Motorprüfstand hinsichtlich Fahrerverhalten, Fahrerreglergüte, Verbrauch und Emissionen wurde der Ansatz gewählt, virtuelle 3-dimensionale RDE-Strecken in AVL VSM tool-gestützt basierend auf realen Fahrzeugmessung zu erzeugen, um damit

- realistische Geschwindigkeitsprofile inkl. Stillstandsphasen, wie z.B. mehrmaliges kurzes Anhalten und Wiederanfahren mit Motor Stopp-Start vor Ampeln
- ein exaktes Höhenprofil
- realistische Kurvenfahrt-Trajektorien inklusive Schneiden von Kurven und Überholmanövern

abzubilden.

Die Wichtigkeit der Abbildung einer 3D Strecke und „echtem“ 3D Fahren ergibt sich im Wesentlichen aufgrund von zwei emissionsbeeinflussenden Faktoren:

- der Fahrwiderstand und damit das Lastprofil des Verbrennungsmotors werden beim Durchfahren einer Kurve aufgrund von Schräglaufverlusten der Reifen erhöht. Die Höhe des zusätzlichen Kurvenfahrwiderstands hängt von der Querbeschleunigung und den Reifeneigenschaften ab.
- Querbeschleunigung und Fahrbahnsteigung beeinflussen die Schaltstrategie des Automatikgetriebes, z.B. Rückschaltverhinderung in der Kurve oder niedrigerer Gang. bei Bergauf- und Bergabfahrten.

Ein Überblick des importieren RDE Zyklus ist in Abbildung 5 dargestellt.

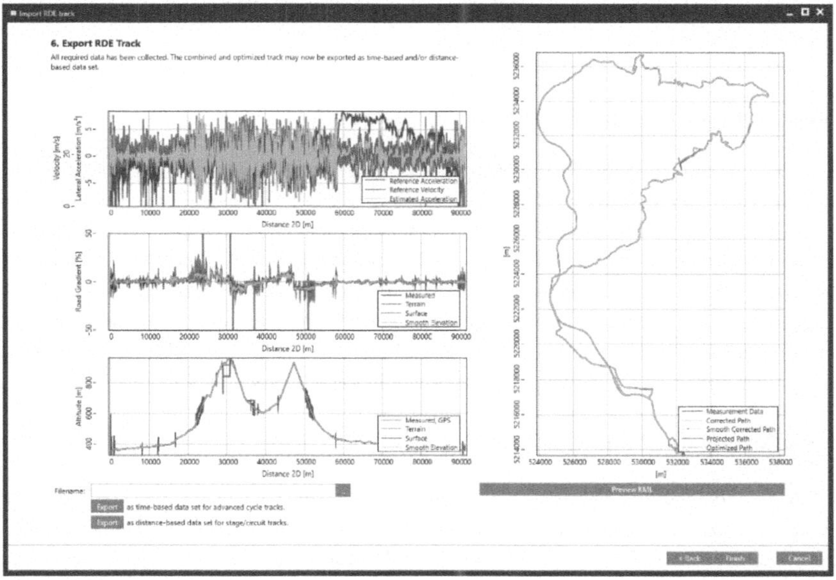

Abbildung 5: 3D RDE Zyklus

Validierung am Prüfstand

Um Sicherheit bezüglich der Ergebnisqualität zu schaffen und zur Analyse unterschiedlicher Ergebnisse ist es notwendig, alle Teile der Toolkette zu validieren, siehe Abbildung 6.

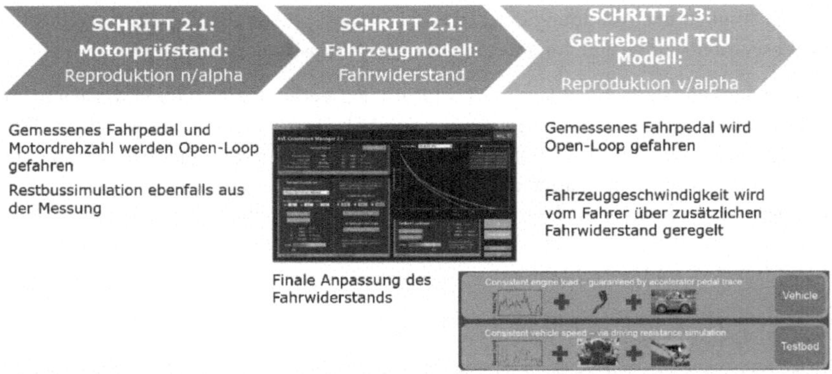

Abbildung 6: Validierungsschritte am Prüfstand

Validierung Motorprüfstand und Messtechnik

Der erste Schritt dient zur Validierung der erforderlichen Genauigkeit des Prüfstands und des verwendeten Motors. Dabei werden das gemessene Gaspedal sowie Motordrehzahl Open-Loop am Prüfstand als Sollwerte vorgegeben. Die notwendige Restbussimulation muss ebenfalls vorab gemessen werden und wird am Prüfstand Open-Loop vorgegeben. Das Ergebnis dieser Validierung kann als die maximal erreichbare Ergebnisqualität mit dem verwendeten Prüfstandsaufbau angesehen werden. Einflussfaktoren die nur bedingt verändert werden können sind zum Beispiel: thermische Bedingungen Prüfzelle – Fahrzeug, Unterschiede in der Messtechnik.

Validierung des Fahrwiderstandes

Üblicherweise werden Fahrwiderstände über gemessene Fahrwiderstandskoeffizienten festgelegt. Aufgrund marginaler Unterschiede und möglicherweise zusätzlich vorhandenen Widerständen (z.B.: Reifenwiderstände sind in der Simulation extra abgebildet) kann es vorkommen, dass ein Ausrollversuch am Prüfstand nicht dem Ergebnis der Straße entspricht. Auf Antriebsstrangprüfständen ist dies zum Beispiel nahezu immer der Fall, da die Fahrwiderstände vom Antriebsstrang real am Prüfstand und in den Ausrollkoeffizienten vorhanden sind. Daher muss speziell bei emissionsrelevanten Fahrzyklen der Fahrwiderstand im Simulationsmodell überprüft und gegebenenfalls angepasst werden. Für diesen Zweck hat AVL das Tool „Coastdown Manager" entwickelt. Dieses berechnet mittels Optimierung neue Fahrwiderstandskoeffizienten basierend auf Fahrzeuggewicht sowie den Fahrwiderstandskoeffizienten der Straße und des Prüfstands.

Validierung Getriebe und TCU Modell

Zur Validierung von Getriebe und TCU bzw. der Schaltstrategie wird der AVL Fahrer FRED im Reproduktionsmodus verwendet. Dabei wird das gemessene Gaspedal Open-Loop vorgegeben und die Fahrzeuggeschwindigkeit über die Straßenlast geregelt. Damit kann ermittelt werden, ob simuliertes Getriebe und TCU qualitativ ausreichende Ergebnisse erzielen. Da die Schaltstrategie in hohem Maße von Gaspedal abhängig ist, bietet dieser Ansatz die bestmögliche Vergleichbarkeit der realen und simulierten Schaltstrategie.

Ergebnisse

Aufbau am Prüfstand

Die Untersuchungen wurden mit dem Fahrzeug AMG C43 der Baureihe 205 durgeführt. Ein entsprechendes Simulationsmodell wurde in AVL VSM aufgebaut. Beim verwendeten Motor handelt es sich um den 6 Zylinder Ottomotor M276. Dieser wurde am Prüfstand real aufgebaut. Das verwendete Getriebe ist ein 9 Gang Getriebe NAG3. Das mechanische Simulationsmodell sowie die TCU wurden auf QTronic Silver simuliert.

Die für den Motorbetrieb am Prüfstand erforderliche Restbussimulation wurde von Mercedes-AMG aufgebaut. Die dafür notwendigen Signale von den Simulationsmodellen wurden über CAN Bus zur Verfügung gestellt.

Um die Qualität des vorgestellten Ansatzes zu überprüfen, wird eine maximal dynamische RDE konforme Referenz-Straßenmessung benutzt. Zusätzlich wird eine Rollenmessung, gefahren mit FRED im Reproduktionsmodus, zum Vergleich herangezogen. In Abbildung 7 ist das Dynamikkriterium $v{*}a_{pos}$ aus der RDE Gesetzgebung für die Straßen-Referenzmessung und vom Motorprüfstand dargestellt. Dabei zeigt sich ein annähernd identischer Verlauf. Dies zeigt, dass das Fahrzeug in beiden Fällen sehr ähnlich bewegt wurde.

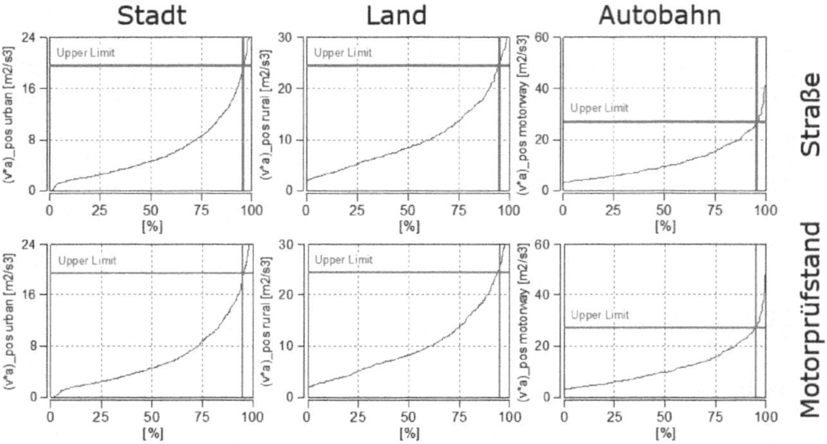

Abbildung 7: Vergleich RDE Dynamikkriterium

In Abbildung 9 und Abbildung 8 sind zwei repräsentative Abschnitte vom gesamten Zyklus dargestellt. Die ausgewählten Abschnitte decken bezüglich Dynamik und Geschwindigkeit den gesamten Zyklus ab. Als sinnvolle Größen wurden Gang, Gaspedal, Motordrehzahl, Motormoment und Fahrzeuggeschwindigkeit ausgewählt. Beide Abschnitte zeigen eine sehr gute Abstimmung in den relevanten Signalen. Die Übereinstimmung von Gang und Gaspedal zeigt die hohe Qualität vom Getriebe und TCU Modell sowie vom verwendeten Fahrer FRED. Die Übereinstimmung im Motormoment zeigt, dass die Referenzmessung sauber importiert wurde und alle Fahrwiderstände richtig abgebildet wurden. Der Vergleich mit der Rollenmessung zeigt, dass hier sehr ähnliche Ergebnisse erzielt wurden.

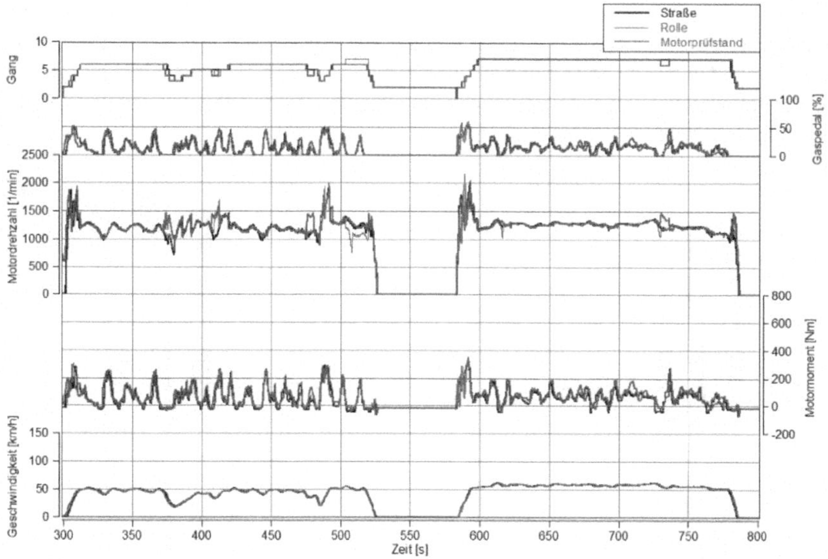

Abbildung 9: Abschnitt 1 (300-800s)

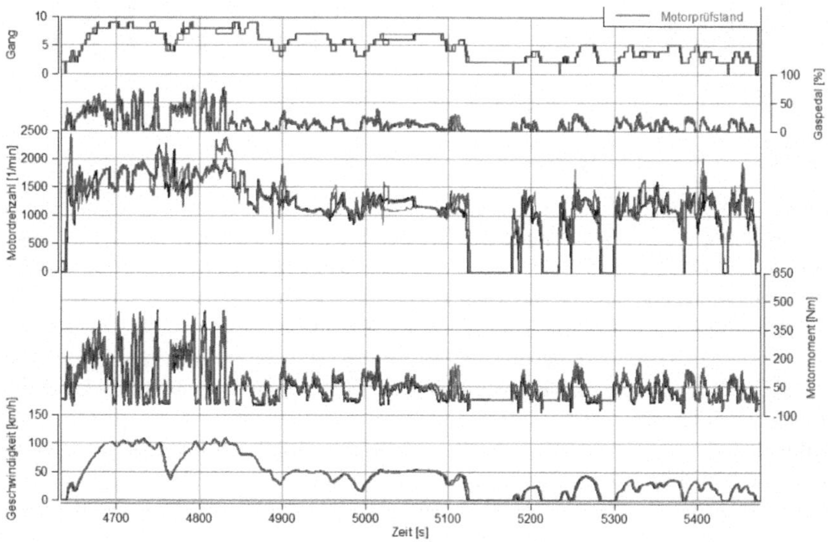

Abbildung 8: Abschnitt 2 (4600-5500s)

Die statistische Auswertung über den gesamten Zyklus von Gaspedal, Motordrehzahl, Motormoment sowie Gang sind in Abbildung 10 dargestellt. Es ist zu erkennen, dass nur geringe Unterschiede vorhanden sind. Die einzige größere Abweichung zeigt sich beim Motormoment im Schleppbetrieb. Auch hier zeigt der Vergleich mit der Rollenmessung sehr ähnliches Verhalten.

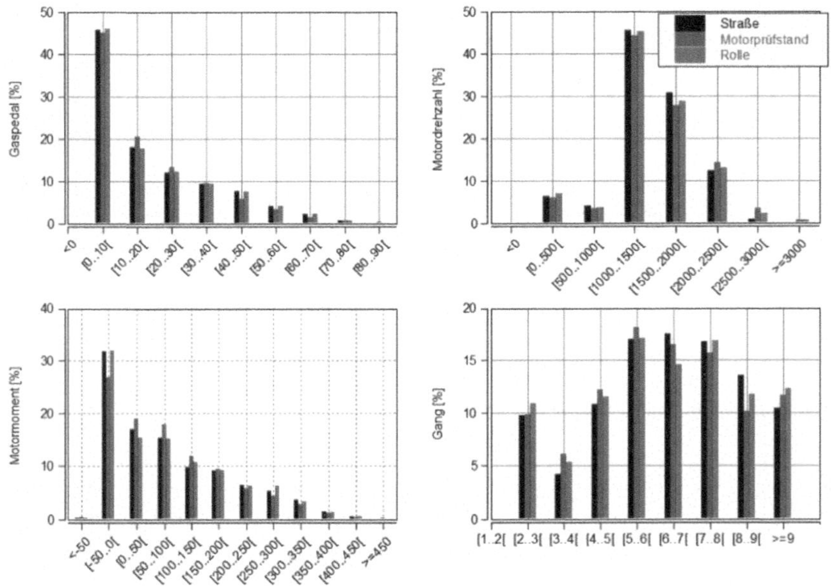

Abbildung 10: Statistische Auswertung

In Abbildung 11 sind die gesamten NOx, PN, CO, CO2-Emissionen von Straße, Motorprüfstand (MPST) und Rolle dargestellt. Alle Werte wurden auf die Endwerte der Straßenmessung normiert. NOx, CO und CO2 zeigen am Motorprüfstand eine sehr gute Übereinstimmung, welche die Ergebnisse der Rollenmessung übertrifft. Die Abweichung von CO2 entspricht dabei 0.7%, CO 2.3%, NOx 38.4% und PN -59.1%. Die Unterschiede von NOx und PN wurde höchstwahrscheinlich durch unterschiedliche Rahmenbedingungen wie Kraftstoff, Lufttemperatur und -druck hervorgerufen. Die Lufttemperatur war beispielsweise bei der Straßenmessung 7°C und am Motorprüfstand 36°C. Zusätzlich sind die Anströmverhältnisse der Abgasanlage an Motorprüfstand anders als im Fahrzeug. Dies und die zu hohen NOx Werte der Vergleichs-Rollenmessung zeigen, dass speziell bei PN und NOx relativ kleine Ursachen große Auswirkungen haben können. CO und CO2 sind diesbezüglich wesentlich robuster. Die hier benutzte

Normierung auf die Ergebnisse der Straße lassen Abweichungen relativ groß erscheinen. Ein Drift der Messtechnik bei PN und NOx, welcher sich im Rahmen der Gesetzgebung bewegt, kann in diesem Vergleich bis zu 20% betragen.

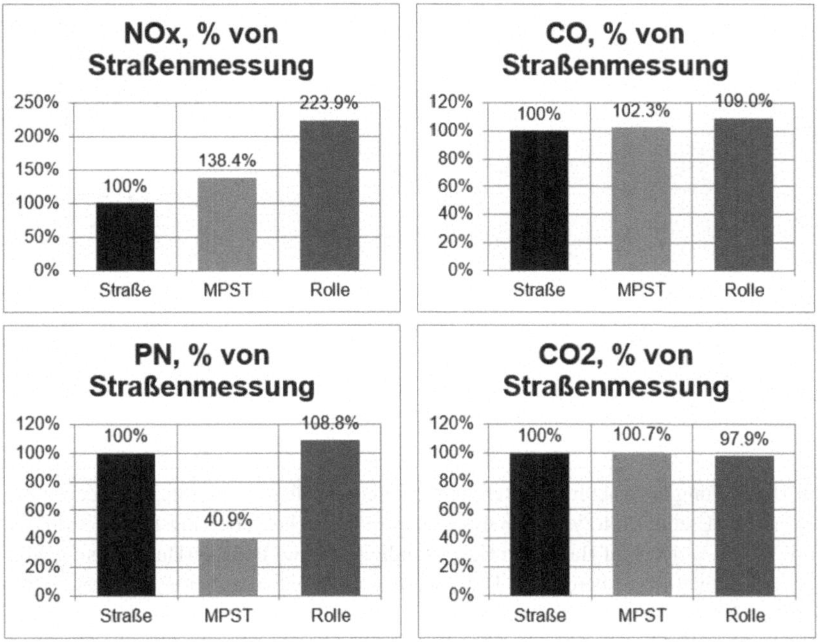

Abbildung 11: Vergleich der Gesamtemissionen von Straße, Motorprüfstand und Rolle

Abbildung 12 zeigt NOx, PN, CO, CO2-Emissionen von Straße, Motorprüfstand (MPST) und Rolle über der Zeit. Auch hier entsprechen 100% der Emissionen der Straßenmessung. Dies zeigt, dass bei NOx, CO und CO2 auch während des gesamten Zyklus nur geringe Unterschiede auftreten. PN hingegen steigt über den gesamten Zyklus weniger an.

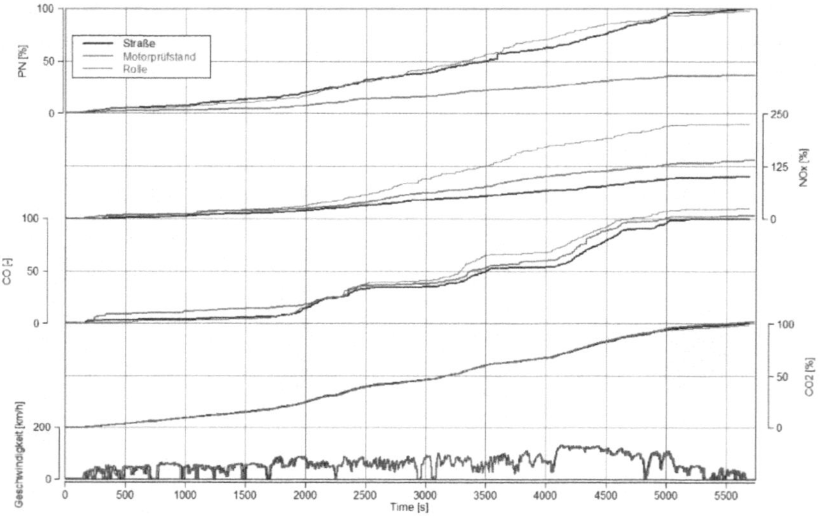

Abbildung 12: Zeitlicher Vergleich PN, NOx, CO und CO2

Zur Beurteilung des Fahrerverhaltens jenseits der visuellen Beurteilung von Zeitschrieben hat AVL eine Prototypen-Analysesoftware entwickelt (**D**riving **S**tyle **E**valuation Tool, DSE), welche auf Basis von Geschwindigkeits- und Pedalverläufen aussagekräftige High-Level-Maße berechnet. Diese werden normalisiert auf einen Referenzzyklus bezogen dargestellt und ermöglichen so einen schnellen Vergleich des Fahrerverhaltens über mehrere Zyklen.

Abbildung 13 zeigt den Vergleich der drei Messungen, wobei die Straßenmessung als Referenz gewählt wurde und als schwarzes Polygon in einem Spinnennetzdiagramm dargestellt wird. Die einzelnen Maße sind mathematisch so formuliert, dass niedrigere Werte einer ruhigeren Fahrweise entsprechen und höhere Werte entsprechend auf einen dynamischen Fahrstil hindeuten; in der Darstellung ist also alles innerhalb des schwarzen Referenzpolygons als „ökonomischer“ zu interpretieren. Sind die Polygone nahezu kongruent, lässt dies auf eine hohe Reproduzierbarkeit im Fahrerverhalten schließen.

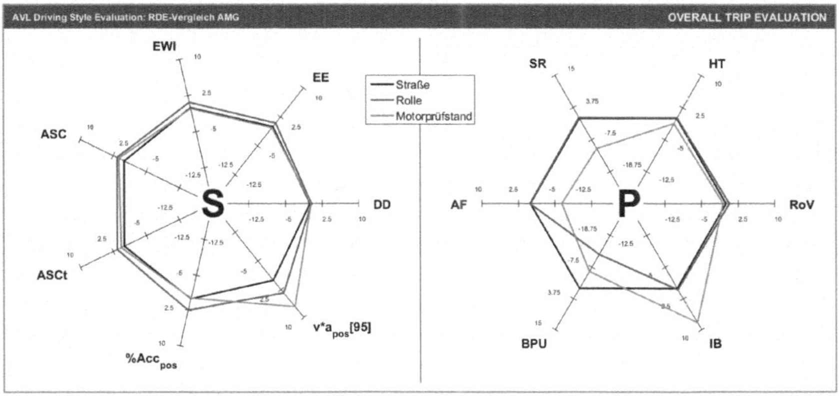

Abbildung 13: Vergleich des Fahrverhaltens der einzelnen Fahrer durch normalisierte High-Level-Maße mit dem DSE-Tool von AVL

Die geschwindigkeitsbasierten Maße stützen sich sowohl auf einen SAE-Report [9], als auch auf die EU-Emissionsverordnung zu Euro 6 [10]. Neben der gesamten Fahrdistanz (*DD*), der Energieeffizienz (*EE*) und der geleisteten Arbeit zur Überwindung der Fahrzeugträgheit (*EWI*) handelt es sich dabei größtenteils um Maße, die das Beschleunigungsverhaltendes Fahrers auf unterschiedliche Weise erfassen, darunter alle absoluten Geschwindigkeitsänderungen (*ASC, ASCt*), den prozentuellen Anteil aller positiven Beschleunigungen ($\%Acc_{pos}$) und das bereits erwähnte Dynamikkriterium $v{*}a_{pos}$, das 95% Perzentil des Produkts aus Fahrzeuggeschwindigkeit und Beschleunigung.

Die pedalbasierten Maße hingegen existieren in der Literatur noch nicht, weshalb sie im Folgenden kurz beschrieben werden:

- *Range of Values (RoV)* – Bandbreite der verwendeten Fahrpedalwerte. Eine größere Bandbreite deutet auf dynamischeres Fahren hin.
- *Histogram Trend (HT)* – Trend der Differenz zwischen den Pedalhistogrammen. Negative Werte zeigen eine Präferenz des Fahrers für niedrigere Pedalwerte im Vergleich zur Referenz und damit einen ökonomischeren Fahrstil.
- *Signal Ripple (SR)* – Maß für die Welligkeit des Fahrpedalsignals. Niedrige Werte entsprechen einer ruhigen Pedalbetätigung.
- *Actuation Frequency (AF)* – Prozentsatz hochfrequenter Signalanteile [0,5..3 Hz] im Pedalverlauf. Hohe Werte zeigen deuten auf hektische Pedalbetätigung hin.
- *Brake Pedal Usage (BPU)* – Anteil der Verzögerungen bei aktiviertem Bremslichtschalter. Je niedriger dieser Wert, desto eher realisiert der Fahrer eine Verzögerung zuerst durch ein „Rollen lassen" des Fahrzeugs.

- *Inefficient Braking (IB)* – Prozentsatz der Bremsereignisse > 2 Sekunden, bei denen das Bremspedal gelegentlich gelöst wird.

In der DSE-Darstellung zeigt das linke Spinnennetzdiagramm die geschwindigkeitsbasierten Maße. Die gefahrene Distanz stimmt auf Straße, Rolle und Motorprüfstand exakt überein, die energetischen Maße variieren jeweils um etwa 1%. Zum Einregeln der Fahrzeuggeschwindigkeit bei identischem Fahrpedal muss FRED im Reproduktionsmodus (rot) auf der Rolle etwas stärker beschleunigen (max. 2,5% Abweichung), wohingegen das Verhalten im Geschwindigkeitsregelungsmodus am Motorprüfstand (grün) der Straßenmessung sehr gut entspricht. Eine Ausnahme stellt jedoch der erhöhte $v{*}a_{pos}$-Wert dar, der darauf hindeutet, dass FRED bei höheren Geschwindigkeiten öfter bzw. länger beschleunigt als der menschliche Fahrer auf der Straße. Hier muss allerdings beachtet werden, dass das DSE Tool Unterschiede sehr deutlich darstellt. In der Standarddarstellung für $v{*}a_{pos}$, siehe Abbildung 7, ist praktisch kein Unterschied zu sehen.

Bei den pedalbasierten Maßen zeigt sich im Reproduktionsmodus (rot) wie erwartet eine fast perfekte Abbildung der Fahrpedalwerte (lediglich *RoV* minimal erhöht). Lediglich die Bremspedalnutzung beim Verzögern fällt mit -12% aus dem Rahmen, was sich wie folgt erklären lässt: auf der Rolle wird das Bremspedal im Fahrzeug mit einem mechanischen Bremsaktuator bedient, dessen Sprungantwort eine gewisse Totzeit und eine endliche Flankensteilheit aufweist, so dass sehr kurze, leichte Bremsmanöver des menschlichen Fahrers in der Reproduktion nicht mit abgebildet werden. Im Geschwindigkeitsregelungsmodus (grün) zeigt sich, dass FRED das Fahrpedal im Vergleich zur Referenz ruhiger bedient und auch die Motorbremswirkung öfter ausnutzt, um das Fahrzeug zu verzögern. Der Anteil der ineffizienten Bremsmanöver ist dagegen um knapp 8% höher als beim menschlichen Fahrer auf der Straße.

Zusammenfassung

Der vorgestellte Ansatz zeigt, dass vergleichbare Ergebnisse zur Straßenmessung und zum Rollenprüfstand erzielt wurden. Dies eröffnet ein erweitertes Einsatzgebiet von Motorenprüfständen im Entwicklungsprozess. Viele Kalibrieraufgaben, die von der Interaktion der Steuergeräte am Powertrain abhängen, können somit nicht nur im Fahrzeug auf der Straße, sondern auch direkt am Motorenprüfstand durchgeführt werden. Problematische Events können in einer reproduzierbaren Testumgebung wiederholt und ggf. einfacher behoben werden. Die Kosten für die Bereitstellung und Betreuung eines komplexen Antriebsstrang- oder Fahrzeugprüfstands entfallen und durch die Wiederverwendbarkeit des SiLs und bestehender virtueller Komponenten können Synergieeffekte genutzt werden.

Literaturverzeichnis

[1] B. M., Hardware-In-the-Loop-Motorprüfstand zur Entwicklung hybrider Antriebsstränge, Darmstadt, 2017.

[2] I. Matheis, T. Dörsam und W. Hoffmann, „Integrating a SiL into a HiL Test Platform,“ in *Simulation and Testing for Vehicle Technology*, Berlin, 2013.

[3] T. Liebezeit, U. Bazarsuren, J. Beilharz und A. Mees, „Rapid Control Prototyping for Front-loaded In-Vehicle Testing of Transmission Control System Algorithms by Laptop,“ in *5. Tagung Simulation und Test für die Automobilelektronik*, Berlin, 2014.

[4] E. Chrisofakis, A. Junghanns, C. Kehrer und A. Rink, „Simulation-based development of automotive control software with Modelica,“ in *8th International Modelica Conference*, Dresden, 2011.

[5] J. Zehetner, P. Schöggl, M. Dank und K. Meiz, „Simulation of Driveability in Real-time,“ *SAE Technical Paper 2009-01-1372,* 2009.

[6] F. Boissinot, J. Bellavoine, A. Shabashevich und S. Puster, „Automated Calibration for Transmission on Powertrain Dynamometers,“ *SAE Technical Paper 2015-01-1625,* 2015.

[7] N. Damji, D. Dresser und J. Bellavoine, „Automated Model-Based Calibration for Drivability Using a Virtual Engine Test Cell,“ *SAE Technical Paper 2015-01-1628,* 2015.

[8] M. Teitzer, R. Schuh, M. Glose und M. Arntz, „Motoranforderungen für überlegenes Fahrerlebnis – Eine neuartige Auslegungsmethode,“ *ATZ 120 Nr. 1,* 2018.

[9] JSAE, „Drive Quality Evaluation for Chassis Dynamometer Testing,“ SAE International, 2014.

[10] Commissioning Regulation (EU), „Regulation (EC) No 692/2008 as regards emissions from light passenger and commercial vehicles (Euro 6),“ European Union, 2016.

Methodikbaukasten zur effizienten, zielgerichteten RDE-Entwicklung – Potenziale und Perspektiven

Johannes Hipp, Wissenschaftlicher Mitarbeiter,
D. Schmidt, S. Bauer, T. Steinhaus, Prof. Dr. C. Beidl,
Institut für Verbrennungskraftmaschinen
und Fahrzeugantriebe (VKM),
TU Darmstadt

J. Liebl (Hrsg.), *Simulation und Test 2018*, Proceedings,
https://doi.org/10.1007/978-3-658-25294-6_8

Motivation und Zielsetzung

Die Umsetzung der aktuellen Emissionsgesetzgebung führt zu einem Paradigmenwechsel in der Entwicklung von Verbrennungsmotoren. Neben einer neuen Prüfprozedur (WLTP) inklusive neuem Prüfzyklus (WLTC) wurde zum 01. September 2017 auch die Typprüfung unter Berücksichtigung der Emissionen im realen Straßenverkehr (RDE) verpflichtend. Damit erfolgt die Homologation nicht länger mittels synthetischer Prüfprozeduren unter kontrollierten Randbedingungen. Ziel dieser Maßnahme ist die Angleichung der tatsächlich anfallenden Emissionen im realen Fahrbetrieb im Vergleich zur Zertifizierung des Fahrzeugs. Hier hat sich in der Vergangenheit eine zunehmende Diskrepanz eingestellt, welche es aus Gründen der Luftreinhaltung und des Klimaschutzes zu minimieren gilt. [1][2]

Auch nach der offiziellen Einführung von RDE im Rahmen der Homologation ergeben sich nach wie vor große Herausforderungen für die effiziente und robuste Entwicklung von Antriebssträngen. Ein Hauptgrund dafür liegt in der Vielzahl veränderlicher Randbedingungen, unter denen der Antrieb gesetzeskonform funktionieren soll. Zwar schränken sowohl statische wie auch dynamische Grenzen den Variationsraum der auftretenden Prüfbedingungen ein. Dennoch sind unter den vorgegebenen Randbedingungen innerhalb der RDE-Homologation deutlich emissionskritischere Betriebsphasen zu beobachten. Mit der bevorstehenden Reduktion von Toleranzfaktoren wird das zu erreichende Emissionsziel nochmals anspruchsvoller.

Die Straße ist dabei als Entwicklungsumgebung aufgrund nicht vorhandener Reproduzierbarkeit ungeeignet. Darüber hinaus besteht das Risiko, identifizierte Probleme am fast fertigen Fahrzeug nur mit großem Aufwand beheben zu können. Gleichzeitig hat sich der Umfang von Entwicklungs- und Absicherungsmaßnahmen im Fahrzeug generell stark erhöht, was sich negativ auf Verfügbarkeit von Versuchsfahrzeugen und Kosten auswirkt [3]. Im Sinne eines effizienten Entwicklungsprozesses sollten demnach RDE relevante Problemstellungen frühestmöglich im Entwicklungsprozess adressiert und abgesichert werden. Es gilt, die reale Straßenfahrt in Prüfumgebungen hinreichend genau abzubilden, um dort den Schadstoffausstoß im realen Fahrbetrieb abbilden zu können. Dies erfordert neue methodische Ansätze, die innerhalb verschiedener Projekte am Institut für Verbrennungskraftmaschinen und Fahrzeugantriebe (VKM) der TU Darmstadt entwickelt werden.

Als Forschungsumgebung dienen für die unterschiedlichen Entwicklungsschwerpunkte Engine-in-the-Loop (EiL) Motorenprüfstände, die einen Spezialfall von Hardware-in-the-Loop Prüfständen darstellen. Diese Prüfstandsarchitektur wird langjährig am Institut VKM weiterentwickelt und stellt die Grundlage dar, um RDE am Prüfstand umzusetzen.

VKM Use-Cases und Methodikbaukasten

Der Einfluss von RDE erstreckt sich mittlerweile auf eine zunehmende Anzahl von Entwicklungsschritten und –umgebungen, die von der Simulation bis zur Validierung reichen. Viele Anwendungsfälle erfordern dabei neue methodische Ansätze. Manche dieser Ansätze sind speziell auf die jeweilige Problemstellung zugeschnitten, andere hingegen lassen sich in Teilen oder in Gänze übergreifend nutzen. Die Entwicklungsschwerpunkte lassen sich auf folgende drei Use Cases nach [4] zurückführen:

1. Reproduktion und Analyse
2. RDE-Referenzzyklen
3. Virtuelle Integration

Dabei unterscheiden sich die Ziele der drei Use-Cases. Das Ziel für die Reproduktion und Analyse ist es, realitätsnahe sowie reproduzierbare Bedingungen herzustellen. Innerhalb der RDE-Referenzzyklen steht die hinreichend genaue Übertragung relevanter Größen an eine Prüfumgebung im Fokus der Betrachtung. Hingegen sollen im Rahmen der virtuellen Integration Grenzen und Schwachstellen bei der RDE-Bewertung des Antriebskonzepts identifiziert werden. Hierbei bedarf es insbesondere der Identifikation relevanter Testszenarien für den betrachteten Antriebstyp (sog. Most-Relevant-Test), da sich RDE-kritische Events in Abhängigkeit der gewählten Antriebstrangkonfiguration grundlegend unterscheiden [4].

Zur Adressierung der drei übergeordneten Use-Cases sind, je nach konkreter Aufgabenstellung, verschiedene Erfordernisse in unterschiedlicher Detailtiefe umzusetzen. Damit ergibt sich, dass im Allgemeinen nicht für jeden Anwendungsfall innerhalb der drei übergeordneten Use-Cases die gleichen Methoden angewandt werden können. Gleichwohl kann es vorkommen, dass Anwendungsfälle unterschiedlicher Use-Cases den selben methodischen Ansatz nutzen oder Methodiken erst in einem fortgeschrittenen Entwicklungsstadium relevant werden. In der Vergangenheit wurden verschiedene solcher Methodikbausteine am VKM entwickelt und in unterschiedlichen Kontexten eingesetzt [5][6]. Hierzu zählen unter anderem Realfahrstudien mit detaillierten Wirkkettenanalysen, Einflussanalysen der Betriebspunkthistorie sowohl bei stationärem wie auch transientem Motorbetrieb oder die gezielte Variation von veränderlichen Randbedingungen. In dieser Arbeit sollen drei aktuelle Methoden in ihrem jeweiligen Anwendungskontext vorgestellt werden.

Methodik 1 - Thermisch reale EiL-Prüfstandsumgebung

Einen Anwendungsfall in der Motorenprüfstandsumgebung stellen thermisch reproduzierbare Komponentenuntersuchungen dar, die in einer realen Fahrzeugumgebung einzuordnen sind. So ist die Katalysatoreingangstemperatur eine wichtige Randbedingung für Untersuchungen unterschiedlicher Abgasnachbehandlungssysteme, um ein Beispiel aktueller Forschungsarbeiten zu nennen. Die Umfänge einer thermisch korrekten Abbildung motorischer Prozesse am EiL-Prüfstand sind deutlich umfangreicher, lassen sich aber in diesem Kontext exemplarisch mit der Ladeluftkühlung beschreiben. Die Forschungsarbeiten der Darstellung des dynamischen Ladeluftverhaltens werden in Kooperation mit der Firma IVD Deutschland GmbH durchgeführt. Anforderungen, die durch diesen konkreten Anwendungsfall charakterisiert werden, lassen sich in zwei Oberbegriffe unterteilen:

- Hohe Reproduzierbarkeit
- Thermische-Realbedingungen

Eine hohe Reproduzierbarkeit stellt eine Schnittstelle zu den bereits genannten Anwendungsfällen dar. So kann eine ausgewählte Strecke entweder real mit einem Fahrzeug gefahren oder virtuell ermittelt und ein Geschwindigkeits-Zeit (vt) Profil synthetisch erzeugt werden. Der Realversuch mit ausgewählter Messtechnik unterstützt den Prüfstandsaufbau in der Validierung und dient der methodischen Herangehensweise. Hier muss zwischen der Versuchsdurchführung und der Methodikentwicklung unterschieden werden. Ziel ist es, einen Prüfstandsmotor real, sowie das Fahrzeug in seiner simulierten Umgebung so aufzubauen, dass auch bei virtuell ermittelten Versuchen reale thermische Bedingungen erzeugt werden. Daraus resultiert im Weiteren eine Unterscheidung in die methodische Herangehensweise und die experimentelle Umsetzung.

Methodische Herangehensweise

Reale thermische Bedingungen am Motorenprüfstand stellen eine Grundvoraussetzung dar, Realfahrversuche in frühen Entwicklungsstadien am EiL-Motorenprüfstand zielgerecht durchzuführen. Am Beispiel der Katalysatoreintrittstemperatur, die als Eingangsgröße der Abgasnachbehandlungsentwicklung dient, wird die Methodik eines thermisch realen EiL-Prüfstandaufbaus deutlich. Abbildung 1 stellt einen schematischen Prüfstandsaufbau mit dem Minimum an Temperaturmessstellen im Frischluft- und im Abgaspfad dar. Die Ansaugtemperatur, die nach der Verdichtung über den Ladeluftkühler herunter gekühlt wird, wird anschließend mit den zurückgeführten Abgasen dem Brennraum zugeführt.

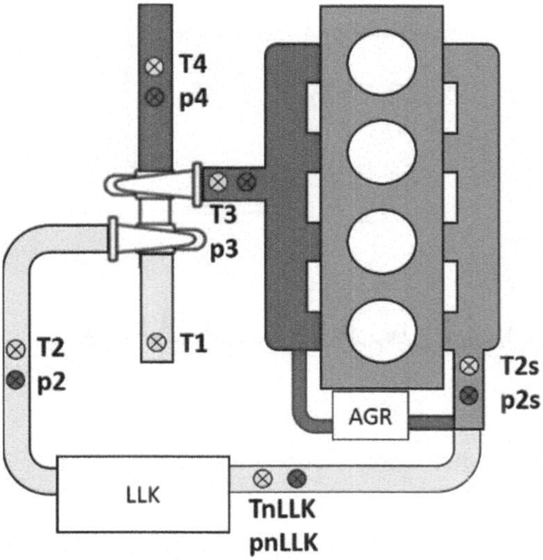

Abbildung 1: Schematischer Luftpfad mit Sensoren am EiL-Prüfstand

Der typische Wasser-Luft-Prüfstandsladeluftkühler, wie er häufig auf Prüffeldern Anwendung findet, ist aufgrund seiner hohen thermischen Masse schlecht regelbar und zeigt deutliche Abweichungen zu Realfahrzeugmessungen. Abbildung 2 zeigt eine reale Fahrzeugmessung im Vergleich zu einer Prüfstandsmessung. Beide Messungen finden bei 23°C statt und weisen unterschiedliche Geschwindigkeitsprofile auf, die jedoch auf der gleichen Strecke verlaufen und vergleichbar sind. Die Ansaugtemperatur ist ein ausschlaggebender Faktor zum einen für die sich einstellende Verbrennung, zum anderen aber bereits zuvor, je nach verbauter Sensorik, für die vom Motorsteuergerät (ECU) ausgewählten Kennfelder, in denen der Motor betrieben wird. Bei zu hohen Abweichungen der Solltemperaturen kann es sein, dass der Motor in von der Straßenfahrt abweichenden Kennfeldern betrieben wird, wodurch ein Vergleich unmöglich wird.

Das Ziel ist somit klar definiert: Reale Wärmeströme und Temperaturen auch am „stillstehend verbauten" EiL-Prüfstandsmotor zu erzeugen. Die Ladeluftkühlung in modernen Fahrzeugen ist entweder als direkter Luft-Luft-Wärmetauscher oder als indirekter Luft-Wasser-Wärmetauscher, der über einen weiteren Wasserkreislauf fahrtwindgekühlt wird, ausgeführt. Darüber hinaus ist unter anderem auch die gezielte Bauteilanströmung zu berücksichtigen, besonders im Bereich höherer, simulierter Fahrzeuggeschwindigkeiten [7].

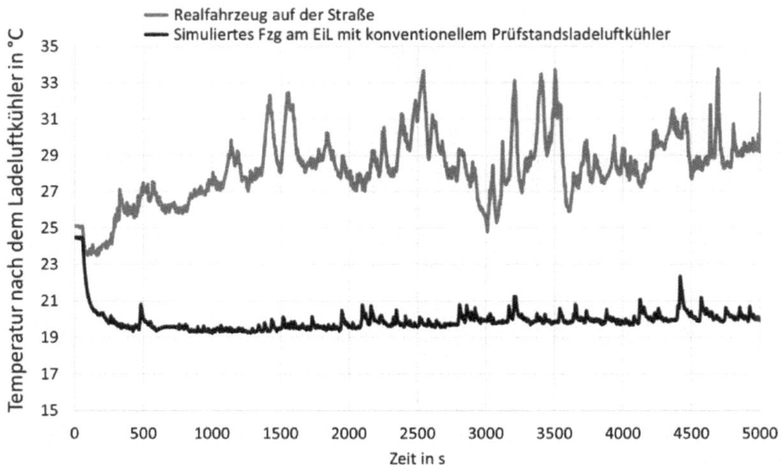

Abbildung 2: Temperatur nach dem Ladeluftkühler real und EiL mit unterschiedlichen Ladeluftkühlersystemen

Das niedrige Temperaturniveau der Ladelufttemperatur nach dem Ladeluftkühler am Motorenprüfstand bei einer Luft-Wasser-Ladeluftkühlung ist auf die Hochlastfähigkeit des Kühlers zurückzuführen. Die Kühlung wird auf eine Volllast-Ladelufttemperatur eingestellt und verhält sich dementsprechend kalt in Niedrigtemperatur-Kennfeldbereichen, wie sie bei urbanen RDE-Messungen abgerufen werden. Eine Regelung des Kühlwassermassenstroms hat sich aufgrund der hohen thermischen Masse der Ladeluftkühlereinheit als nicht nützlich erwiesen. Gleiches gilt für Fahrzeug-Luft-Luft-Ladeluftkühler, die in einem Wasserbad betrieben werden. Außerdem ist bei dieser Vorgehensweise die Fehleranfälligkeit, die zu einem Wasserschlag führen könnte, zu erwähnen.

Die Nutzung eines Realfahrzeug-Ladeluftkühlers hat den Vorteil originaler Fahrzeug-Ladeluftwege. Der Fahrtwind lässt sich mit einem Gebläse einregeln. Hohe Lastanforderungen sind jedoch nicht mit einer reinen Gebläsekühlung darzustellen, da diese die Wärmeabfuhr nicht leisten kann. In Hochlastbetriebspunkten, wie sie real bei Beschleunigungen, wie Autobahnauffahrten, vorkommen, oder bei Stationärmessungen am Motorenprüfstand, lässt sich die Gebläsekühlung durch eine Wasseraufspritzung ergänzen. Die Verdampfungsenthalpie des Wassers ergänzt die erzwungene Konvektion durch das Gebläse. Versuche haben hier eine hohe Dynamik ergeben, wodurch sich das System auch bei der Abbildung realer Fahrszenarien anbietet. Final lässt sich festhalten, dass diese Systematik eine Optimierung für eine reproduzierbare Prüfstandsumgebung darstellt, wodurch sich Bauteil- oder Applikationsvariationen unter realen Bedingungen am EiL-Prüfstand vergleichen und bewerten lassen.

Experimentelle Umsetzung

Die konstruktive und simulative Umsetzung thermisch realer Umgebungsbedingungen unter dem Aspekt der hohen Reproduzierbarkeit am Engine-in-the-Loop Motorenprüfstand gibt die Möglichkeit der Bauteilvariation unter realen Bedingungen. Dabei steht ein exakter Übertrag einer realen Messfahrt eher im Hintergrund. Das konkrete Ziel stellt eine real repräsentative Messumgebung dar. Realfahrzeugmessungen der gleichen Strecke bei gleichen Umgebungstemperaturen mit unterschiedlichen Geschwindigkeits-Zeit-Verläufen haben gezeigt, dass sich Ladelufttemperaturen in einem engen Streuband befinden. Dieses Streuband gilt es mit der Prüfstandsladeluftkühlung darzustellen. Somit ergibt sich die Möglichkeit, synthetische Geschwindigkeits-Zeit-Profile darzustellen, ohne diese je real gefahren zu sein und Ergebnisse in diesem Streuband zu erlangen. Einen wichtigen Fakt stellt die Tatsache dar, dass eine Realfahrt auf der Straße niemals reproduzierbar ist. Diesen Aspekt kann die Prüfstandsmessung jedoch leisten. Dadurch sind geringste Änderungen der Applikation in thermischen- oder emissionsmesstechnischen Konsequenzen darzustellen.

Methodik 2 – Darstellung realer Streckenprofile mit individuellen Fahrprofilen

Einen weiteren Anwendungsfall stellt das realitätsnahe Abbilden von RDE-Tests in der Prüfstandsumgebung dar. Um eine Straßenfahrt in eine Prüfumgebung zu übertragen, muss hierbei ein Datensatz mit der entsprechenden Streckeninformation bereitgestellt werden. Existieren bestehende Messdaten für eine spezifische Strecke (z.B. PEMS-Messung), so lassen sich diese in eine derartige Sollwertvorgabe überführen. Für beliebige Strecken ist dieser Ansatz jedoch aufgrund der benötigten Messdaten und des damit verbundenen Aufwandes ungeeignet und schränkt somit den Untersuchungshorizont stark ein. Aufgrund der Komplexität und Vielschichtigkeit einer realen Straßenumgebung (Verkehrszeichen, Lichtsignalanlagen, Kreuzungen, Vorfahrtsregelungen, variierende Steigungen und Kurvenradien, etc.) bietet es sich an, diese Informationen aus bestehenden Kartendaten zu extrahieren, anstatt sie aufwendig synthetisch zusammenzustellen.

Bei beiden Varianten ist dabei einer adäquaten Abbildung der Höheninformation eine große Bedeutung zuzuordnen, da sich hieraus über die Fahrwiderstände des Fahrzeugs das Lastprofil des Prüflings ergibt. Gelingt die Aufprägung des Lastprofils nur unzureichend, ergeben sich entsprechend andere Betriebspunkte für den Antrieb und die Emissionsergebnisse lassen sich nicht realitätsnah darstellen.

Für die Erstellung der Steigungsprofile werden derzeit am VKM unterschiedliche Quellen an Höheninformationen genutzt, die mit unterschiedlichen Vor- und Nachteilen behaftet sind. Neben den messtechnisch zu erfassenden Daten aus barometrischer und satellitengestützter Höhenbestimmung, kommen die kartenbasierten Höheninformationen der Shuttle Radar Topography Mission (SRTM) und des hochauflösenden Digitalen Geländemodells (DGM) des Airborne Laserscannings der Hessischen Verwaltung für Bodenmanagement und Geoinformation zum Einsatz. Onlinekarten wie GoogleMaps, Open-Street-Maps (OSM) oder Bing nutzen in der Regel SRTM-Daten [8]. Diese werden teilweise mit weiteren Daten wie GPS-Informationen von Handynutzern fusioniert. Die Reproduktionsgüte variiert je nach gewählter Datenquelle. Als Merkmal für die erzielbare Güte wird in Abbildung 3 die berechnete Leistungsanforderung im Vergleich zur aufgezeichneten Leistungsanforderung bei gleichem Geschwindigkeitsprofil dargestellt.

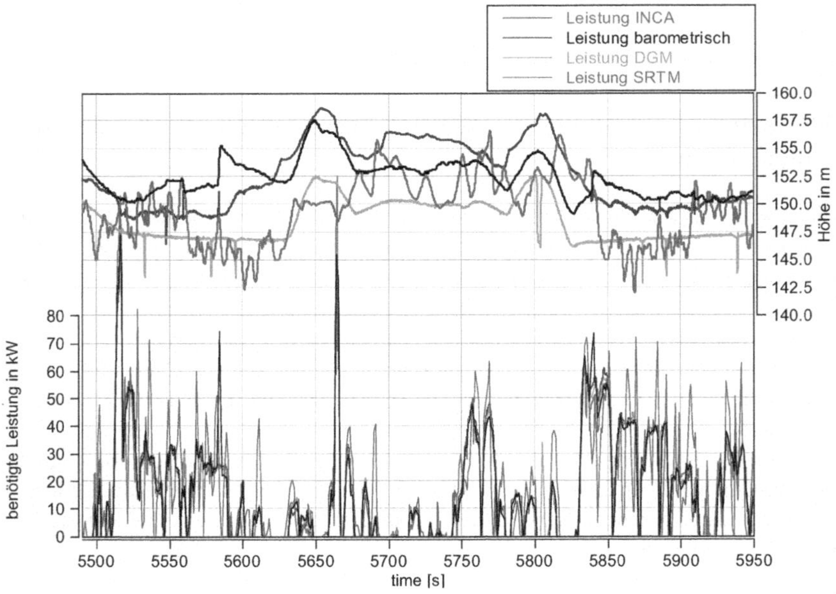

Abbildung 3: Leistungsanforderung in Anhängigkeit des gewählten Höhenprofils

Bei genauerer Analyse wird ersichtlich, dass mit Hilfe der DGM Daten die beste Übereinstimmung mit der im Fahrversuch aufgezeichneten Leistungsanforderung erreicht werden kann. Durch geeignete Bearbeitung der barometrischen Höhenmessung kann ebenfalls eine gute Übereinstimmung mit den aufgezeichneten Werten erreicht werden. Mit Hilfe der GPS Höhe kann in weiten Bereichen ebenfalls eine gute Korrelation erlangt werden, die nur an einigen Stellen zu Problemen führt. Bezüglich der SRTM Daten sind bereits im Höhenprofil deutliche Abweichungen der Steigung zu erkennen, was sich auch in der berechneten Leistungsanforderung bemerkbar macht.

Soll ein Prüflauf auf einer Strecke erstellt werden, auf der bisher keine Testfahrten stattgefunden haben, entfallen die Möglichkeiten der barometrischen und der satellitengestützten Höhenbestimmung. Tabelle 1 fasst die Vor- und Nachteile der oben beschriebenen Höhenquellen zusammen.

Tabelle 1: Bewertung der genutzten Höhendaten

Quelle	Verfügbarkeit	Prädiktion	Genauigkeit	Einschränkung
GPS	+	--	-	Tunnel/Brücken, GPS-Abschattung
Druck	o	--	o	Quereinflussanalyse Geschwindigkeit notwendig
SRTM	++	++	--	Tunnel/Brücken, Auflösung
DGM	-	++	++	Tunnel/Brücken

Zur Generierung einer Sollwertvorgabe für eine Prüfumgebung aus digitalen Kartendaten wurde gemeinsam mit der Firma AVL List GmbH eine Methode entwickelt, die Bauer [6] vorgestellt hat. Ein Programm, das diese Methode nutzt ist bereits umgesetzt und befindet sich in der Erprobungsphase. Hierbei wird in Onlinekartendaten (hier OSM) die gewünschte Route definiert. Anschließend werden die Geodaten und Karteninformationen der gesamten Strecke extrahiert. Es ergibt sich ein Koordinatentrack, der außerdem die Geschwindigkeitsbegrenzung zu jedem Wegpunkt enthält. Auf Basis festzulegender Fahrer- und Fahrzeugparameter werden anhand der Fahrwiderstandsgleichung und fahrerabhängiger Kurvengeschwindigkeiten die tatsächlich realisierbaren Geschwindigkeitsverläufe berechnet. Daneben kann das unterschiedliche menschliche Fahrverhalten über variable Beschleunigungs- und Verzögerungsraten berücksichtigt werden. Zusammengefasst wird auf diese Weise ein Streckenprofil inklusive einer Geschwindigkeitsvorgabe generiert. Im Vergleich zum Streuband vieler Fahrzeugmessungen derselben Strecke ergibt sich ein hoher Übereinstimmungsgrad.

Maßgebliche Unterschiede entstehen primär durch die Einflüsse des Verkehrsaufkommens, von Kreuzungssituationen und dem fluktuierenden Geschwindigkeitsregelverhalten des menschlichen Fahrers bei annähernd konstanter Geschwindigkeit.

Die Adressierung des erstgenannten Aspekts gestaltet sich dahingehend schwierig, als dass keine Messdaten unter Ausschluss jeglichen Einflusses des umgebenden Verkehrs bei Straßenmessungen vorliegen. Ebenfalls ist eine nachträgliche Separation zwischen fahrerinduzierten und verkehrsbedingten Abweichungen vom Durchschnittsprofil nur schwer zu realisieren. Damit fehlt insgesamt eine Basis für die valide Modellierung des Verkehrseinflusses. Zur Steigerung der Abbildungsgüte werden die Nachbildung von Kreuzungs- und Konstantfahrsituationen tiefer analysiert.

Die nativen Kartendaten aus den verwendeten Quellen enthalten keine direkten nutzbaren Markierungen für Kreuzungspunkte. Zwar existieren Marker für Ampeln, welche auf eine Kreuzungssituation hinweisen. Jedoch reichen die verfügbaren Metadaten des Kartenmaterials nicht für klassische rechts-vor-links Situationen aus, in denen der menschliche Fahrer die Geschwindigkeit bis hin zum vollständigen Stoppen reduzieren kann. Kreuzungspunkte lassen sich allerdings über die Prüfung des folgenden Kriteriums identifizieren: Kartenpunkte, die zu einer Straße gehören, sind in Kartendaten entsprechend mit dieser Information versehen. Gehört ein Kartenpunkt zu mehreren Straßen, so handelt es sich in der Regel um eine Kreuzung. Für die Routenplanung ergeben sich an einer gewöhnlichen 3-Wege-Kreuzung im Allgemeinen drei Möglichkeiten für die weitere Fahrtroute: Linksabbiegen, Rechtsabbiegen oder die Geradeausfahrt. Die Kreuzungslogik unterscheidet erst, ob die Geschwindigkeit nach einer Kreuzung größer ist als vor der Kreuzung. Falls dies der Fall ist, wird beim Abbiegen angenommen, dass man auf eine Straße höherer Priorität auffährt und somit an der Kreuzung halten muss. In den meisten Ländern mit Rechtsverkehr hat in Tempo 30 Bereichen derjenige Vorfahrt, der von rechts kommt. Es wird die Annahme getroffen, dass somit Fahrzeuge vor dem Abbiegen nach links zu einem Stopp kommen, während Fahrzeuge in Geradeausfahrt ihre Geschwindigkeit verringern, um gegebenenfalls schnell ihrer Wartepflicht nachzukommen. Bei einem Abbiegevorgang nach rechts wird einzig die Geschwindigkeit entsprechend der bereits hinterlegten Geschwindigkeitsreduktion für Kurvendurchfahrten reduziert, ein zusätzlicher Eingriff erfolgt nicht. Unterschiedliches Fahrerverhalten an Kreuzungen wird dabei in Abhängigkeit des gewählten Fahrertyps berücksichtigt, wodurch stärkere oder schwächere Beschleunigungen bzw. Verzögerungen induziert werden. In Abbildung 4 ist ein Ausschnitt aus dem innerstädtischen Bereich dargestellt. Hier wird die Simulation mit und ohne Kreuzungslogik mit Messungen aus dem gleichen Bereich gegenübergestellt.

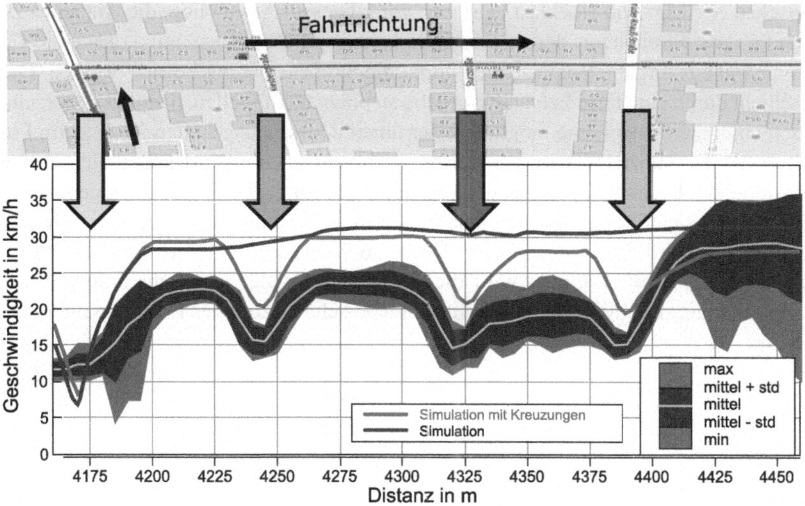

Abbildung 4: Auswirkung der Kreuzungslogik

Aus den Ergebnissen ist zu erkennen, dass mit der neu eingeführten Logik eine deutlich realitätsnähere Geschwindigkeitsführung im urbanen Bereich realisiert werden kann. Auch wenn die durchschnittlichen Geschwindigkeiten der Simulation noch über den gemessenen Fahrten liegen, wird die Dynamik in diesem Bereich mit Berücksichtigung der Kreuzungen besser abgebildet.

Fahrabschnitte, in denen ein menschlicher Fahrer auf eine konstante Geschwindigkeit regelt, resultieren in der Regel in einer leicht fluktuierenden, tatsächlich erzielten Geschwindigkeit des Fahrzeugs. Ursächlich hierfür können beispielsweise geringfügige Änderungen in der Steigung, dem Fahrtwind oder Verkehrseinflüsse sein. Weiterhin nimmt der Fahrer Abweichungen nicht unmittelbar war und toleriert Regelabweichungen in gewissen Grenzen. Letztendlich führen diese Einflüsse zu einem veränderten Eingriff der Stellgröße des Steuergerätes, das Gaspedal und damit der anliegenden Motorlast. Um dieses fahrerinduzierte Verhalten besser abzubilden, wird der Regler wie folgt angepasst.

Mittels einer Leistungsführung, die das menschliche, zeitbasierte Regelverhalten als Leistungsregler abbildet, wird eine realistische Varianz in der Wunschgeschwindigkeit erzeugt. Dies führt auch zu einem ausgewogeneren Lastkollektiv des Motors, der infolgedessen einen großen Teil des Teillastbereiches abdeckt und weniger stark im Wechsel zwischen Niedrig- und Hochlast betrieben wird. Diesem Ansatz liegt die Annahme zugrunde, dass Streuungen der Geschwindigkeiten auf Bereichen mit konstanter Geschwindigkeitsvorgabe hauptsächlich durch die Straßensteigung bewirkt werden. Dies geschieht durch eine feste Leistungsvorgabe an prägnanten Stellen, damit die Fahrzeuggeschwindigkeit soweit wie möglich in der inneren Toleranz gehalten wird. Beim Eintritt in das Toleranzband wird der Leistungswunsch auf die bei der aktuellen Zielgeschwindigkeit bei aktueller Steigung berechnete Leistung gesetzt und so lange konstant gehalten, bis sich die Geschwindigkeit, beeinflusst durch die Steigung, dem Toleranzband nähert. Wird eine vorgegebene Grenze überschritten, wird eine neue Leistungsvorgabe ausgewählt. Dadurch wird die resultierende Fahrzeuggeschwindigkeit steigungsabhängig, da große Steigungsunterschiede schnell zu einer Leistungsanpassung führen.

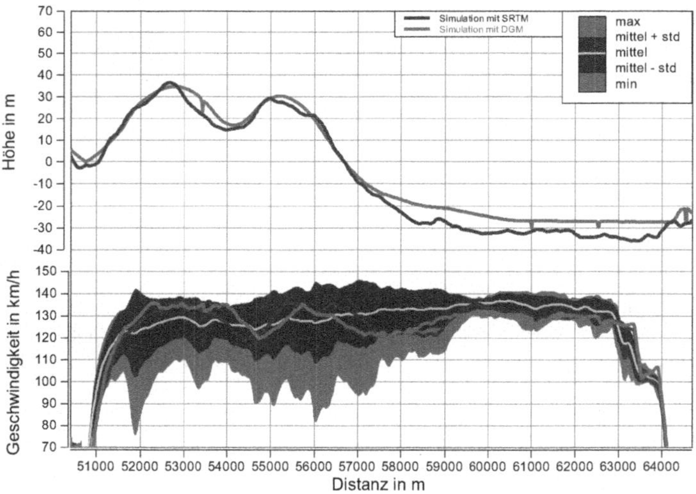

Abbildung 5: Reglerverhalten bei konstanter Geschwindigkeitsvorgabe

Auf dem in Abbildung 5 abgebildeten Autobahnabschnitt ist eine konstante Geschwindigkeit vorgegeben. In diesem Bereich wird die Leistungsführung aktiv. Um einen verbesserten Überblick über die Verteilung der Messfahrten um den Mittelwert zu bekommen, wird zusätzlich zu dem Band von Minimum und Maximum die empirische Standardabweichung zum Mittelwert (blaues Messband) eingeführt. Aus den Messwerten ist eine Tendenz erkennbar, nach der sich bei geringen Steigungen eine kleinere Streuung um den Mittelwert einstellt. Abhängig vom Steigungsausmaß und der Änderungen im Steigungsverlauf ergibt sich eine größere Abweichung. Ein ähnliches Verhalten kann an der simulierten Geschwindigkeit aufgrund der Leistungsführung beobachtet werden, denn diese passt die Leistung an den kritischen Stellen mit hohen Steigungsänderungen öfter an, als bei Streckenteilen mit ähnlicher Steigung aber geringen Änderungsraten.

Insgesamt ist im Vergleich der Vorgängerversion mit dem aktuellen Stand der Simulation (siehe Abbildung 6) zu erkennen, dass die simulierte Geschwindigkeit weiterhin gut in dem von Messungen erstellten Messbereich liegt. Durch die beiden oben beschriebenen Neuerungen Kreuzungslogik und Leistungsführung konnten zum einen die Dynamik im städtischen Bereich besser an die durch Messdaten generierte Datenbasis angepasst werden. Auf der anderen Seite konnte die in der Vorgängerversion noch deutlich als synthetisch zu erkennende Geschwindigkeitsführung bei konstanter Vorgabe in eine deutlich realistischere Vorgabegeschwindigkeit überführt werden.

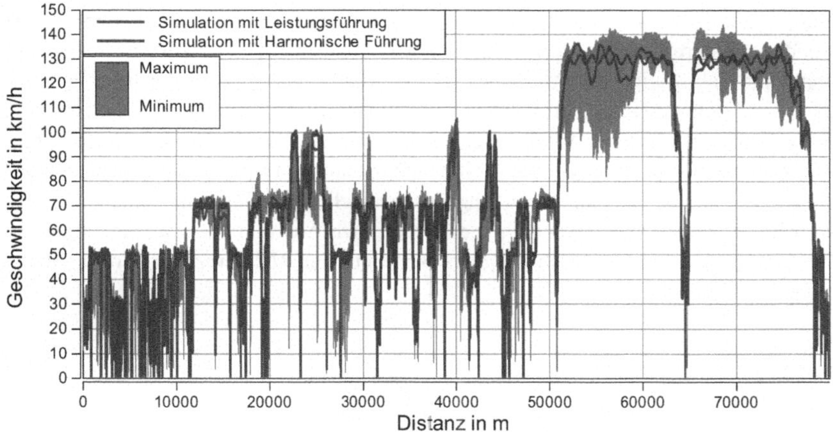

Abbildung 6: Vergleich Geschwindigkeitsprofil neue Version mit Vorgängerversion

Sofern die Generierung einer Strecke gewünscht ist, die innerhalb der RDE Prozedur vollständige Gültigkeit besitzt, kann dieses Kriterium innerhalb eines weiteren Moduls automatisiert überprüft werden. Zu diesem Zweck ist eine Fahrzeugcharakteristische CO_2-Kurve für das parametrierte Fahrzeug hinterlegt, mit der ein CO_2 Erwartungswert für eine Fahrt auf dieser Strecke berechnet wird. Auf Basis einer simulierten Fahrt liefert das RDE Post-Processing automatisiert ein Konformitätsergebnis.

Methodik 3 – Antriebsstrang- und emissionsspezifische Worst-Case Betrachtung innerhalb einer RDE-validen Testprozedur

Die vorgestellte Methodik, welche in Zusammenarbeit mit der Honda R&D Europe (Deutschland) GmbH entstanden ist, findet in zweierlei Hinsicht Anwendung: Zum einen ist es über das Verfahren der antriebsstrang- und emissionsspezifischen Worst-Case Betrachtung möglich, bereits frühzeitig eine hohe Sicherheit über das Bestehen des gesetzten Emissionsziels während der Zertifizierung mit den ausgewählten Komponenten zu erlangen. Individuelle Fahrsituationen, die in Bezug auf den gewählten Antriebsstrang und den untersuchten Schadstoff zu erhöhten Emissionsereignissen führen, werden gezielt innerhalb einer RDE-validen Testprozedur angeregt und bewertet. Zum anderen erlaubt die Methodik die Identifikation kritischer Eckpunkte in der Applikation in einem frühen Entwicklungsstadium des Antriebsstrangs, denen in der Folge durch entsprechende Maßnahmen effizient begegnet werden können.

Der Ansatz, maßgeschneiderte Tests für die jeweiligen Antriebstechnologien zu verwenden, ist durch verschiedene Entstehungsmechanismen der Schadstoffbildung und applikationsabhängige Beeinflussung dieser begründet. Dabei spielen insbesondere das gewählte Brennverfahren, die Gemischzusammensetzung, innermotorische Reduktionsmaßnahmen als auch Arbeitsbereiche der verwendeten Abgasreinigungsstrategie eine tragende Rolle. Vor allem Trade-Off-Effekte können nicht ausreichend mit standardisierten Tests, die eine Sammlung unspezifischer Fahrmanöver enthalten, angesprochen werden. Die Notwendigkeit einer gezielten Auswahl von Fahrsituationen als Bewertungsgrundlage zur Sicherung des Bestehens der RDE-Prozedur wird in Abbildung 7 verdeutlicht.

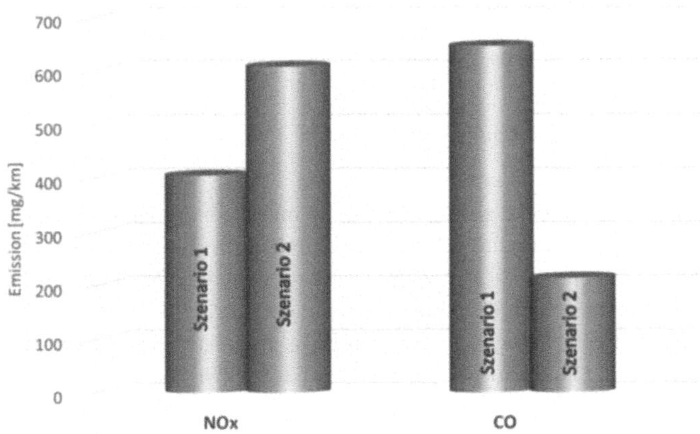

Abbildung 7: Emissionsergebnisse von zwei Schadstoffen bei unterschiedlichen Strecken [9]

Die dargestellten Emissionsergebnisse eines Euro-5-Dieselmotors im C-Segment beziehen sich auf zwei unterschiedliche RDE-Strecken. Beide Strecken genügen den Rahmenbedingungen der Gesetzgebung und sind nach aktuellem Stand als gültig zu bewerten. Szenario 1 ist hauptsächlich durch einen ebenen Streckenverlauf und eine moderate Fahrweise gekennzeichnet. Szenario 2 zeichnet sich durch viele Steigungen, regen Verkehr und eine wenig vorausschauende Fahrweise aus. Auffallend ist, dass bei Szenario 2 im Vergleich zu Szenario 1 die ausgestoßenen NOx-Emissionen infolge transienter und hochlastiger Anforderungen deutlich zunimmt, der CO-Ausstoß hingegen bei einer in Bezug auf energetische Gesichtspunkte anspruchsvolleren Fahrt drastisch abnimmt. Daraus lässt sich schlussfolgern, dass ein Test, welcher bezüglich des NO_x-Austoßes als anspruchsvoll und kritisch zu bewerten ist nicht zwangsläufig auch herausfordernd für die Betrachtung anderer Schadstoffe ist. Eine Festlegung auf ein Testszenario, welches besonders dynamisch und anspruchsvoll hinsichtlich der Stickoxide ist, ist demnach nicht zielführend für die Gesamtbewertung des Antriebsstrangs und birgt die Gefahr des Unterlassens wichtiger Tests zur Überprüfung anderer Aspekte des Antriebsstrangs. Gleiches gilt für die Verwendung eines bestimmten Tests für unterschiedlichste Antriebskonzepte.

Ein weiterer wichtiger Aspekt der vorgestellten Methodik ist die Berücksichtigung und gezielte Platzierung sogenannter Historieneffekte. Darunter sind Abfolgen verschiedener Fahrmanöver zu verstehen, die als Gesamtereignis zu einer Emissionserhöhung führen. Beispielhaft ist in Abbildung 8 das Partikelemissionsergebnis für den immer gleichen Beschleunigungsvorgang bei Variierung des Steigungsverlaufs der vorangegangenen Konstantfahrt gezeigt.

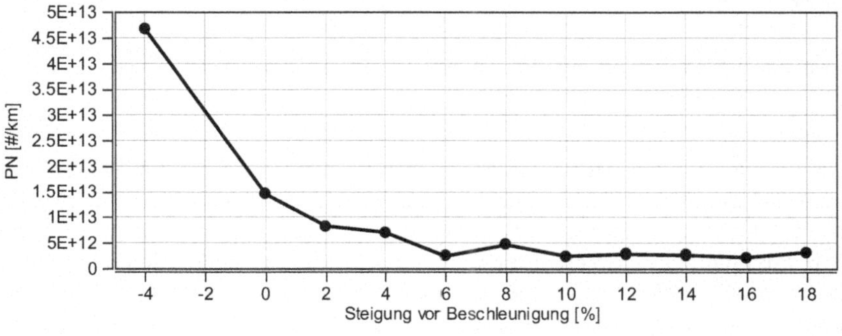

Abbildung 8: PN-Ergebnisse bei Variation des Ausgangszustandes vor einer Beschleunigung

Das Ergebnis zeigt, dass vor allem bei vorangegangenen Bergabfahrten mit entsprechender Auskühlung des Brennraums trotz des anschließenden identischen Fahrmanövers erhöhte Partikelemissionen beim verwendeten Untersuchungsmotor zu verzeichnen sind und eine Betrachtung der Abfolge verschiedener Fahrmanöver unabdingbar ist. Das Beispiel demonstriert, dass mithilfe der Methodik und des gezielten Anregens von Emissionsereignissen des untersuchten Konzepts, die Gefahr des Auftretens unvorhergesehener Ereignisse, die in standardisierten Tests unter Umständen aufgrund der Fülle möglicher Fahrsituationen keine Berücksichtigung finden, minimiert werden kann. Der Prozess der Methodik, konzeptindividuell ein Most Relevant Testszenario zu erschaffen und zu bewerten, ist in Abbildung 9 dargestellt.

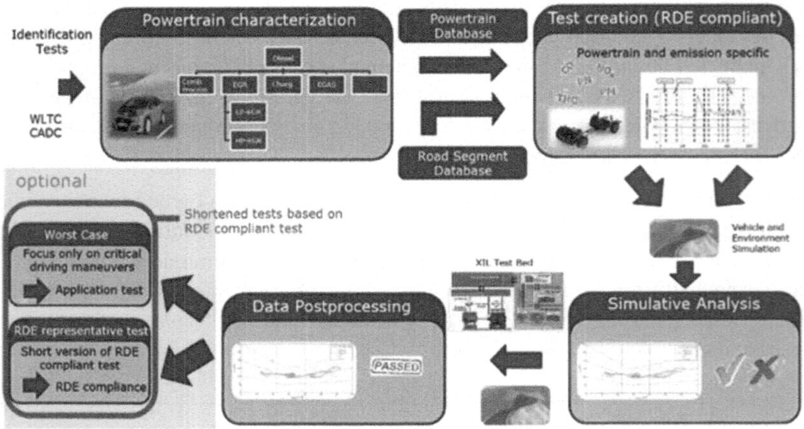

Abbildung 9: Most Relevant Test Methodik zur Generierung von antriebsstrang- und emissionsspezifischen Testszenarien

Der Prozess ist in fünf Module gegliedert, welche durch die blaugrauen Blöcke illustriert sind. Damit wird eine Funktionstrennung verschiedener Aufgaben der Methodik erreicht, die einen einfachen Austausch einzelner Module durch etwaige Änderungen (z.B. Postprocessing Verfahren) erlaubt. Beginnend wird das Modul „Powertrain Characterization" beschrieben, welches Informationen zu den Komponenten des verwendeten Antriebsstrangs und seines energetischen Verhaltens aufweist. Mithilfe von Informationen, die je nach Verfügbarkeit aus Prüfstandsmessungen oder aber aus Simulationen stammen können, kann das grundsätzliche Emissionsverhalten in der Powertrain Database beschrieben werden. Diese wird zusammen mit der Road Segment Database, welche verschiedenste Fahrmanöver enthält, an das nächste Modul, die „Test Scenario Creation" übergeben. Dieses Modul stellt das Kernmodul des Prozesses dar und erzeugt automatisiert, basierend auf den Eingängen der Datenbänke und des Powertrain Configuration Moduls, einen antriebsstrangspezifischen emissionskritischen Test innerhalb der RDE-Rahmen- und Gültigkeitsbedingungen. Als Ausgabe erfolgt hier eine Strecken-, Umwelt- und Fahrerbeschreibung, welche an eine entsprechende 3D-Umwelt- und Gesamtfahrzeugsimulation übergeben werden kann. Am VKM wird dazu AVL InMotion powered by IPG CarMaker verwendet. Das erstellte Testszenario, welches direkt mit dieser Software auf XiL Prüfständen verwendbar ist, kann zunächst im Modul „Simulative Analysis“ rein simulativ im Hinblick auf die Eignung zur Prüfstandsnutzung bewertet werden. Wird das Szenario als geeignet eingestuft, kann dieses am XIL-Prüfstand ausgeführt und reale Emissionsergebnisse am Motorenprüfstand gemessen werden. Die Ergebnisse des Tests können im Modul „Data Postprocessing“ wahlweise entsprechend der aktuell geltenden Regularien oder auch als Rohergebnisse bewertet und untersucht werden. Im Anschluss daran bieten die optionalen Module „Worst Case Test“ bzw. „Shortened RDE representative Test“ die Möglichkeit, aus dem emissionskritischen RDE-validen Test der „Test Scenario Creation“ einen verkürzten Test zur effizienten Prüfstandsnutzung im Entwicklungsumfeld im Hinblick auf zwei verschiedene Zielsetzungen zu erstellen: Der „Worst Case Test“ identifiziert dabei die kritischsten Manöver und rafft diese zur Nutzung als Applikationstest in einem verkürzten Test zusammen. Das „Shortened RDE representative Modul“ hingegen erzeugt einen verkürzten Test mit einem vergleichbaren Emissionslevel in Bezug auf das Ergebnis der „Test Scenario Creation“ und stellt damit eine Auswahl RDE repräsentativer und emissionskritischer Fahrsituationen zusammen, die als Bewertungsgrundlage hinsichtlich der Gesetzgebung verwendet werden können. Für weiterführende Informationen sei auf [9] verwiesen.

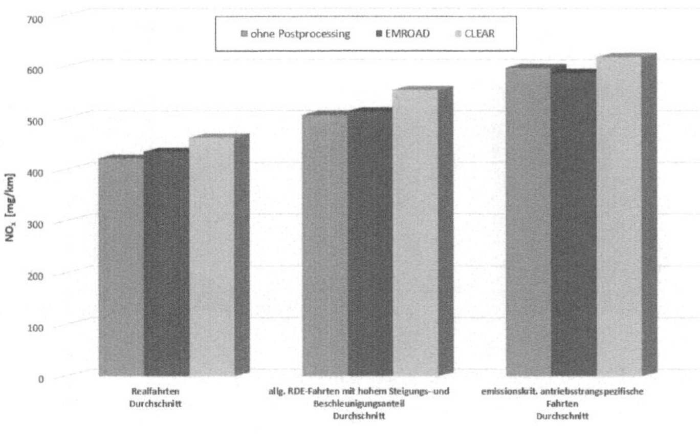

Abbildung 10: NO_x-Ergebnisse in Abhängigkeit von Streckentyp & Auswertungsverfahren [9]

In Abbildung 10 sind Ergebnisse des Moduls „Test Scenario Creation" und der anschließenden Datenauswertung des angewandten Prozesses gezeigt. Dabei ist ein Vergleich von Realfahrten mit als im allgemeinen Sinne dynamischen RDE-Szenarien und den emissions- und antriebstrangspezifischen Szenarien zu sehen.

Vor allem bei den antriebsstrangspezifischen NO_x-emissionskritischen Fahrten ist eine deutliche Steigerung der NO_x-Emissionen im Vergleich zu beliebigen Streckenprofilen zu verzeichnen. Auch im Vergleich zu RDE-Fahrten, die nach allgemeinen dynamischen Kriterien erstellt wurden, ist eine Zunahme des Stickoxidausstoßes zu erkennen. Die nicht spezifischen Tests decken somit einige NO_x-kritische Fahrsituationen nicht oder nicht ausreichend ab, was den Vorteil eines antriebsstrangspezifischen Testszenarios ersichtlich macht.

In Abbildung 11 sind Ergebnisse für einen aktuellen Euro-6-Ottomotor in verschiedenen Szenarien dargestellt, die ebenfalls den Nutzen einer maßgeschneiderten Testgrundlage hervorheben. Am Beispiel CO ist festzuhalten, dass je nach Test ein Bestehen oder Nichtbestehen der aktuellen Emissionsziele erzielt werden kann und bei Verwendung einer entsprechenden Bewertungsgrundlage diese Fahrsituationen entsprechend früh entdeckt werden können.

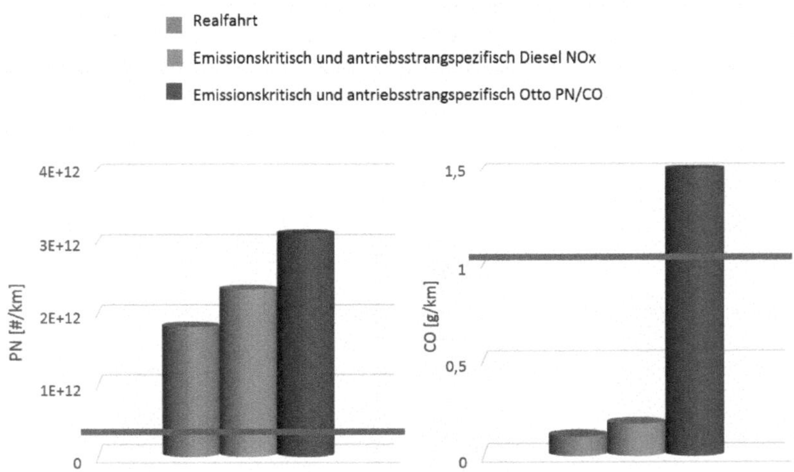

Abbildung 11: Vergleich PN und CO Ergebnisse in verschiedenen Tests

Zusammenfassung und Ausblick

Am VKM wird fortwährend zu aufgabenspezifischen Methoden zur phasenoptimalen RDE-Entwicklung geforscht, von denen beispielhaft drei vorgestellt werden: Soll die ECU die gleichen Reaktionen wie im realen Fahrbetrieb zeigen, so ist die Methodik zur thermisch realen EiL-Prüfstandsumgebung eine wichtige Grundlage. Zur Generierung von Prüfszenarien auf Grundlage realer oder virtueller Testfahrten eignet sich die Methode zur Darstellung realer Streckenprofile mit individuellen Fahrprofilen. Die Methodik zur antriebsstrang- und emissionsspezifischen Worst-Case Betrachtung liefert RDE-konforme Tests zu Bewertungszwecken, sowie emissionskritische Events zur applikativen Optimierung.

Die Herausforderungen innerhalb der RDE-Entwicklung und der phasenoptimale Einsatz adäquater methodischer Ansätze werden teilweise als komplex und unübersichtlich empfunden. Dies liegt vor allem an der der Fülle an Variablen und Wechselwirkungen, die es je nach Untersuchungsumfang unterschiedlich zu berücksichtigen gilt. Je nach Anwendungsfall ist zu definieren, welche Vereinfachung in welchem Prozessschritt zulässig ist. Aus diesem Grund werden durch die methodischen Ansätze am VKM RDE-relevante Einflüsse einzeln unter Berücksichtigung der Wechselwirkungen adressiert. Erfüllt ein methodischer Ansatz sein Ziel oder ist der Vergleich zu anderen RDE-Einflüssen und deren methodischen Ansätzen von Interesse, so werden die Methodikbausteine kombiniert. Insofern ist der Prozess von Modularität und Zusammenwirken geprägt, wie die folgenden Beispiele verdeutlichen: Die in Methodik 2 generierten Strecken können als Input für die Manöverdatenbank in Methodik 1 oder als Lastkollektiv für Methodik 3 dienen. Emissionskritische Events oder RDE-Testszenarien aus Methodik 1 lassen sich als Lastkollektive für Reproduktionsgüte von Methodik 3 nutzen. Umgekehrt kann Methodik 3 dazu dienen, den Einfluss nicht korrekt nachgebildeter, thermischer Randbedingungen auf emissionskritische Events oder Tests zu quantifizieren. In einem weiteren Beispiel werden Methodik 2 und 3 in Kombination genutzt, um äußerst emissionskritische und für das AGN-System herausfordernde Prüfläufe zu generieren und damit Anforderungen an die AGN 2025+ simulativ zu untersuchen [10]. Wie zuvor angedeutet erfordert, eine derart ganzheitliche Betrachtung von RDE-Einflüssen ein hohes Maß an Durchgängigkeit, Modularität und Zusammenarbeit.

Ein wichtiger Aspekt, den es zukünftig zu strukturieren gilt, ist eine Übersicht der Messwerte, die für die Validierung der jeweiligen Methodik zu dem spezifischen Anwendungsfall nötig sind. Besonders im Realfahrzeug stellt die Messdatenaufzeichnung eine besondere Herausforderung dar. Jeder Anwendungsfall bedarf spezifischer Messdaten, wie z.B. Ladelufttemperaturen, die teilweise nicht über das Motorsteuergerät zur Verfügung stehen. Einen weiteren Ausblick stellt die Drehmomentenmessung im Fahrzeug dar.

Literaturverzeichnis

[1] EUROPÄISCHE KOMMISSION: VERORDNUNG (EU) 2017/1151 DER KOMMISSION - vom 01. Juli 2017 – Überprüfungsdatum 2018-08-22

[2] EUROPÄISCHE KOMMISSION: VERORDNUNG (EU) 2016/427 DER KOMMISSION - vom 10. März 2016 – Überprüfungsdatum 2018-08-22

[3] Raid, B.: Prozess und Methode zur Realisierung fahrzeugnaher dynamischer Versuche am Motorprüfstand. Simulation und Test, Antriebsentwicklung im digitalen Zeitalter, 19. MTZ-Fachtagung, 2017, Hanau.

[4] Maschmeyer, H., Beidl, C., Düser, T. et al.: MTZ - Motortechnische Zeitschrift (2016) 77: 84. https://doi.org/10.1007/s35146-016-0110-8

[5] Maschmeyer, H.; Beidl, C.: Real Driving Emissions Methodology Library for Engine Testbeds. International Symposium on development methodology, 2017, Wiesbaden.

[6] Bauer, S.; Beidl, C.; Düser, T.: Methodik zur Erzeugung RDE-relevanter Szenarien im Prüfstandsumfeld. Simulation und Test, Antriebsentwicklung im digitalen Zeitalter, 19. MTZ-Fachtagung, 2017, Hanau.

[7] Berger, A., Hochmann, G., Mayrhofer, H. et al.: MTZ Extra (2017) 22 (Suppl 1): 26. https://doi.org/10.1007/s41490-017-0002-y

[8] Stefanakis, E.: Elevation Web Services: Limitations and Prospects. GoGeomatics. Magazine of GoGeomatics Canada, November 2015.

[9] Schmidt, D.; Maschmeyer, H.; Beidl, C.; Raß, F.: Neue Verfahren zur effizienten antriebstrangspezifischen RDE-Entwicklung. MTZ-Fachtagung VPC Plus, 2016, Hanau.

[10] Zlojo, H.; Kuznik, A.; Beidl, C.: 2025+ Requirements on Emission Control. Aachener Kolloquium, 2018, Aachen.

Virtuelle Hochvoltbatteriesysteme: Closed-Loop-Testing bei vorverlagerten Entwicklungsprozessen

Martin Lenz[1], Konstantin Etzold[2], Serge Klein[2], Dr. Martin Hüske[3]

[1] Lehrstuhl für Verbrennungskraftmaschinen Aachen (VKA), RWTH Aachen University

[2] Mechatronische Systeme am Verbrennungsmotor, RWTH Aachen University

[3] FEV Europe GmbH

J. Liebl (Hrsg.), *Simulation und Test 2018*, Proceedings,
https://doi.org/10.1007/978-3-658-25294-6_9

Kurzfassung

Mit der steigenden Komplexität elektrifizierter Antriebsstränge nehmen auch die Umfänge bei der Validierung und der Erprobung neuer Hochvoltbatteriesysteme zu. Die Vorverlagerung von Entwicklungstätigkeiten hin zu früheren Projektphasen ist ein Ansatz dem entgegen zu wirken und somit Zeit und Kosten zu reduzieren.

Bei einer rein simulativen Abbildung aller Komponenten ist die Qualität der Simulationsergebnisse abhängig von den Parametern des gewählten Simulationsansatzes. Mit steigender Anforderung an Modellgenauigkeit und Parameterqualität steigen auch die benötigten Aufwände. Hier muss zwischen der Ergebnisqualität und dem technischen sowie ökonomischen Mehrwert der Simulation abgewogen werden. Bei einem konventionellen Prüfstandtest wird die einzelne Komponente in der Regel losgelöst vom restlichen Fahrzeug untersucht. Wechselwirkungen zwischen den verschiedenen Komponenten können daher meist nur unzureichend abgebildet werden. Durch eine Kopplung von realen Komponenten mit Echtzeitsimulationen (Hardware-in-the-Loop Ansatz) können die Wechselwirkungen schon während des Tests mit dem entsprechenden Systemverhalten berücksichtigt werden.

In dem hier dargestellten Ansatz wird aufgezeigt, wie einzelne Batteriezellen als reale Komponenten in einem closed-loop Ansatz getestet werden können. Die Batteriezellen werden virtuell skaliert und in Echtzeit als Hochvolt-Batteriesystem abgebildet. Dabei werden einzelne Batteriezellen elektrisch sowie thermisch mit dem Echtzeitsimulationsmodell der Hochvoltbatterie gekoppelt. Hierzu wird ein leistungsfähiger Hardware-in-the-Loop-Simulator verwendet, auf dem neben der Hochvoltbatterie die weiteren Fahrzeugkomponenten wie beispielsweise die elektrische Maschine oder der Verbrennungsmotor simuliert werden.

Untersucht wird ein Fahrzeug der Kompaktklasse, ausgeführt als Plug-In Hybrid mit der elektrischen Maschine zwischen dem Verbrennungsmotor und einem Doppelkupplungsgetriebe (P2-Antriebsstrangtopologie). Für die Kalibrierung der jeweiligen Teil-Modelle der Fahrzeugsimulation wurden umfangreiche Tests durchgeführt und entsprechende Ergebnisse ermittelt. Als Fallbeispiel wird auf die Online-Parametrierung und die Model-in-the-Loop-Abbildung spezifischer Batteriezellen sowie des Hochvolt-Batteriesystems eingegangen. Es wird u. a. aufgezeigt, in wie weit sich Batteriezellparameter online identifizieren lassen. Ebenso wird der vorverlagerte Entwicklungsprozess mit der Möglichkeit neuartiger Entwicklungsmethoden aufgezeigt.

1 Einleitung und Vorstellung des vorverlagerten Entwicklungsprozesses

Durch die Elektrifizierung des Antriebsstrangs kommt es zu einer immer größer werdenden Variantenvielfalt an Fahrzeugen sowie komplexeren Komponenten sowie komplexeren Systemen. Diese größere Variantenvielfalt spiegelt sich in einer Erhöhung des Entwicklungsaufwands und somit ebenfalls höheren Entwicklungskosten wieder. Damit einhergehend steigen auch die Aufwände für Integration, Validierung und Erprobung. Diese Kosten- und Aufwandserhöhungen führen aktuell zu einem technologischen Innovationsschub, da der Kunde nicht bereit ist, die Kosten, resultierend aus dem Mehraufwand zu übernehmen. Somit muss der Entwicklungsprozess eine Anpassung hin zu einem agileren und kosteneffizienteren Prozess erfahren.

Wird die Entwicklung der vergangenen Jahrzehnte auf einer höheren Abstraktionsebene betrachtet, so führten technische Innovationen seit je her zu standardisierten Abläufen und Prozessen, die das Ziel verfolgen, die Aufwände unter wirtschaftlichen Gesichtspunkten gering zu halten. Die vergangenen Jahrzehnte lassen sich dabei grob in drei zeitliche Abschnitte unterteilen: das Zeitalter der Erprobung, das Zeitalter der Simulation und das Zeitalter des HiL Testings. Je nach erreichtem technischem Reifegrad wurde die tatsächliche Komplexität innerhalb eines dieser Zeitalter von einem für die jeweilige Epoche hohen Grad an Komplexität durch einen Übergang in das darauffolgende Zeitalter auf das Niveau der notwendigen Komplexität reduziert. Entsprechend sanken auch jeweils die Aufwände und somit die Kosten, um eine bestimmte technische Entwicklung durchzuführen. Abbildung 1 soll diesen Zusammenhang verdeutlichen.

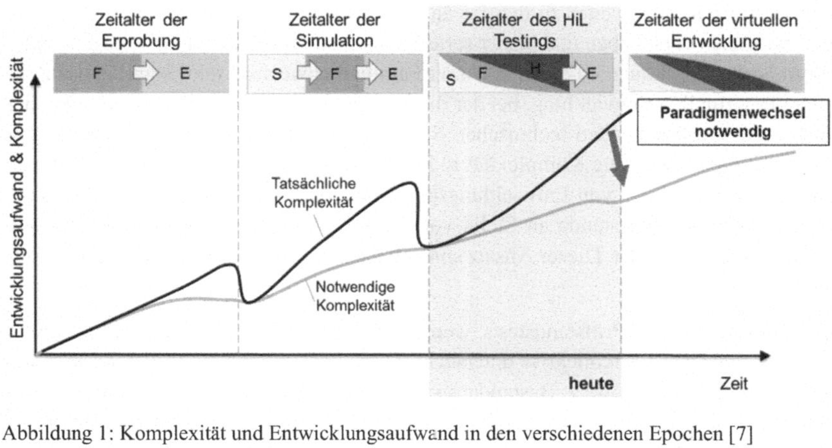

Abbildung 1: Komplexität und Entwicklungsaufwand in den verschiedenen Epochen [7]

Stand der Technik ist heutzutage das Zeitalter des HiL Testings. Markant für diese Epoche ist ein Entwicklungsprozess bei dem eine klare Abtrennung zwischen ineinander übergehenden und teilweise parallelen Phasen der Simulation (S), der Fertigung (F) und der Komponenten-/HiL-Tests (H) auf der einen Seite sowie der System-Erprobung (E) auf der anderen Seite existiert (Abbildung 1, Abbildung 2). [1]

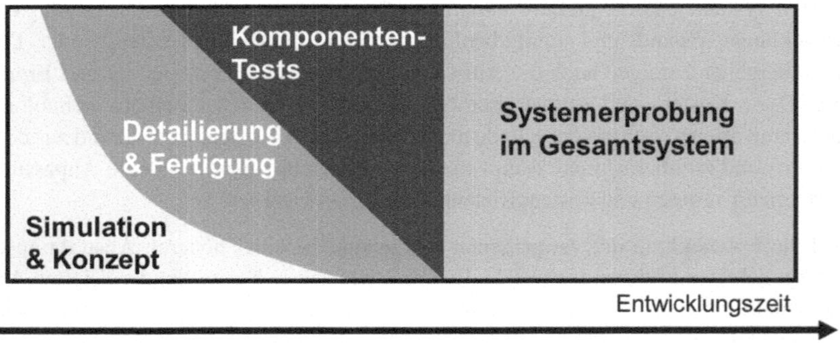

Abbildung 2: Der aktuelle Entwicklungsprozess von hybriden Antriebssystemen [7]

Durch die Einführung einer neuartigen Entwicklungsmethodik mit rein parallelisierten Entwicklungsphasen wird sich der angesprochenen Problematik gewidmet. Eine solche Entwicklungsmethodik beruht auf der Umsetzung eines agilen und kosteneffizienten Entwicklungsprozesses, der vor allem durch die weitere Parallelisierung (i.d.S. Vorverlagerung) sowie Digitalisierung bestehender Entwicklungsabläufe herbeigeführt wird. Um Zeit und Kosten weiter zu reduzieren, werden Entwicklungstätigkeiten in frühere Projektphasen verschoben und bisher seriell ablaufende Entwicklungsprozesse parallelisiert, siehe Abbildung 3. [2, 3, 13] Dieser Paradigmenwechsel führt somit in das Zeitalter der virtuellen Entwicklung, bei der die zwischenzeitlich hohe Komplexität bei der Arbeit mit entsprechenden technischen Systemen u.a. durch Einführung neuer Standards auf die notwendige Komplexität reduziert wird. (vgl. Abbildung 1). Im Rahmen dieser Vorverlagerung von Entwicklungsprozessen, dem sogenannten „Frontloading", werden vermehrt Prüfstände an Stelle von Versuchsfahrzeugen zur Validierung und Verifikation verwendet. Dieser Ansatz spiegelt sich auch in dem Themengebiet „Road-to-Rig" wieder. [4, 5]

Bei konventionellen Prüfstandstests werden Komponenten i.d.R. hinsichtlich eines vorab festgelegten Lastkollektivs untersucht. Diese konventionellen Prüfstandstests haben zwar den Vorteil, dass z. B. standardisierte Testroutinen zum Einsatz kommen können, haben aber auch einen gravierenden Nachteil: Wechselwirkungen zwischen der zu untersuchenden Komponente und dem System, mit dem die Komponente in einem realen

Aufbau verbunden wäre, sind i.d.R. nur unzureichend abbildbar. Für die Auslegung einer Komponente, gerade in Hinblick auf die Beeinflussung des Gesamtsystems, sind diese Wechselwirkungen jedoch entscheidend. Daraus folgt, dass herkömmliche Prüfstandstests für die Systemvalidierung und -verifizierung oftmals unzureichend sind.

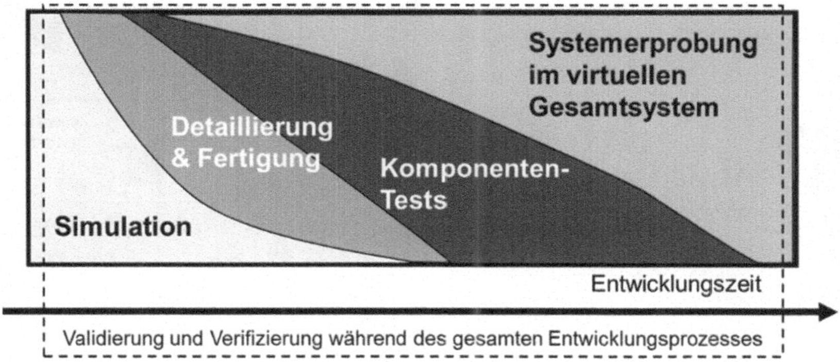

Abbildung 3: Ansatz zur Gestaltung zukünftiger Entwicklungsprozesse [7]

Im Rahmen der virtuellen Entwicklung ist es möglich, verschiedene Prüfstände mit Echtzeitsimulatoren zu koppeln und somit Realkomponenten im virtuellen Systemverbund miteinander zu testen. Ein solches virtuelles Gesamtsystem mit echtzeitvernetzten Prüfständen, das den Anforderungen der virtuellen Entwicklung entspricht, wird aktuell im Rahmen eines durch den Europäischen Fond für regionale Entwicklung (EFRE) geförderten Forschungsvorhabens am Center for Mobile Propulsion (CMP) der RWTH Aachen University umgesetzt. Im Forschungsvorhaben werden entsprechende neuartige Entwicklungsmethoden dargestellt. [6, 7] Eine Skizze über den am CMP vorzufindenden Prüfstandsaufbau ist in Abbildung 4 dargestellt. Physisch vorhanden sind hier u. a. die Prüfstände für den Verbrennungsmotor, die elektrische Maschine sowie für Batterien. Die virtuelle Systemumgebung besteht neben dem virtuell abgebildeten Fahrzeug mit seinen weiteren Systemen und Komponenten aus einer virtuellen Umfeldsimulation. Durch einen echtzeitfähigen Ansatz werden entsprechende X-in-the-Loop Systeme aufgesetzt und eine echtzeitfähige Kopplung der Systeme über Prüfstandsgrenzen hinweg realisiert.

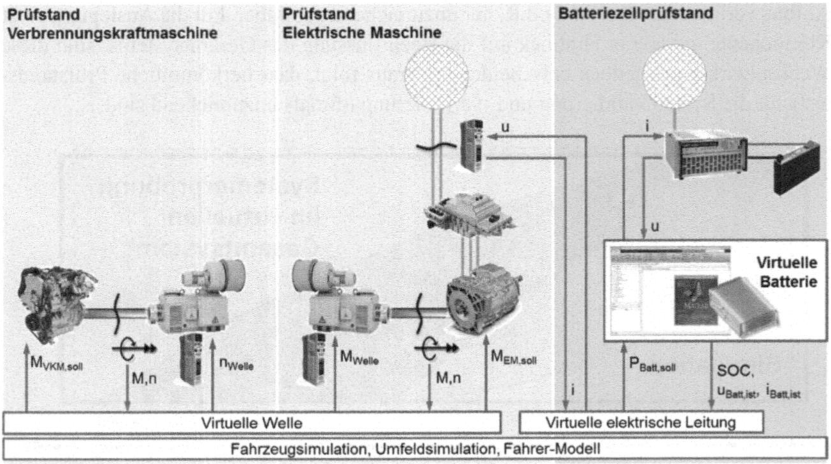

Abbildung 4: Physische und virtuelle Kopplung verschiedener Prüfstände [6]

Das virtuell dargestellte Fahrzeug ist in dem hier diskutierten Szenario ein Hybridfahrzeug in der Topologie eines P2 Plug-in-Hybriden (PHEV, *engl.:* plug-in hybrid electric vehicle), wie in Abbildung 5 dargestellt. Eine Beschreibung des hier zu Grunde liegenden Fahrzeugmodells findet in Abschnitt 3 statt.

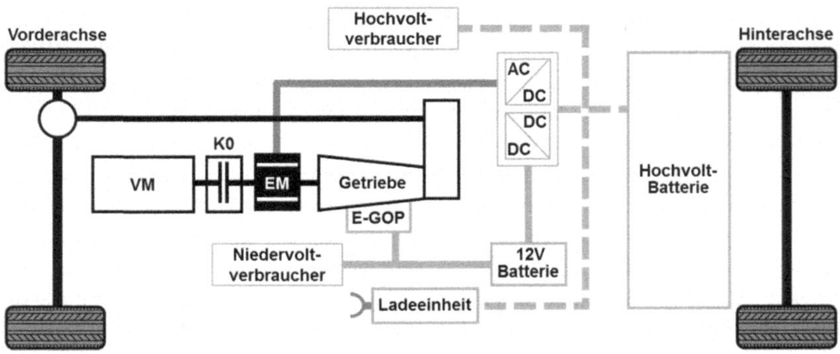

Abbildung 5: Fahrzeugtopologie des in der Simulation dargestellten Hybridfahrzeugs

In diesem Beitrag wird im Folgenden der Closed-Loop-Ansatz für den Bereich des Batteriezellprüfstands (Battery-in-the-Loop) betrachtet.

2 Closed-Loop-Ansatz für virtuelle Hochvoltbatteriesysteme

Ziel des hier vorgestellten HiL-Ansatzes ist die Minimierung des physikalischen Versuchsaufwands bei Untersuchungen zum späteren Systemverhalten von Hochvoltbatteriesystemen unter Beachtung der Wechselwirkungen mit einem Fahrzeug. Damit einhergehend spielt die Minimierung von Prüfstandszeit, aber noch viel mehr die Reduzierung der Kosten innerhalb der Prototypenphase eine weitere wesentliche Rolle. Der Aufbau einer Hochvoltbatterie ist sehr komplex und kostenintensiv. Ebenso komplexer und kostenintensiver sind die durchzuführenden Tests bei einem Hochvoltsystem im Vergleich zu einem Niedervoltsystem. Eine Reduzierung auf einen Minimalaufwand bzw. die Vorverlagerung von Entwicklungstätigkeiten in eine frühere Projektphase kommt somit den unterschiedlichsten Interessen während einer Entwicklung zugute. In der hier vorgeschlagenen Umsetzung beinhaltet das vorgenannte Ziel eine umfangreiche Virtualisierung einhergehend mit einer präzisen Modellbildung. Am Beispiel des in Abschnitt 1 vorgestellten Hybridfahrzeugs (Abbildung 5) wird im Folgenden eine MiL-Simulation diskutiert, deren zentraler Bestandteil die Abbildung einer virtuellen Hochvoltbatterie darstellt. Diese virtuelle Hochvoltbatterie wird das thermische und elektrische Verhalten von Einzel-Batteriezellen, die mit Hilfe eines HiL-Aufbaus in die Simulation eingebunden werden, verarbeiten und somit eine Brücke zwischen physisch vorhandenen Systemen und virtueller Umgebung schaffen. Dabei wird der „Closed-Loop" nicht nur die elektrischen Größen einbinden, sondern ebenso die thermischen Wechselwirkungen umfassend betrachten. Dieses Vorgehen beruht auf der Prämisse, im fortlaufenden Prozess nur noch die zentrale und kleinstmögliche Einheit eines Hochvoltbatteriesystems, nämlich die einzelne Batteriezelle, betrachten zu müssen. Eben diese einzelne Zelle wird als reale Komponente abgebildet, da jede Art der Modellierung immer unter Annahmen und Vereinfachungen stattfindet.

Ausgehend von der Leistungsanforderung des Gesamtfahrzeugmodells (Abschnitt 3) erfolgt über ein MiL-Batteriemodell der Gesamtbatterie (Abschnitt 4) eine Dekomposition der Belastung auf die einzelne Batteriezelle in Form von elektrischer Last und Batteriezelltemperatur. Die Modellierung des Hochvoltbatteriesystems folgt dabei einem Top-Down- und Bottom-Up-Ansatz (Abbildung 6) in Anlehnung an das bekannte V-Modell aus [8].

Das elektrische Lastprofil wird mit einem validierten Gesamtfahrzeugmodell simulativ ermittelt und der aus der Simulation resultierende Strom als elektrisches Lastsignal über eine DC Quelle / Senke auf eine thermisch konditionierte Einzelzelle aufgeprägt. Der gemessene Spannungsverlauf (resultierendes Ausgangssignal am physisch vorhandenen Prüfling) wird vom Echtzeitsystem verarbeitet und liefert mit dem parallel laufenden MiL-Batteriezellmodell die Parameter, die der kontinuierlichen Verbesserung des elektrischen Batteriemodells (Abschnitt 4.1) dienen. Das elektrische Zellmodell in der MiL-Simulation bildet ebenso die Grundlage zur Berechnung der elektrischen Verluste und somit die Basis der thermischen Simulation (Abschnitt 4.2). Bedingt durch die Kopplung von Simulation, Versuch und ggf. weiteren Prüfständen (Abbildung 4), wird die Echtzeitfähigkeit aller Systeme und Simulationen vorausgesetzt.

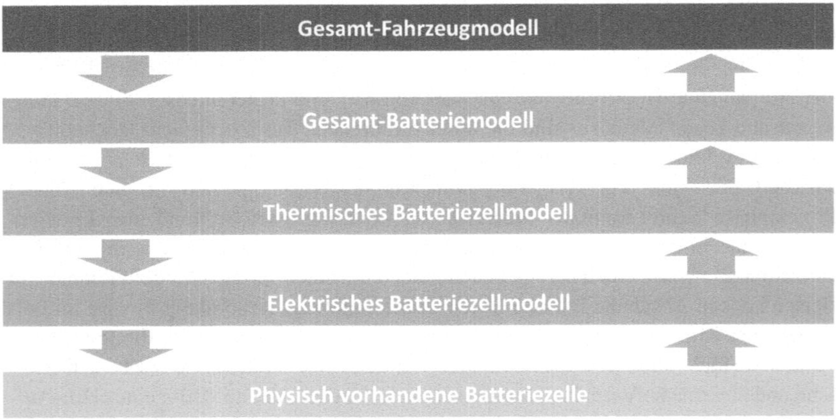

Abbildung 6: Top-Down und Bottom-Up-Ansatz zur Modellierung des Hochvoltbatteriesystems

Das Gesamtmodell der MiL-Batteriesimulation fasst die gewonnenen Parameter sowie ihre Wechselwirkungen zusammen und gibt entsprechend den Simulationsparametern des Gesamtfahrzeugs die resultierende, für den nächsten Zeitschritt der Simulation gültige, elektrische und thermische Belastung aus. Mit fortschreitender Laufzeit konvergiert der Fehler im Batteriemodell durch die „online" analysierten Lastszenarien hin zu einem Minimum.

Das hier vorgestellte Konzept zeichnet sich durch eine besondere Modularität aus: So kann einerseits, ein auf neue Geometrien angepasstes thermisches Modell oder andererseits eine bisher nur rudimentär vermessene Batteriezelle (das Vorhandensein einer SOC-Kurve wird vorausgesetzt) eingebunden werden. Auf diese Weise können zum Beispiel unter der Annahme einer gleichen Geometrie verschiedene Batteriezellchemien in Bezug auf ihre jeweiligen Wechselwirkungen mit dem Fahrzeug untereinander verglichen werden. Ebenso können unterschiedliche Modulkonfigurationen (ein validiertes thermisches Modell vorausgesetzt [12]) ebenfalls mit minimalem Aufwand im Rahmen einer Vorverlagerung der Entwicklung virtuell erprobt werden.

3 Parametrierung und Validierung der MiL-Simulation des Hybridfahrzeugs

Als Anwendungsbeispiel für das virtuelle Hochvoltbatteriesystem (HV-Batterie) wird ein Hybridfahrzeug aus der Kategorie Klein- und Kompaktwagen mit einer P2 Topologie herangezogen. Die Topologie des Fahrzeugs ist in Abbildung 5 dargestellt.

Der Verbrennungsmotor (VM) und die elektrische Maschine (EM) sind mechanisch über eine Kupplung (K0) verbunden. Der VM kann dementsprechend beim rein elektrischen Fahren abgekoppelt werden. Die EM ist darüber hinaus mechanisch mit dem Automatikgetriebe (Getriebe) gekoppelt. Der VM wird in dieser Konfiguration über die EM gestartet. Die EM wird über einen bidirektionalen Wechselrichter (AC/DC) aus dem Hochvolt-Li-Ionen-Akkumulator (HV-Batterie) versorgt. Die nominale Hochvoltspannung des Fahrzeugs liegt bei etwa 345 V, die nutzbare Kapazität der HV-Batterie beträgt ca. 7 kWh. Die maximale kombinierte Leistung des Fahrzeugs, d. h. die Leistung, die vom VM und von der EM in Summe bereitgestellt werden kann, beträgt ca. 150 kW, die Leistung der EM ca. 80 kW. Das 12 V Niederspannungsnetz wird über einen DC/DC-Wandler aus dem Hochspannungsnetz versorgt und durch eine zusätzliche 12 V Batterie gestützt; ein sonst üblicher 12 V Generator entfällt in der hier dargestellten Fahrzeugtopologie.

Für die Parametrierung des Closed-Loop-Fahrzeugmodells wurde ein umfangreiches Testprogramm im Rahmen eines erweiterten Benchmarks für Versuchsfahrzeuge, wie in [9] aufgezeigt (Level 2: Powertrain Level Benchmark), durchgeführt. Aus den so gewonnen Messdaten konnte nicht nur die Hybridbetriebsstrategie abgeleitet, sondern auch markante Kennfelder, wie z.B. das Schaltkennfeld, identifiziert werden. Neben der Hybridbetriebsstrategie hat das Schaltverhalten einen signifikanten Einfluss auf das Systemverhalten des Fahrzeugs. Abbildung 7 gibt beispielhaft die rekonstruierten Schaltkennfelder für den Hybrid-Betrieb sowie den rein elektrischen Betrieb wieder. Zur weiteren Validierung der MiL-Simulation des Hybridfahrzeugs werden die gemessenen Zyklen mit der Simulation nachgefahren. Die Ergebnisse für den NEDC (Abbildung 8) sowie für den WLTP (Abbildung 9) zeigen sehr gute Ergebnisse in Hinblick auf die mittlere Differenz zwischen der simulierten und gemessenen Fahrzeuggeschwindigkeit, den Anforderungen an Drehzahl und Drehmoment von VM und EM sowie die Gangwahl des Fahrzeugs. Das Simulationsmodell wird durch eine regelbasierte Betriebsstrategie gesteuert, die auf die Betriebspunkte des realen Fahrzeugs parametriert ist. Das resultierende Modell ist mit einer Zyklusgenauigkeit von 3 % in Bezug auf den Kraftstoffverbrauch und die Leistungsanforderungen validiert. Entsprechend ist das hier zur Anwendung kommende Simulationsmodell hinreichend genau, um den Antriebsstrang und das Systemverhalten hinsichtlich Leistung und Energieverbrauch, Komponentenauslegung und Betriebsstrategie bewerten zu können.

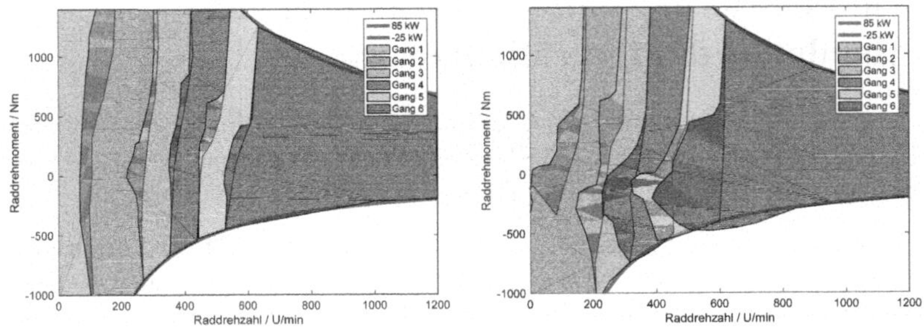

Abbildung 7: Rekonstruierte Schaltkennfelder des Hybridfahrzeugs für den Hybrid-Modus (links) und den rein elektrischen Betrieb (rechts)

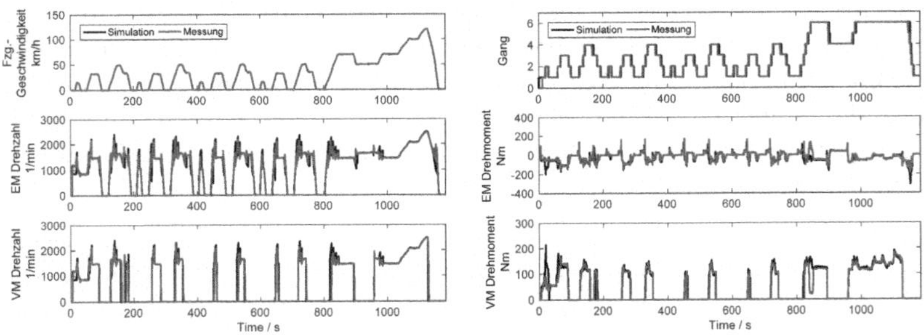

Abbildung 8: Vergleich von Simulation und Messung bzgl. Fahrzeuggeschwindigkeit, Drehzahlen und Drehmomenten von VM und EM sowie der Gangwahl im NEFZ

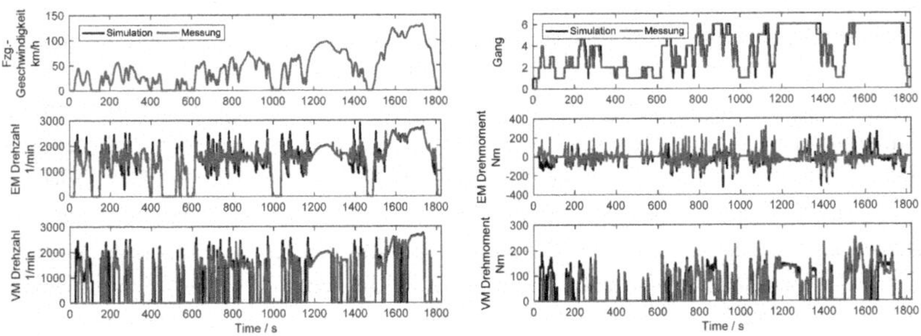

Abbildung 9: Vergleich von Simulation und Messung bzgl. Fahrzeuggeschwindigkeit, Drehzahlen und Drehmomenten von VM und EM sowie der Gangwahl im WLTP

4 Aufbau des MiL-Batteriemodells

4.1 Elektrisches Batteriezellmodell

Eine Vielzahl von Batteriemodellen wird je nach Anwendungsfall und nötiger Komplexität verschiedenartig in wissenschaftlichen Beiträgen diskutiert. Hier zeigt sich ein breites Spektrum, ausgehend von Modellen mit einer einfachen idealen Spannungsquelle, mathematischen Modellen, bis hin zu komplexen physikalischen Modellen unter Berücksichtigung von Teilchen- und Wärmetransportmodellen. Die am häufigsten genutzten Simulationsmodelle werden u. a. in [10] analysiert und gegenübergestellt. In Abwägung von Genauigkeit und Rechengeschwindigkeit unter Berücksichtigung der besonderen Anforderungen eines echtzeitfähigen HiL-Systems, wurde für den elektrischen Teil des hier zur Anwendung kommenden MiL-Batteriemodells ein auf dem Helmholtz-Thévenin-Theorem basierter Ansatz zur Beschreibung des elektrischen Ersatzschaltbilds gewählt.

Das Thévenin-Batteriemodell (Abbildung 10) besteht aus einer idealen Spannungsquelle, einem Innenwiederstand und einer in der Ursprungsform variablen Anzahl an RC-Gliedern, in denen jeweils ein Widerstand und ein Kondensator parallel verschaltet werden. Jedes RC-Glied ist durch unterschiedliche Parametrierung für die Abbildung unterschiedlich langen Zeitverhaltens auszulegen.

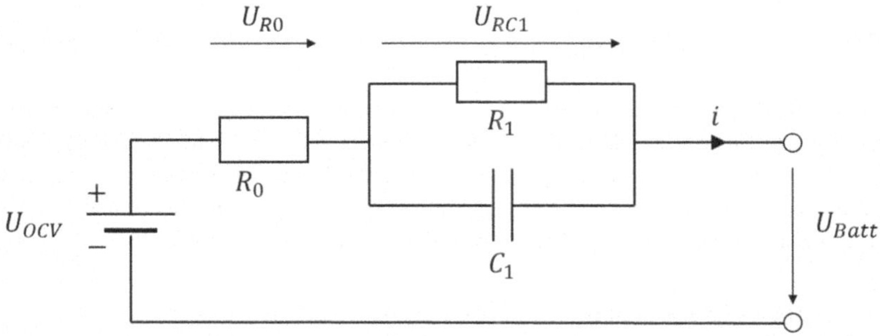

Abbildung 10: Thévenin-Batteriemodell mit einem RC-Glied

Mit Zunahme der Anzahl seriell verschalteteter RC-Glieder steht der damit einhergehenden steigenden Modellgenauigkeit eine Verlängerung der Rechenzeit gegenüber. Abbildung 11 zeigt exemplarisch auf, dass bei Fehlen der RC-Elemente (R0-Kurve), insbesondere in Bereichen hoher Dynamik, höhere Abweichungen entstehen. Bereits bei Verwendung eines RC-Elements ist die Abweichung auf ein hinreichend genaues Maß reduziert. Die Verwendung eines weiteren RC-Gliedes führt zu keiner signifikanten Verringerung des Fehlers, sodass unter Berücksichtigung der geringeren Rechenaufwände die Verwendung eines 1RC-Modells bevorzugt wird.

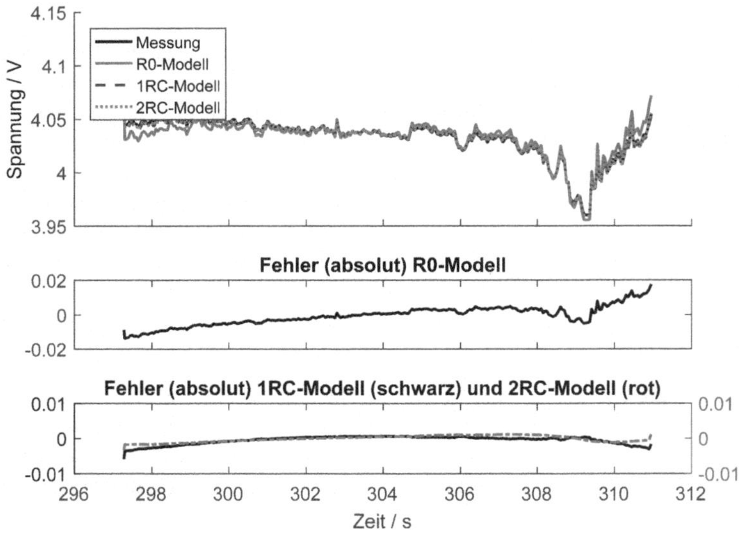

Abbildung 11: Vergleich von Messung und Simulation mit unterschiedlicher Anzahl von RC-Gliedern

Die Modell-Parameter weisen eine zum Teil sehr starke Abhängigkeit von verschiedenen äußeren Faktoren auf, darunter u. a. der Ladezustand der Batterie (SOC, *engl.:* state of charge) und die Batteriezelltemperatur. [10] Um das Verhalten der Batterie möglichst realgetreu abzubilden, müssen die Modell-Parameter für den R0 und das erste RC-Glied (R_1, C_1) hinreichend genau in Abhängigkeit derer identifiziert werden.

4.2 Online-Parametrierung des Batteriezellmodells

Nach (1) lässt sich die Spannung der belasteten Zelle direkt aus den Gleichungen der einzelnen Elemente des Modells errechnen, wobei die Ruhespannung als Funktion in Abhängigkeit vom Ladezustand (SOC) und der Temperatur realisiert ist (2). Über die Ruhespannung lässt sich der initiale SOC bestimmen. Gemäß der „Coulumb-Counting“ Methode ist der SOC nach (3) kontinuierlich zu berechnen. Der Widerstand in (4) beschreibt den Innenwiderstand der Batterie, der den Einflüssen von Temperatur und Zellalterung unterworfen ist. Mit der Differentialgleichung (5) wird das durch elektrochemische Prozesse hervorgerufene Zeitverhalten der Batterie angenähert.

$$U_{Batt} = U_{OCV} - U_{R0} - U_{RC1} \tag{1}$$

$$U_{OCV} = f(SOC, T) \tag{2}$$

$$SOC = SOC_{init} - \frac{\int i \, dt}{C_{Batt,max}} \tag{3}$$

$$U_{R0} = R_0 \cdot i \tag{4}$$

$$U_{RC1} = R_1 \cdot i - R_1 C_1 \cdot \frac{dU_{RC1}}{dt} \tag{5}$$

Um die Möglichkeiten des hier vorgestellten vorverlagerten Entwicklungsprozesses optimal zu nutzen, wird im Folgenden auf eine Methodik der Online-Parametrierung, also der Identifizierung der Parameter während des laufenden Tests, eingegangen. Eine Online-Parametrierung hat vor allem den Vorteil, dass die ansonsten nötigen umfangreichen Testreihen auf einem dedizierten Batterieprüfstand zur Identifikation der Modell-Parameter unter bestimmten Randbedingungen entfallen können und somit die in Abschnitt 1 angesprochene Zielsetzung einer besseren Wirtschaftlichkeit gegeben ist.

Ziel des in [11] vorgestellten Verfahrens („Forgetting Factor Recursive Least Squares", FFRLS) zur Online-Parametrierung ist die Berechnung der optimalen Modellparameter (Θ) durch Minimierung der quadrierten Abweichung zwischen analytisch ermittelter Lösung $\hat{y}$ und gemessenem Wert (hier: Spannungsverlauf) y.

$$min \ \frac{1}{2} \left\| \underline{y} - \underline{\hat{y}} \right\|^2 = \min_{\hat{\theta}} \ \frac{1}{2} \left\| \underline{y} - X \cdot \underline{\hat{\theta}} \right\|^2 \tag{6}$$

Hierbei stellt X die Datenmatrix als Kombination vergangener Ein- und Ausgangssignale dar. Wird nun zwecks Minimierung die Funktion (1) abgeleitet und zu null gesetzt, so ergibt sich die Lösung des Gleichungssystems zu:

$$\underline{\hat{\theta}} = (X^T \cdot X)^{-1} \cdot X^T \cdot \underline{y} \tag{7}$$

Da zum Zeitpunkt der Parameteroptimierung noch nicht alle Datenpaare vorliegen, muss sich der Rekursion bedient werden. Somit ergibt sich für den Rekursionsschritt k+1 unter Beachtung von (7) die Lösung entsprechend zu:

$$\Theta(k+1) = (X^T(k+1) \cdot X(k+1))^{-1} \cdot X^T(k+1) \cdot y(k+1) \tag{8}$$

Unter Berücksichtigung der Lösung von Rekursionsschritt k ergibt sich:

$$\begin{aligned} \hat{\Theta}(k+1) = (X^T(k) \cdot X(k) + x(k+1) \cdot x^T(k+1))^{-1} \cdot (X^T(k) \\ \cdot X(k) \cdot \hat{\Theta}(k) + x(k+1) \cdot y(k+1)) \end{aligned} \tag{9}$$

Wird nun $P^{-1} = X^T(k) \cdot X(k)$ definiert und findet auf (9) die Woodbury-Matrix-Identität Anwendung, so ergibt sich für die Rekursionsgleichung unter Beachtung des Vergessensfaktors λ (FFRLS):

$$\hat{\Theta}(k+1) = \hat{\Theta}(k) + \underbrace{\frac{P(k)\cdot x(k+1)}{\lambda + x^T(k+1)\cdot P(k)\cdot x(k+1)}}_{Verstärkungsterm\ \gamma(k)} \cdot \underbrace{\left(y(k+1) - \ x^T(k+1)\cdot\hat{\Theta}(k)\right)}_{Korrekturterm} \tag{10}$$

Analog zu den vorherigen Schritten lässt sich ebenfalls die aktualisierte Kovarianzmatrix P berechnen:

$$P(k+1) = \frac{1}{\lambda}\cdot\left(P(k) - \gamma(k)\cdot x^T(k+1)\cdot P(k)\right) \tag{11}$$

Um den beschriebenen Algorithmus auf die Gleichungen für ein RC-Glied anwenden zu können, erfolgt für die Gleichungen (1), (4) und (5) zunächst die Transformation in den Bildbereich. Es ergibt sich entsprechend:

$$U_{RC1}(s) = \frac{R_1\cdot I(s)}{R_1C_1s+1} \tag{12}$$

$$U_{Batt}(s) - U_{OCV}(s) = I(s)\cdot\left(R_0 + \frac{R_1}{R_1C_1s+1}\right) \tag{13}$$

Zur Diskretisierung zum Zeitschritt k wird anstelle der Ableitung erster Ordnung der Rückwärts-Differenzenquotient eingeführt:

$$f'(k) = F(s)\cdot s = \frac{f(k)-f(k-1)}{\Delta T} \tag{14}$$

Damit ergibt sich aus (13):

$$\left(\frac{R_pC_p}{\Delta T}+1\right)(U_{Batt}-U_{OCV})[k] = \frac{R_p\cdot C_p}{\Delta T}\cdot(U_{Batt}-U_{OCV})[k-1] - \left(\frac{R_0R_pC_p}{\Delta T}+R_0+R_p\right)I[k] + \frac{R_0R_pC_p}{\Delta T}I[k-1] \tag{15}$$

Eine Anordnung nach Ein-und Ausgangssignalen sowie nach Rekursionsschritten mit anschließender Zusammenfassung der Parameter zu a_1, a_2, a_3 ergibt sich aus (15):

$$(U_{Batt}-U_{OCV})[k] = a_1\cdot(U_{Batt}-U_{OCV})[k] + a_2\cdot I[k] + a_3\cdot I[k-1] \tag{16}$$

Diese Gleichung kann durch den FFRLS-Algorithmus im MiL-Batteriemodell nach den Parametern a_1, a_2, a_3 aufgelöst werden. Für die Modellparameter ergibt sich:

$$R_0 = -\frac{a_3}{a_1},\ R_1 = \frac{a_3 + a_1 \cdot a_2}{a_1 \cdot (a_1 + 1)},C_1 = -\frac{\Delta T \cdot {a_1}^2}{a_3 + a_1 \cdot a_2} \tag{17}$$

4.3 Thermisches Modell

Durch die zuvor beschriebene elektrische Modellierung der Batteriezelle kann eine hinreichend genaue Abbildung des elektrischen Systemverhaltens einer konditionierten Einzelzelle erfolgen. Da die Temperatur einen signifikanten Einfluss auf die Batterieparameter aufweist, muss das elektrische Modell für eine Abbildung der Gesamtbatterie zusätzlich mit einem thermischen Modell gekoppelt werden.

Das thermische Modell der Gesamtbatterie ermittelt die jeweiligen Einzelzelltemperaturen. Durch den hier vorgestellten vollständigen „Closed-Loop"-Ansatz wird ein gewähltes Temperaturniveau einer virtuellen Batteriezelle auf eine im HiL-Aufbau befindliche Einzelzelle dediziert aufgeprägt. Als aufzuprägende Temperaturen empfehlen sich hier die im Gesamtbatteriemodell auftretenden Extremwerte der jeweiligen Einzelzellen. Unter der Hypothese, dass die elektrischen Leistungsverluste der Zelle vollständig in einen Wärmeenergiestrom umgesetzt werden, gilt:

$$P_{Verlust} = \dot{Q}_{Zelle} = R_0 \cdot i^2 + U_{RC1} \cdot i \tag{18}$$

Eine weitere notwendige Vereinfachung ist dabei die Annahme einer homogenen Temperaturverteilung innerhalb einer Batteriezelle. Um das geschlossene System der Batteriezelle ergibt sich vereinfacht aus dem ersten Hauptsatz der Thermodynamik:

$$\frac{dE}{dt} = P_{Verlust} - \dot{Q}_{Busbar} - \dot{Q}_{Kühlplatte} \tag{19}$$

Unter Verwendung von zeitdiskreten Wärmeströmen ergibt sich für die Zelltemperatur $\vartheta[k]$ unter Beachtung von (19):

$$\vartheta[k] = \vartheta[k-1] + \frac{dE}{dt} \cdot \frac{1}{c_{Zelle} \cdot m_{Zelle}} \Delta T \tag{20}$$

Da zur Erhaltung der Echtzeitfähigkeit Vereinfachungen getroffen wurden, ist eine Validierung des thermischen Modells obligatorisch. Eine empirische Evaluation mit dynamischen Stromprofilen wurde in [12] durchgeführt und bestätigt die Gültigkeit des Modells.

5 Ergebnisse

Zum Zeitpunkt der hier aufgeführten Untersuchung konnte nur auf eine MiL-Umgebung zurückgegriffen werden. Die im Folgenden vorgestellten Ergebnisse zeigen somit ausschließlich die Betrachtung auf Simulationsebene. Gleichwohl ist der „Closed-Loop“-Ansatz durch die MiL-Implementierung vollständig gegeben. Anstelle einer physischen Batteriezelle wurde ein von der restlichen Simulation entkoppeltes Batteriemodell mit bekannten Parametern verwendet. Zur besseren Unterscheidung werden die Größen dieses entkoppelten Batteriemodels im Nachfolgenden als „vorgegebene“ Größen bezeichnet.

Die Abbildung 12 sowie die Abbildung 13 stellen jeweils Ergebnisse einer Gesamtfahrzeugsimulation dar. Abgebildet sind die Fahrzyklen und die sich ergebenden „vorgegebenen“ sowie berechneten Spannungsverläufe der Batterie. Ebenso sind die zeitlichen Verläufe der Batterieparameter R0, R1 und C1 dargestellt sowie der jeweilige Fehler. Die per FFRLS-Algorithmus identifizierten und/oder resultierenden Größen sind auf der jeweils rechten Achse dargestellt. Insbesondere bei dem gezeigten RDE-Zyklus in Abbildung 12 zeigt der Algorithmus eine im Mittel sehr geringe Abweichung der Parameterwerte und somit auch eine präzise Beschreibung des Spannungsverhaltens.

Allerdings entstehen, je nach Dynamik des Fahrzyklus, auch Bereiche größerer Abweichung. So wird in dem Fahrversuch, der in Abbildung 13 dargestellt ist, durch den Wechsel von Heiz- und Kühlphasen der Batterie ein nicht monotoner Verlauf der vorgegebenen Parameter hervorgerufen. Insbesondere an Stellen nicht stetiger Steigung aufgrund von z. B. Messrauschen führt eine Rekursion der vorangegangen Werte sowie die Verwendung des Rückwärtsdifferenzenquotienten, wie im FFRLS-Algorithmus verwendet, zu Ungenauigkeiten, die mit zunehmender Anzahl von Werten ähnlicher Steigung abnehmen.

Die Verringerung des Vergessensfaktors λ kann hierbei die Reaktionsfreudigkeit des Algorithmus verbessern, führt jedoch in Bereichen langer monotoner Änderung der Parameter zu größeren Ungenauigkeiten, da eine stärkere Reaktion auf Messrauschen nicht durch die hohe Anzahl verwendeter Werte kompensiert werden kann.

Abbildung 14 zeigt die durch den MiL-Ansatz bekannten Kennfelder der Batteriezellparameter sowie die durch den FFRLS-Algorithmus identifizierten Werte. Dargestellt sind die Werte aus dem in der nachfolgenden Abbildung 12 dargestellten Versuch.

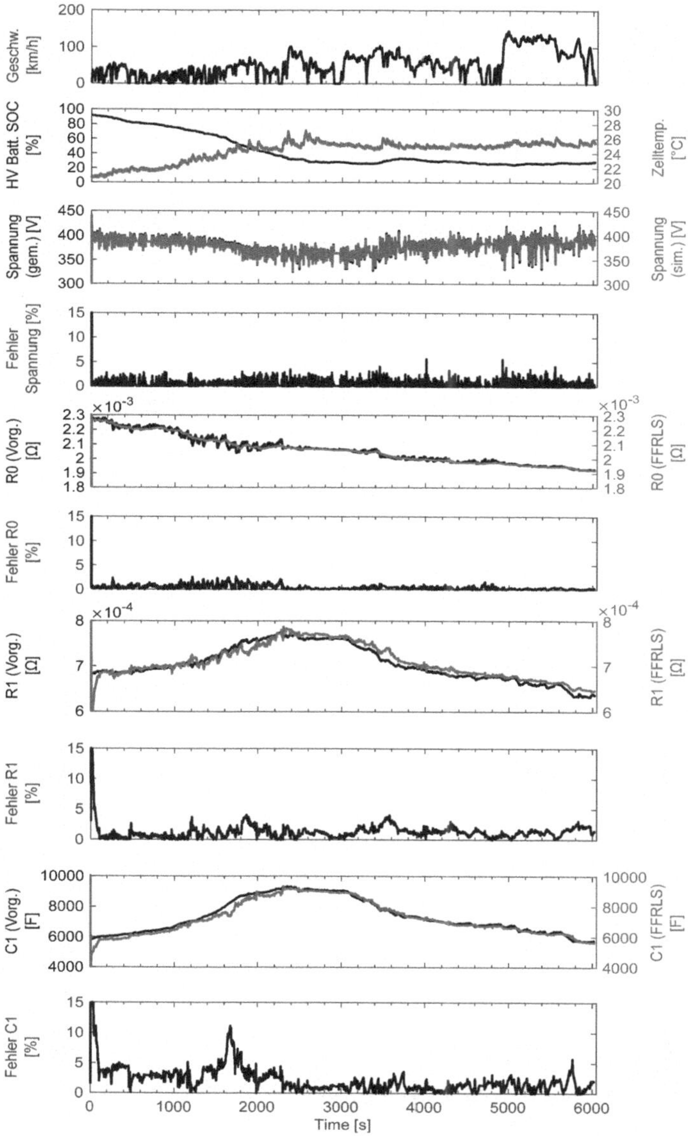

Abbildung 12: Gesamtfahrzeugsimulation (RDE-Zyklus) mit resultierenden Werten für die Batterieparameter, ermittelt mit dem FFRLS-Algorithmus

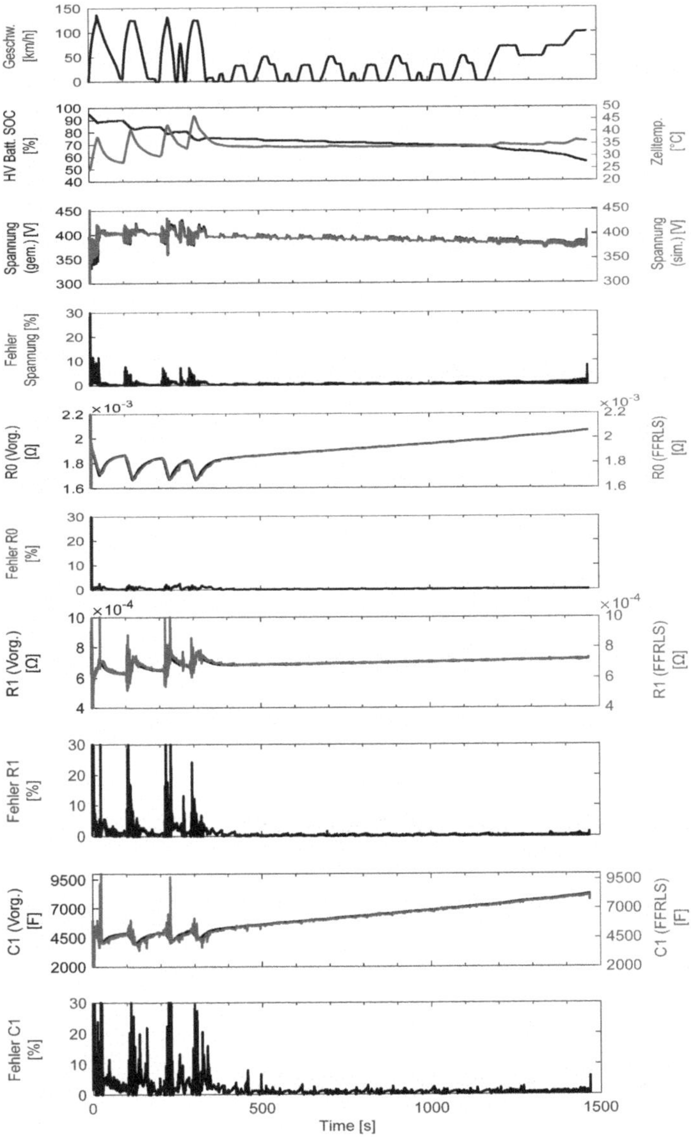

Abbildung 13: Gesamtfahrzeugsimulation (modifizierter NEFZ) mit resultierenden Werten für die Batterieparameter, ermittelt mit dem FFRLS-Algorithmus

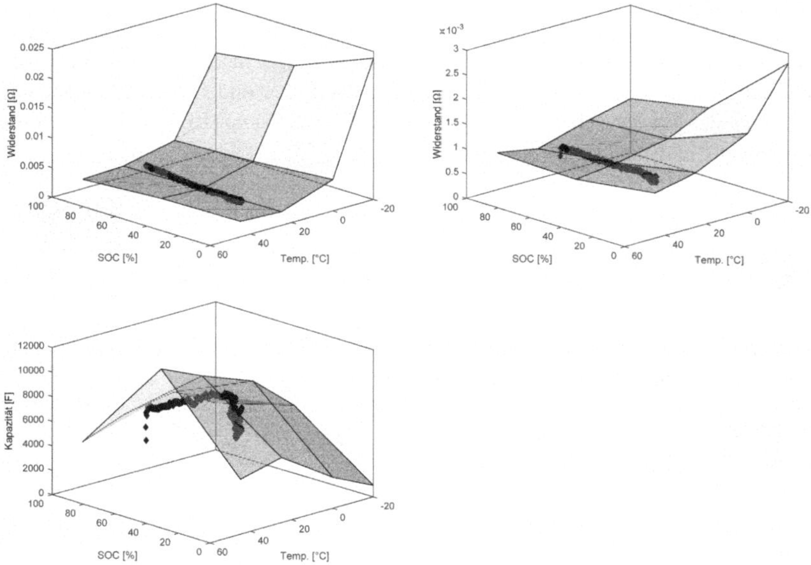

Abbildung 14: Kennfelder der Batterieparameter R0 (o.l.), R1 (o.r.) sowie C1 (u.l.) mit den durch den FFRLS-Algorithmus identifizierten Werten

6 Zusammenfassung und Ausblick

Der hier vorgestellte MiL-Ansatz zur Vorverlagerung von Entwicklungstätigkeiten weist großes Potential zur Einsparung kosten- und aufwandsintensiver Versuchsreihen durch Minimierung der Komponententests mit Einzelbatteriezellen auf. Es konnte ein Weg zur „Closed-Loop"-Modellierung eines Hochvoltbatteriesystems aufgezeigt werden bei dem bisher nur rudimentär bekannte Batteriezellen zur Anwendung kommen können. Die dafür notwendige Echtzeit-Zellparametrierung mit dem FFRLS-Algorithmus zeigt vielversprechende Ergebnisse und erzielt bereits in dem hier geschilderten Ansatz eine hohe Genauigkeit. Zur Kompensation der Reaktion auf nichtstetige Parametersteigungen ist eine Erweiterung des Ansatzes denkbar. Eine Erweiterung des hier vorgestellten MiL-Ansatzes unter Hinzunahme einer HiL-Umgebung ist bereits projektiert.

Danksagung

Das Forschungsprojekt DUETT (Diesel-Hybridfahrzeuge für eine umweltbewusste Mobilität: Eine vernetzte Systementwicklung in physischer und virtueller Umgebung) wird durch den Europäischen Fonds für regionale Entwicklung (EFRE) unter der Projektnummer EFRE-0800841 finanziert.

Das Center for Mobile Propulsion (CMP) wird gefördert durch die Deutsche Forschungsgemeinschaft (DFG) und dem Wissenschaftsrat (WR).

Literaturverzeichnis

[1] H. Schuette, M. Ploeger, „Hardware-in-the-Loop Testing of Engine Control Units – A Technical Survey“, SAE Technical Paper, 2007

[2] P. Sternberg, A. Schlosser, J. Richenhagen, N. Meyer, „Herausforderungen funktionaler Softwaretests“, Baden Baden: Autoreg, 2013

[3] J. Andert; S. Klein et al., „Virtual shaft: Synchronized motion control for real time testing of automotive powertrains”, Control Engineering Practice, Vol. 56, November 2016, Pages 101-110, DOI 10.1016/j.conengprac.2016.08.005

[4] S. Walter, N. Meyer, T. Schulze, J. Andert, S. Klein, D. Guse, „Durchgängig von der Straße auf den Prüfstand bis zur Simulation – Eine qualitative Analyse am Beispiel RDE“, MTZ-Fachtagung VPC "Simulation und Test", 2017

[5] K. Etzold, C. Granrath, S. Klein et al., „Virtuelle Elektrifizierung – Ein nahtloser Entwicklungsprozess für Closed-Loop-Testing von elektrischen Antriebssträngen“, E-MOTIVE Expertenforum für Elektrische Fahrzeugantrieb, 2017

[6] Europäische Union (Europäischer Fond für regionale Entwicklung, EFRE), Ministerium für Wirtschaft, Energie, Industrie, Mittelstand und Handwerk des Landes Nordrhein-Westfalen, EFRE-0800841: DUETT – Diesel-Hybridfahrzeuge für eine umweltbewusste Mobilität, 2017

[7] M. Lenz, „Diesel-Hybrid Vehicles for Environmentally Conscious Mobility: A Networked System Development in a Physical and Virtual Environment (DUETT)“, Lehrstuhl für Verbrennungskraftmaschinen (VKA) – RWTH Aachen University: Jahresbericht 2017, 2018

[8] VDI 2206, „Entwicklungsmethodik für mechatronsiche Systeme“, 2004

[9] E. Morra, M. Lenz et al., „FEV Hybrid System Benchmark: Zusammenspiel von Versuch, Simulation und Systemauslegung“, VPC - Simulation und Test: Herausforderungen durch die RDE-Gesetzgebung, 18. MTZ-Fachtagung, 2016

[10] S. Mousavi, M. Nikdel, „Various battery models for various simulation studies and applications“, Renewable and Sustainable Energy Reviews, 2014

[11] B. Xia, Z. Lao et al., „Online Parameter Identification and State of Charge Estimation of Lithium-Ion Batteries Based on Forgetting Factor Recursive Least Squares and Nonlinear Kalman Filter“, Energies (MDPI), 2017

[12] M. Hüske, M. Marzouki, M. Lenz, K. Jaworczak, „Methode zur effizienten Vorhersage des thermischen Verhaltens einer Traktionsbatterie unter dynamischer Last", VPC - Simulation und Test: Antriebsentwicklung im digitalen Zeitalter, 20. MTZ-Fachtagung, 2018

[13] J. Andert, T.Huth et al., "Testen von Antriebssträngen mit der virtuellen Welle", ATZextra Band 20, Ausgabe 8, 19. MTZ-Fachtagung, 2017

Effiziente Vorhersage des thermischen Verhaltens einer Traktionsbatterie unter dynamischer Last

Dr. Martin Hüske[1], Martin Lenz[2], Kamil Jaworczak3, Mourad Marzouki[1]

[1] FEV Europe GmbH

[2] Lehrstuhl für Verbrennungskraftmaschinen Aachen (VKA), RWTH Aachen University

[3] FEV Polska Sp. z o.o.

J. Liebl (Hrsg.), *Simulation und Test 2018*, Proceedings,
https://doi.org/10.1007/978-3-658-25294-6_10

1 Einleitung

Aufgrund der Komplexität elektrifizierter Antriebsstränge und der Wichtigkeit von Realfahremissionen kommt der Untersuchung vielfältiger Lastzyklen unter verschiedensten Randbedingungen eine besondere Bedeutung zu. Insbesondere bei Niedrigtemperatur Komponenten können sich hier thermischen Grenzen stark auf die maximal abrufbare Leistung auswirken (Derating). Idealerweise geschieht bereits in virtueller Umgebung eine umfangreiche Untersuchung. Dabei gilt es, das Wechselspiel der einzelnen Komponenten im Antriebsstrang, die Betriebsstrategie unter variablen äußeren Randbedingungen und letztlich auch das umfangreiche thermische Verhalten der Komponenten selbst detailliert zu betrachten.

Zur Berechnung des thermischen Verhaltens existieren verschiedene Ansätze. Die detailliertesten Ergebnisse lassen sich mithilfe von 3D-CHT Modellen der Komponente einschließlich der durch- und umströmenden Fluide, wie Luft, Wasser-Glykol oder Öl gewinnen [1, 2]. Die hohe räumliche Auflösung erfordert jedoch Berechnungszeiten von mehreren Stunden pro Zyklus und verhindert umfangreiche Variationen an Lastszenarien. Thermische Netzwerke weisen deutlich kürzere Laufzeiten auf. Allerdings bieten sie aufgrund der vereinfachten Abbildung – Temperaturverteilungen entlang der Wärmeleitpfade und innerhalb der thermischen Massen werden als räumlich konstant angenommen – eine geringe Genauigkeit. Zuverlässige Vorhersagen entsprechender Modelle bedürfen einer gewissenhaften Vorabanalyse der Komponente unter Last [3, 4]. Generell steht das Ziel präziser Vorhersagen mit hoher räumlicher und zeitlicher Auflösung dem Wunsch nach schneller, ressourcenschonender Berechnung gegenüber.

Im Folgenden stellen wir mit *FAST.BE* (Fast Analysis of System Thermal Behavior) einen auf *Matlab Simulink* basierendes Tool vor, welcher die Ziele der schnellen und präzisen elektrothermischen Berechnung vereint. Die Bedatung erfolgt dabei mittels einfacher CHT Berechnungen über *StartCCM+* oder anhand von Messungen. Die eigentliche Berechnung erfolgt unter Verwendung der Systemantwort der Komponente. Die Ergebnisse werden schließlich mit expliziten Simulationen und Messungen verglichen. Bespielhaft wird das Verhalten einer Traktionsbatterie untersucht, welches bedingt durch das enge Temperaturfenster für den optimalen Betrieb und durch das hohe Schadpotential bei Überlast von besonderem Interesse ist.

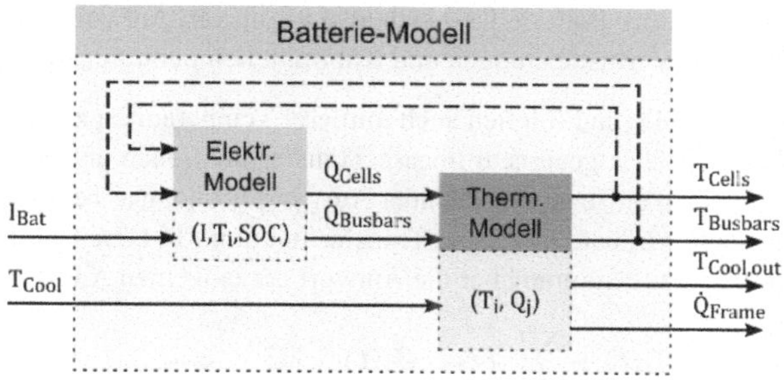

Abbildung 1: Grundlegender Aufbau des elektrothermischen Batterie-Modells mit Unterteilung in elektrisches und thermisches Untermodell

2 Systemverhalten einer Traktionsbatterie

Zur Berechnung der elektrischen Komponente mittels des vorgestellten Ansatzes wird die Batterie im Sinne der Systemtheorie betrachtet (Abbildung 1). Als Eingangsgrößen des Gesamtmodells sind hier Batteriestrom (I_{Batt}) und Kühlmitteltemperatur (T_{Cool}) gewählt. Lokale oder über definierte Volumina gemittelte Temperaturwerte, wie Zelltemperatur (T_{Cell}), sowie Wärmeströme, beispielsweise ($\dot{Q}_{Frame}$) in den Rahmen des Moduls, stellen grundlegende Ausgangsgrößen des Batteriemodells dar. Dies sind ebenfalls die Ausgangsgrößen des thermischen Modells, dessen Eingangsgrößen durch die Wärmeeinträge ($\dot{Q}_j$) der Zellen und Stromschienen (Bus Bars) sowie die Kühlmittelvorlauftemperatur gegeben sind. Der Zusammenhang zwischen Batteriestrom und Wärmeeinträgen lässt sich über ein elektrisches Modell abbilden, welches neben Strom und Ladezustand (SOC) auch die Temperaturen der Zellen berücksichtigt.

Bei der thermischen Beschreibung der Batterie gilt, dass zu jeder Zeit die lineare Wärmeleitungsgleichung erfüllt ist:

$$\frac{d}{dt}T(x,t) = \nabla\left(\frac{\lambda}{\rho \cdot c}(x,t) \cdot \vec{\nabla}\, T(x,t)\right) + \sum\nolimits_j \dot{Q}_j(t) \cdot \dot{Q}_{0j}(x) \tag{1}$$

Die Terme der Summe beschreiben dabei gruppierte Wärmeeinträge. Die Einträge können dabei komponentenspezifisch und räumlich getrennt (Abbildung 1) oder ursachenspezifisch und dabei räumlich überlappend gegliedert sein. Das absolute Temperaturniveau wir durch eine oder mehrere Temperaturrandbedingungen gegeben. Das thermische Verhalten der Batterie lässt sich also als lineare Antwort auf die einzelnen Eingangsgrößen wie Verlustleistungen und Kühlmitteltemperaturen verstehen.

Die Entwicklung lokaler und folglich auch mittlerer Temperaturen zeigt dabei ein Verhalten, welches sich über geeignete lineare Transferfunktionen abbilden lässt. Dabei existiert zu jedem Paar an zu untersuchender Ausgangsgröße, wie Temperatur (T_k), und Eingangsgröße, wie Verluste ($\dot{Q}_l$), eine Transferfunktion (TF). Das gesamtthermische Verhalten ergibt sich als Summe über die Antwort der einzelnen Änderungen zu

$$T_k(t) = \sum_i TF_{ki} \cdot T_i(t) + \sum_j TF_{kj} \cdot \dot{Q}_j(t) \qquad (2)$$

Mit Bestimmung der einzelnen Transferfunktionen (TF_{ki}, TF_{kj}) lässt sich das Verhalten der Ausgangsgrößen also vollständig beschreiben. Die räumliche Wechselwirkung der Wärmeleitung in der Batterie ist allein auf zeitliche Abhängigkeiten reduziert.

3 Methodik und Prozess

In der praktischen Umsetzung gilt es zunächst die charakterisierenden Eingangsgrößen zu bestimmen. Hierbei lassen sich Parameter in einer gemeinsamen Eingangsgröße zusammenfassen, welche sich im gleichbleibenden Verhältnis über die Zeit ändern. Dies können beispielsweise Verlustwärmeeinträge in Zellen ähnlicher Temperatur sein. Zu trennen sind unkorrelierte Quellen verschiedener Art, wie interne Verluste unterschiedlicher Ursache, oder mögliche externe Einträge durch angrenzende Komponenten, wie Verbrenner, Getriebe oder Abgasstrang. Je nach Modellierungsansatz sind externe Einträge über Temperaturrandbedingungen abgebildet. Dies gilt insbesondere für die Kühlmittelvorlauftemperatur und, falls betrachtet, die Umgebungsbedingungen. Als Ausgangsgrößen empfehlen sich Temperaturen an typischen Heiß- und Kaltstellen, Mittelwerte über Bauteile sowie Wärmeströme zur Untersuchung kritischer Wärmeleitwege.

Die Berechnung des thermischen Verhaltens unterteilt sich in Parametrierungsphase und eigentliche Zyklenberechnung. Dies ist in Abbildung 2 dargestellt. Zur Parametrierung ist zuerst die dynamische Entwicklung des thermischen Modells in Abhängigkeit der identifizierten Eingangsgrößen zu bestimmen. Hier erlaubt beispielsweise die Betrachtung der Sprungantworten eine sichere Ermittlung des Zusammenhangs zwischen Ein- und Ausgangsgrößen. Im Falle der thermischen 3D-Modellierung lässt sich dieses Antwortverhalten mit hoher Genauigkeit über die Summe dreier unabhängiger Exponentialfunktionen beschreiben:

$$\Delta T_{kj}(t) = \Delta \dot{Q}_j \cdot \sum_{m=1}^{3} a_{kjm} \cdot e^{-\frac{t}{\tau_{kjm}}}, \qquad \Delta T(0) = 0 \qquad (3)$$

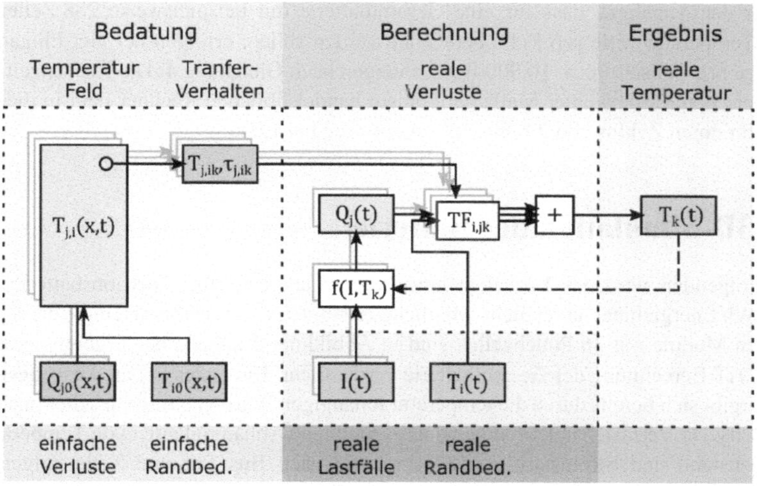

Abbildung 2: Die zugrundeliegende Methodik des gewählten Ansatzes zur Systemantwort unterteilt in Parametrierungsphase basierend auf einfachen Lastfällen und eigentliche Zyklenberechnung mit deutlich reduzierter Rechenzeit.

Abhängig von dem betrachteten Paar an Ein- und Ausgangsgrößen ergeben sich weitere Bedingungen an die gefittete Funktion, wie $d\Delta T/dt(t) = 0$ für zeitverzögerte Antwort auf eine Änderung der Temperaturrandbedingungen. Mit Parametrierung des Zusammenhangs (Gl. 3) für alle Größenpaare ist die Bedatung der Transferfunktionen und damit des Systemantwort-Tools abgeschlossen.

Zur Berechnung des Zyklenverhaltens werden schließlich die zu untersuchenden Lastkollektive in Form dynamische Lasten und Randbedingungen an die Komponente vor-gegeben. Komponentenexterne Größen werden dazu in Eingangsgrößen des linearen thermischen Models umgerechnet. Wie in Abbildung 2 dargestellt, wird dabei die Rückkopplung der Bauteiltemperaturen berücksichtigt. Nach Gleichung 2 ergibt sich das zeitliche Verhalten der Ausgangsgrößen als Summe der einzelnen Transferfunktionen.

Der Vorteil der gewählten Exponentialdarstellung (Gl. 3) liegt in der besonders effizienten Berechnung der Exponentialfunktionen aus dem vorherigen Wert und der aktuellen Grenztemperatur über:

$$\Delta T_{kjm}(t_n) = \gamma_{kjm} \cdot \dot{Q}_j(t_{n-1}) \cdot a_{kjm} + \left(1 - \gamma_{kjm}\right) \cdot \Delta T_{kjm}(t_{n-1}) \qquad (4)$$

Unter der Annahme, dass für eine Gesamtbatterie mit beispielsweise 288 Zellen je drei Temperaturwerte pro Zelle berechnet werden sollen, erfolgen bei vier Eingangswerten pro Zeitschritt ca. 10.000 Berechnungen nach Gleichung 4. Die Rechenzeit des thermischen Models unter Matlab auf einem handelsüblichen Rechner liegt in diesem Fall für einen Zyklus von 2 h mit 0,1 s Auflösung bei 1,0 s.

4 3D-Simulation der Batterie

Im Folgenden wird das Verhalten einer kompakten Unterflur-Traktionsbatterie mit 30 kWh Energieinhalt untersucht. Mögliche zu betrachtende Größen in einem der 8 verbauten Module mit 36 Pouchzellen sind in Abbildung 3 anhand der Ergebnisse einer 3D-CHT Berechnung der Gesamtbatterie verdeutlicht. Ein erstes Set an Ausgangsgrößen ergibt sich bereits durch die temperaturabhängigen Wärmeeinträge des thermischen Modells. Da Verlustcharakteristiken unterschiedliche Abhängigkeiten von Temperatur, Ladezustand und Stromstärke aufweisen, wird nach Bus Bar und Zelle aufgeteilt. Weiterhin sind zwei unterschiedliche mittlere Temperaturniveaus der Zellen berücksichtigt. In guter Näherung werden dazu die Temperaturmittel der Bauteilgruppen verwendet. Im laufenden Batteriemodel werden für diese Bereiche die zeitabhängigen Wärmeeinträge bestimmt. Mit der Eintrittstemperatur des Kühlmittels ergeben sich damit vier Eingangsgrößen für das thermische Model. Neben diesen Parametern werden noch die typischen Stellen der Temperaturextrema der inneren und äußeren Zellen im Modul, Kühlmittelaustrittstemperatur und verschiedene Wärmeströme ausgewertet.

Die Temperaturentwicklung der äußeren Zellen in Abhängigkeit der Kühlmitteltemperatur sowie des Verlusteintrags der inneren Zellen ist in Abbildung 4 (links) gezeigt. Gestrichelt dargestellt ist die direkte Berechnung über 3D-CHT, farbig der mittels Exponentialfunktionen gefittete Verlauf. Fälle (1-3) zeigen konstante Lasteinträge in die

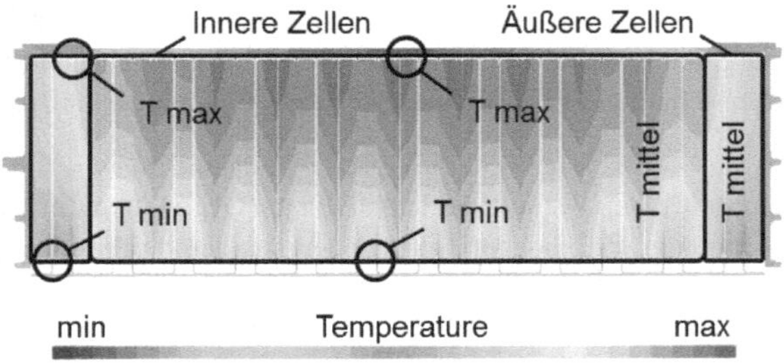

Abbildung 3: Temperaturfeld (Schnitt) in einem Batteriemodul mit 36 Zellen unter Last mit spezifischen Ausgangsgrößen des thermischen Modells

einzelnen Subkomponenten, Fall (4) die Änderung der Kühlmitteltemperatur um 5 K. Maximale Abweichungen zwischen direkter Simulation und gefitteter Systemantwort liegen im Promillebereich. In Abbildung 4 (rechts) ist schließlich die Summe der Antworten der Komplettberechnung über 3D-CHT für Konstantlast und konstante Kühlmitteltemperatur gegenübergestellt. Die dem Systemantwort-Ansatz immanente, nach Eingangsgrößen aufgeschlüsselte Berechnung der Ausgangsgröße erlaubt dabei eine schnelle Analyse der Relevanz der verschiedenen Einflüsse.

Abbildung 5 zeigt schließlich das für einen dynamischen Lastzyklus berechnete Temperaturverhalten. Der Zyklus besteht aus der Abfolge der Artemis-Fahrzyklen Urban, Rural und 3x Motorway. Dargestellt sind die mittleren Temperaturen den inneren und äußeren Batteriezellen, die Temperaturspreizung über alle Zellen, Busbartemperaturen des Moduls sowie Kühlmittelein- und Ausgangstemperatur. Die beim Start auf 28,9°C temperierte Batterie kühlt zu Beginn des Zyklus aufgrund der geringen Belastung bei Stadt- und Überlandfahrt und einer Umgebungstemperatur von circa 21,0°C soweit ab, dass die aktive Kühlung nach 1630 s deaktiviert wird. Beim dreimaligen Durchlaufen des Autobahn-Zyklus ab 2080 s mit bis zu 2 C Stromlast steigen die Temperaturen trotz wieder aktivierter Kühlung auf 32,0°C in den Zellen und 34,1°C in den modulinternen Bus Bars an. Nach Beenden des Zyklus und Abschalten des Fahrzeugs bei 5280 s gleichen sich Kühlmittel- und Batterietemperaturen langsam an. Neben den über das vorgestellte Tool ermittelten Temperaturn, zeigt Abbildung 5 die direkt über 3D-CHT berechneten Werte. Die Differenz zwischen beiden Methoden liegt deutlich unter 0,1 K.

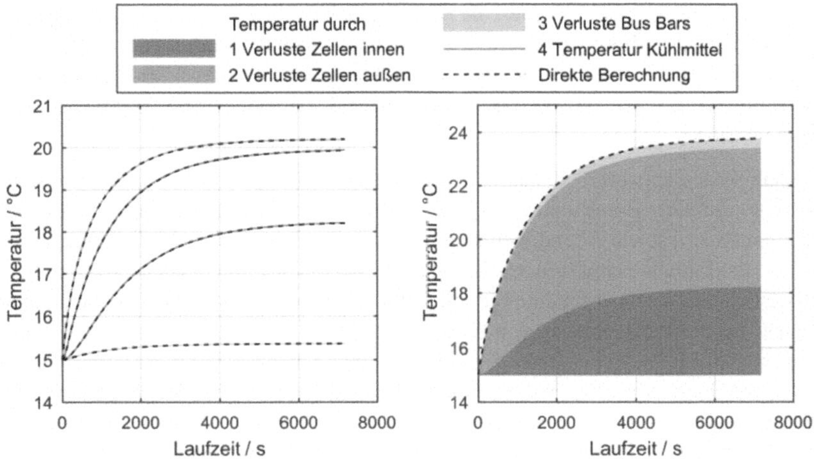

Abbildung 4: Sprungantworten der mittleren Temperatur der äußeren Zellen für (links) über 3D-CHT berechnete und gefittete Fälle und (rechts) die nach Lasteinträgen aufgeschlüsselte Summe der Fälle im Vergleich zur direkten 3D-CHT Berechnung.

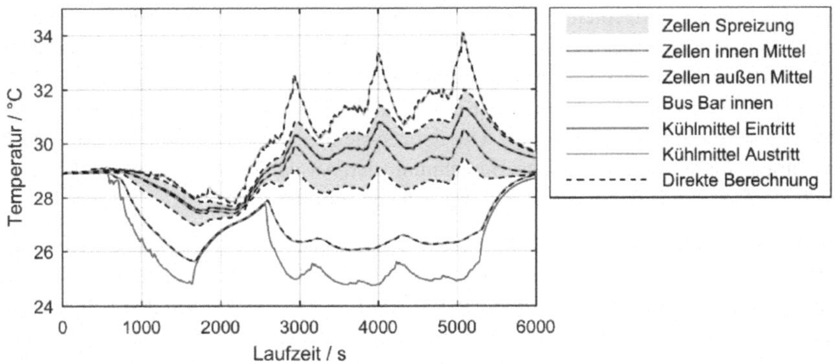

Abbildung 5: Temperaturverlauf eines Batteriemoduls für einen dynamischen Lastzyklus bestehend aus den Artemis-Fahrzyklen Urban, Rural und 3x Motorway bei variablen Kühlungsrandbedingungen. Bei Laufzeiten des FAST.BE-Tools (farbig) von 20 s für eine Gesamtbatterie betragen die Abweichungen zur direkten 3D-CHD Berechnung deutlich unter 0,1 K.

Berechnet mit dem vorgestellten Ansatz lässt sich die Temperaturentwicklung wieder nach verschiedenen Einflussfaktoren aufschlüsseln. Wie an der Basislinie der flächigen Grafen in Abbildung 6 zu erkennen ist, wirkt sich eine Änderung der Kühlmitteltemperatur bei 2600 s erst mit einer Verzögerung von 1300 s auf die Zelltemperatur aus. Durch die thermische Trägheit des Batteriesystems inkl. Batterie-, Modulgehäusen und Kühlplatte bedingt, teilkompensiert die Kühlung dadurch den Anstieg der Zelltemperaturen während des Motorway-Zyklus. Weiterhin lässt sich der Einfluss des Wärmeeintrags der Bus Bars auf die Zellen analysieren. Dieser fällt mit circa 1,0 K gering aus. Bei Optimierung des Moduls ist eine Reduktion der der Bus Bar-Querschnitte also thermisch unkritisch.

Das dem Systemantwort-Tool zugrundeliegende Modell umfasst dabei ein Batteriemodell mit simultaner Berechnung von Zell- und Bus Bar-Verlusten unter Verwendung von Kennfeldern sowie ein rudimentären Fahrzeugmodel inklusive Niedrigtemperaturkühlkreislauf. Implementiert in *Matlab Simulink* beläuft sich die Rechenzeit auf einem handelsüblichen Rechner für eine Batterie mit 8 Modulen und 288 Zellen, Kühlung und Gehäuse bei einer Zyklendauer von 7200 s Länge zu 20 s. Für den Gesamtaufwand addieren sich die einmalig zur Bedatung notwendigen Rechenzeiten. Da die aufgeprägten Lasten und Randbedingungen allerdings durch einfache Stufenfunktionen repräsentiert werden, kann die Berechnung mit großen Schrittweiten erfolgen. Notwendigen Rechenzeiten belaufen sich auf wenige Stunden. Im Gegensatz dazu beträgt die Rechenzeit des gezeigten Zyklus auf einem High Performance Rechner bei direkter Berechnung mittels

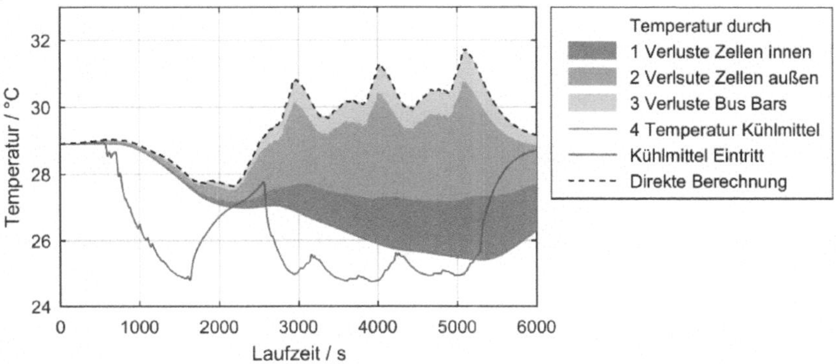

Abbildung 6: Berechnete Maximaltemperaturen der äußeren Zellen für einen dynamischen Lastzyklus bestehend aus den Artemis-Fahrzyklen Urban, Rural und 3x Motorway. Auch im dynamischen Fall erlaubt die vorgestellte Methode eine Rückführung der Temperaturen auf die verschiedenen Eingangsgrößen.

3D-CHT in etwa 1 d. Neben dem Vorteil einer einfachen Implementierung variable Größen, wie Temperatur- und SOC-abhängiger Verluste, kann sich die Anwendung des vorgestellten Systemantwort-Tools also bereits ab dem ersten zu berechnenden Zyklus zeitlich auszahlen. Bei jeder durch Anpassung der Lastfälle oder Zellparameter notwendigen Neuberechnung liegt der Geschwindigkeitsvorteils bei einem Faktor von 10^3-10^4 und dies ohne die Notwendigkeit einer komplexen Rechen-Infrastruktur. Der vorgestellte Systemantwort-Ansatz spiegelt also die vielfältigen Einflüsse auf das thermische Verhalten der Batterie präzise, vollständig und effizient wider.

5 Prüfstandsmessung am Modul

Auch bei realen Messungen kann die Batterie systemtheoretisch betrachtet werden. Anders als in der Simulation ist es jedoch weniger direkt möglich, den Einfluss verschiedener Eingangsgrößen getrennt zu betrachten. Kühlmittel- und die Umgebungstemperatur lassen sich zwar unabhängig von den Verlustleitungen variieren, Bus Bars und Zellen sind jedoch stets mit gleichem Strom beaufschlagt. Zur Unterscheidung der Wärmeeinträge können hier die verschiedenen Temperaturabhängigkeiten der Innenwiderstände genutzt werden. Allerdings wird dies durch den ebenfalls temperaturabhängigen Wärmeübergang zum Kühlmittel erschwert. Alternativ kann die Unterscheidung daher mithilfe der verschiedenen Arten der Wärmeeinträge geschehen. Diese ist zum einen die irreversible Wärme von Zellen und Bus Bars und zum anderen die entropische, reversible Wärme der Zellen.

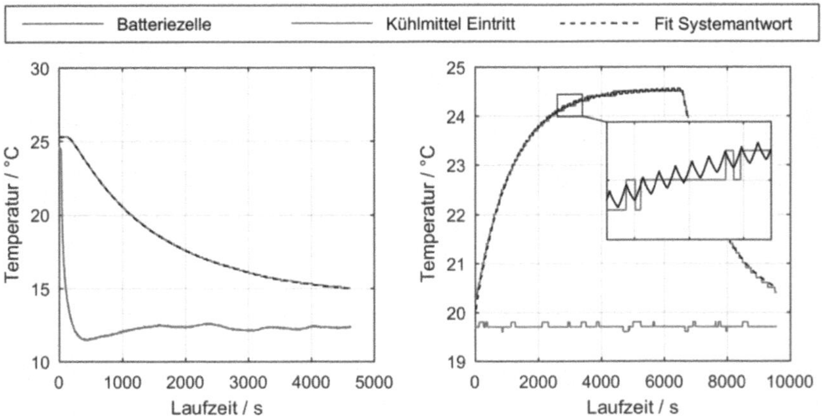

Abbildung 7: Bestimmung der Temperaturantwort einer Batteriezelle auf (a) eine Temperaturänderung der Vorlauftemperatur des Kühlmittels und (b) irreversible Verluste in Bus Bars und Zellen aufgrund alternierender Lade- und Entladepulsen. Die Vergrößerung zeigt die aufgrund der reversiblen Wärme alternierende berechnete Temperatur.

Abbildung 7 zeigt zwei zur Modellanpassung durchgeführte Schritte. Dargestellt ist der Verlauf einer mittig im Modul genommenen Zelltemperatur. Für die Verlustantwort ist hier einfaches Exponentialglied gewählt, für die Antwort auf Eingangstemperatur des Kühlmittels ein Exponentialglied mit Verzögerungsglied. In einem ersten Schritt wird das Antwortverhalten auf eine Temperaturänderung des Kühlmittels angepasst (Abbildung 7, links). Die Temperaturänderung der Zelle liegt dabei aufgrund der Kopplung des Moduls zur Umgebungsluft bei 92% der Änderung im Kühlmittel. In einem zweiten Schritt erlaubt ein Zyklus aus Lade- und Entladepulsen mit 60 A die Bestimmung der Antwort auf einen irreversiblen Lasteintrag in Zellen und Bus Bars (Abbildung 7, rechts). Da die Pulsdauer mit 30 s unterhalb der thermischen Antwortzeit liegt, mittelt sich hier der reversible Teil der Wärme heraus. Über das Fitting eines Zyklus, beispielsweise 1 C Lade- und Entladen, kann in einem dritten Schritt schließlich die Antwort auf irreversible Wärmeeinträge in die Zelle bestimmt werden. Die Bedatung des Tools ist anhand dreier thermischer Messungen abgeschlossen.

Generell wird der irreversiblen Verlustwärmeeinträge allein über die Überspannung $U_{mod} - U_0$ der Module und den Batteriestrom berechnet. Die physikalisch korrekte, aber aufwendige Berechnung elektrischer RC-Modelle mit hinterlegten vermessenen Widerstandskennfelder und Zeitkonstanten entfällt [5]. Beide Ansätze weisen lediglich ein unterschiedliches Anwortverhalten im Kurzzeitbereich von circa 2 τ auf. Bei über längere Zeitspannen konstanten Lasten streben die verschieden berechneten Wärmeeinträge gegen identische Werte; die Anteile alternierender Lasten nivellieren unter der

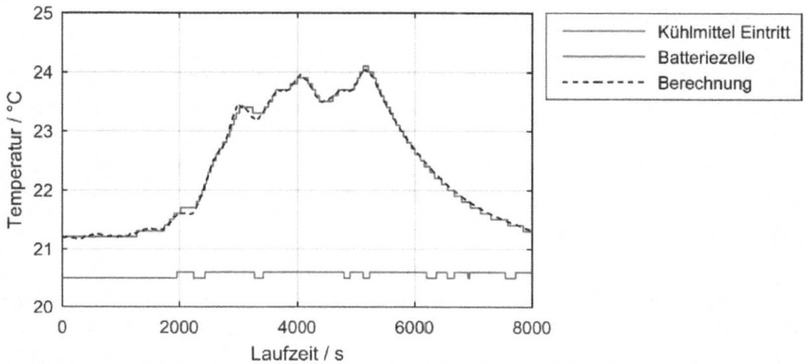

Abbildung 8: Berechnetes thermische Verhalten einer Batteriezelle für die Artemis-Zyklen Urban, Rural und 3x Motorway im Vergleich mit der am Modul gemessenen Temperatur. Die vorgestellte Methode ermöglicht eine gute Vorhersage der Messdaten bei Rechenzeiten unter 10 s und einer Abweichung von maximal 0,1 K.

Annahme gleicher Lade- und Endladewiderstände. Aufgrund der längeren thermischen Antwortzeiten fallen beide Abweichungen nicht ins Gewicht.

Die neben den irreversiblen Verlusten eingetragene reversible Wärme ergibt sich über den Term $IT(dU_0/dT)$ [6]. Der Entropiekoeffizient folgt dabei direkt aus der Änderung der Ruhespannung der Zellen über die Temperatur. Zur Berechnung sowohl des reversiblen als auch des irreversiblen Wärmeeintrags ist allein die Bestimmung der Ruhespannung U_0 über ausreichend langsame Lade- und Entladezyklen notwendig.

Abbildung 8 zeigt schließlich das Ergebnis des Systemantwort-Tools für einen an den Artemiszyklus angelehnten Lastzyklus. Mit einer maximalen Abweichung von 0,1 K ergibt sich eine gute Übereinstimmung zwischen den vorhergesagten Temperauren und den gemessenen Werten. Ebenso wie bei den durch Simulation bedateten Berechnungen lassen sich in den durch Messung parametrierten Berechnungen innerhalb der Messgenauigkeit keine nennenswerten Abweichungen feststellen.

6 Zusammenfassung und Ausblick

Das vorgestellte, auf der Systemantwort einer Traktionsbatterie basierende Berechnungstool FAST.BE ermöglicht schnelle und präzise Voraussagen über die Temperaturverteilungen in Batteriekomponenten. Damit werden zeitintensive Simulationen oder Messungen auf die Phase der Modell-Bedatung reduziert. Folgende Analysen besitzen einen Laufzeitvorteil von 10^2-10^3 gegenüber Echtzeitmessungen und 10^3-10^4 gegenüber 3D-CHT Berechnungen gleicher Qualität.

Obwohl der vorgestellte Ansatz bereits die für eine Auslegung typischen Lastfälle abdeckt, ist zukünftig eine Erweiterung der Methode um variable Transferparameter geplant. Diese ergeben sich beispielsweise durch eine ändernde Kühlmitteldurchströmung. Eine Unterteilung in Subkomponenten kann den Bedatungsaufwand weiter schmälern und eine Simulation nach dem Baukastenprinzip ermöglichen. Ein Beispiel ist hier die vergleichende Untersuchung verschiedener Designs von Bus Bars oder Kühlkanälen.

Insbesondere für den akademischen Bereich ist eine Verfeinerung des Modellierungsansatzes denkbar. So kann eine Erweiterung hin zu räumlich variablen Verlustverteilung über Rückführung auf räumlich konstante Basisfunktionen geschehen. Die sich ergebenden Temperaturen können zudem an Punkten ausgewählt werden, die wiederum als Stützstellen zur Interpolation dienen. Dies ermöglicht schließlich lokal aufgelöste, gekoppelte multiphysikalische Berechnungen in annehmbarer Zeit.

Bereits in der Umsetzung befindet sich die Methode an einem Battery-in-the-Loop Prüfstand. Das elektrothermische Verhalten einer Gesamtbatterie wird hier durch Echtzeitberechnung und zeitgleiche Vermessung einer geringen Anzahl an Zellen abgebildet. Das Rechenmodell wird dabei fortlaufend durch die untersuchten Zellen bedatet, welche wiederum auf das berechnete Temperaturniveau gebracht werden. Die umfangreiche, sonst im Vorfeld einer Simulationen notwendige Aufnahme von Verlustkennfeldern, auch im gealterten Zustand, entfällt damit [7].

Literaturverzeichnis

[1] Saw, L.H., Ye, Y., Tay, A.A., Chong, W.T., Kuan, S.H. and Yew, M.C., 2016. Computational fluid dynamic and thermal analysis of Lithium-ion battery pack with air cooling. Applied energy, 177, pp.783-792.

[2] Teng, H. and Yeow, K., 2012. Design of direct and indirect liquid cooling systems for high-capacity, high-power lithium-ion battery packs. SAE International Journal of Alternative Powertrains, 1(2), pp.525-536.

[3] Forgez, C., Do, D.V., Friedrich, G., Morcrette, M. and Delacourt, C., 2010. Thermal modeling of a cylindrical LiFePO4/graphite lithium-ion battery. Journal of Power Sources, 195(9), pp.2961-2968.

[4] Sun, H., Wang, X., Tossan, B. and Dixon, R., 2012. Three-dimensional thermal modeling of a lithium-ion battery pack. Journal of Power Sources, 206, pp.349-356.

[5] Bernardi, D., Pawlikowski, E. and Newman, J., 1985. A general energy balance for battery systems. Journal of the electrochemical society, 132(1), pp.5-12.

[6] Thomas, K.E., Bogatu, C. and Newman, J., 2001. Measurement of the entropy of reaction as a function of state of charge in doped and undoped lithium manganese oxide. Journal of the Electrochemical Society, 148(6), pp.A570-A575.

[7] Lenz, M, Etzold, K., Klein, S., Hüske, M., 2018. Virtuelle Hochvoltbatteriesysteme: Closed-Loop-Testing bei vorverlagerten Entwicklungsprozessen. 20. MTZ-Fachtagung, Simulation und Test.

Der virtuelle Applikationsarbeitsplatz als Schlüssel zur modellbasierten Systemintegration für effiziente Serienentwicklung in der Antriebsstrangentwicklung

Sven Meyer, Pedro Isaac, Florian Putzmann

J. Liebl (Hrsg.), *Simulation und Test 2018*, Proceedings,
https://doi.org/10.1007/978-3-658-25294-6_11

1 Einleitung

Die letzten 20 Jahre der Antriebsstrangentwicklung im Fahrzeugbereich waren geprägt durch eine stetig wachsende Anzahl von Fahrzeugvarianten verschiedenster Hardwarekonfigurationen bzgl. Motor, Getriebe und Abgasnachbehandlungssystemen. Darüber hinaus wurden sukzessive von EURO 1 bis nach EURO 6d die Abgasemissionsgesetzgebung verschärft. Daraus ergeben sich entscheidende Kosten- und Komplexitätstreiber in der Antriebsstrangentwicklung sowohl auf dem ottomotorischen als auch auf den dieselmotorischen Bereich.

Neben dem steigenden Komplexitätsgrad in der Motorentwicklung beim Brenn- und Abgasnachbehandlungsverfahren, der Einführung zusätzlicher mechatronischer Steuerungs- und Regelsysteme und der damit verbundenen zusätzlichen Steuergerätefunktionen im Motoren- und Getriebebereich, sind auch enorme Aufwendungen im Entwicklungsprozess notwendig geworden. Vor dem Hintergrund immer kürzerer Entwicklungszeiten bei gleichzeitig begrenzten und sinkenden Ressourcen wie Entwicklungsbudget und Versuchsträgern, stellen die genannten Entwicklungen erhöhte Anforderungen an den Entwicklungsprozess.

Diese Randbedingungen und Anforderungen für den Entwicklungsprozess in der Serienapplikation für moderne Motor- und Getriebesteuerung verlangt nach neuen Konzepten im Entwicklungsprozess und den damit einhergehenden Werkzeugen.

In den folgenden Kapiteln soll hierbei gezeigt werden wie mit einem neuen Prozessansatz durch den Einsatz moderner Applikationswerkzeuge sowohl die Effizienz als auch die Qualität der Serienapplikation signifikant gesteigert werden. Hierbei war es notwendig sowohl die Vorgehensweise in der Applikation als auch die notwendigen Softwarewerkzeuge neu zu entwickeln und dann gezielt in den Entwicklungsprozess einzubauen.

2 Stand der Technik

Der aktuelle Entwicklungsprozess für z. B. eine Leadvariante eines neuen Motorenkonzeptes in der Funktionsentwicklung und der SG-Applikation, also der Anpassung des Motorsteuergerätes mit seinen Funktionen und Parametern an die entsprechende Fahrzeugkonfiguration, ist in vielen Entwicklungsprojekten geprägt durch einen mehrstufigen Entwicklungsprozess:

1. Brennverfahrensentwicklung (Motorprüfstand)
2. Grundapplikation (Motorprüfstand)
3. Serienapplikation (Fahrzeug, Rollenprüfstand)
4. Absicherung unter allen klimatischen Bedingungen (Fahrzeug, Erprobungen, Klimarollenprüfstand)
5. Serienabsicherung (Fahrzeugdauerlauf)

Begleitet wird dieser Prozess durch die Steuergerätefunktionsentwicklung, die je nach funktionaler Anforderung am Motorprüfstand und/oder im Fahrzeug realisiert wird.

Bei all diesen Prozessschritten werden die jeweiligen Entwicklungswerkzeuge in ihren Applikationsdomänen (Motorprüfstand, Fahrzeug, Rollenprüfstand, Dauerlauf) verwendet. Die Toolketten werden über ihre Domänen hinaus selten verwendet. Ähnlich sieht es auch bei der Derivatapplikation, also der Anpassung von unterschiedlichen Getriebe- und Ländervarianten basierend auf der Leadvariante aus. Hier wird meistens gleich mit dem 3. Prozessschritt gestartet, also der Serienapplikation im Fahrzeug und anschließender Klima- und Serienabsicherung.

Dieses hat in der Vergangenheit mehr oder minder gut funktioniert; durch die in Kapitel 1 geänderten Rahmenbedingungen ist dieses Vorgehen in der jetzigen Form nicht mehr praktikabel und zielführend.

In den folgenden Kapiteln soll daher ein Konzept und seine Realisierung vorgestellt werden, die eine durchgängige Werkzeugkette und ihren Einsatz über den gesamten Entwicklungsprozess skizzieren. Darüber hinaus wird ein neuer Ansatz für die Vorverlagerung von Applikationsthemen vorgestellt, der neben dem Effizienzgewinn im Entwicklungsprozess auch eine spürbare Qualitätssteigerung des Applikationsergebnisses gewährleistet.

3 Zielstellung des Konzepts

Ziel des neuen Konzeptes muss es sein, eine Toolkette zu generieren, die die Möglichkeit bietet den gesamten Entwicklungsprozess in der Serienentwicklung abzudecken. Darüber hinaus sollte ein Konzept entstehen, welches es ermöglicht, mindestens punktuell klassische Applikationsthemen, die in der Vergangenheit am Motorprüfstand und/oder im Fahrzeug bearbeitet worden sind, am Schreibtisch zu erledigen, indem z. B. basierend auf realen Messdaten durch einen Simulationsansatz die Applikation durchgeführt werden kann.

Basierend auf diesen Randbedingungen, ergaben sich folgende Vorgaben für das Konzept:

- Vereinheitlichung der Applikationsstrategie und –methodik über alle Applikationsdomänen (Prüfstand, Fahrzeug, Virtuell)
- Nutzung der Werkzeuge für diese Applikationsmethodik in allen Applikationsdomänen
- Schaffung von Standardschnittstellen der entsprechenden Applikationsdomänen für diese Werkzeuge zur leichten Integration in das entsprechende Applikationsumfeld
- Identifikation und Umsetzung von Applikationsthemen für eine Vorverlagerung dieses Themas in eine virtuelle Simulationsumgebung mit dem Ziel einen „Virtuellen Applikationsarbeitsplatz" zu schaffen

Diese Vorgaben sollen in den folgenden Kapiteln erläutert werden, insbesondere soll das Konzept des „Virtuellen Applikationsarbeitplatzes" an einem praktischen Beispiel vorgestellt werden

3.1 Vereinheitlichung der Applikationsmethodik

Um eine Vereinheitlichung der Applikationsmethodik zu realisieren, bedarf es dem Verständnis über die Unterschiede in den unterschiedlichen Applikationsdomänen insbesondere im Hinblick auf ihre Standardschnittstellen zur Automatisierung, Datenspeicherung und Steuergerätekommunikation. Ziel war es die Applikationsmethodik von spezifischen Applikationsaufgaben unabhängig von Infrastruktur der Applikationsdurchführung, also ob die Applikation am Prüfstand, im Fahrzeug oder auch virtuell durchgeführt wird, zu machen, Dieses hätte den Vorteil die gekapselte Methodik der optimalen Applikationsstrategie in jeder Umgebung zu realisieren OHNE eine für die Infrastruktur notwendige Anpassung vornehmen zu müssen. Hierbei sollte das Mindestziel darin liegen, den Anpassungsaufwand auf typische Adaptionen in der jeweiligen Domäne zu begrenzen, wie sie z.B. am Motorprüfstand notwendig sind (z. B. die Laststeuerung über die Momentenbremse und nicht über das Fahrpedal).

Damit wäre aber die eigentliche Applikationsmethodik in sich gekapselt und überall verwendbar. Zur Realisierung dieses Verfahrens wurden folgende grundsätzlichen Anforderungen identifiziert:

- Gleiche Werkzeugkette für alle Applikationsdomänen
- Vereinheitlich eines Methodenbaukastens für die Applikation, der alle Applikationsdomänen unterstützt
- Einheitlicher Zugriff auf die Steuergerätedaten

- Nutzung von Standardschnittstellen für die verschiedenen Applikationsdomänen (Prüfstand, Fahrzeug, Simulation)
- Sicherstellung der Datensynchronisation von verschiedenen Datenquellen zur Vereinfachung von Datenauswertung und –interpretation
- Gleiche Methodik der automatisierten Datenauswertung und –interpretation für Small- und Bigdata (Cloud-Anbindung)
- Leichte Adaption der Applikationsmethodik in den verschiedenen Applikationsdomänen
- Nutzung der Methodik in jedem Entwicklungsschritt bei der Serienapplikation

Basierend auf diesen Anforderungen wurde dann bei IAV ein Werkzeugkasten entwickelt, der diesen Anforderungen gerecht wurde.

3.2 Werkzeugkasten der Applikationsmethodik

Die aus dem Kapitel 3.1 abgeleiteten Anforderungen mündeten in einem Werkzeugkasten für die Applikation, der sich in drei wesentlichen Kategorien unterteilen lässt

3.2.1 Applikationsmethodik

Um eine einheitliche (standardisierte) Applikationsmethodik domänenübergreifend zu realisieren, ist es notwendig ein domänenspezifisches Softwarewerkzeug für einen methodischen Entwurf des Applikationsverfahrens zu haben. Hierbei soll das Werkzeug dem Bearbeiter nicht die Festlegung der Vorgehensweise abnehmen, sondern es ermöglicht vielmehr über eine graphische flussdiagrammorientierte Modellierung und Automatisierung des Applikationsprozesses eine explizite Modellierung, Dokumentation und ggf. Automatisierung dieses Verfahrens zu realisieren.

Positive Nebeneffekte dieser expliziten Darstellung des Applikationsprozesses sind die Dokumentation, Nachvollziehbarkeit und Reproduzierbarkeit der Vorgehensweise und damit auch die Know-how Sicherung und Weitergabe. Hierbei soll der Funktionsumfang dieses Werkzeugs sowohl Methoden zur Messautomatisierung und Online-Optimierung von Parametern als auch solche zur Offline Messdatenauswertung und –visualisierung sowie der Kennfeldbedatung und –visualisierung enthalten.

Die Anwendung eines solchen Werkzeugs auf die jeweilige Applikationsaufgabe lässt sich in beliebiger Weise skalieren und nutzen: die Modellierung von Applikationsverfahren reicht hierbei von kleinen geführten Inbetriebnahmen von Versuchsfahrzeugen bis hin zu komplexen selbstkalibrierenden Systemen wie z. B. eine Leerlaufregelung oder eine Diagnosebedatung wie z. B. eine Zündaussetzerdiagnose. Der Automatisierungsgrad und die Komplexität der Modellierung wird vom Applikationsingenieur selber definiert, umgesetzt und validiert. Eine Pflege und Anpassung des so modellierten

Applikationsprozesses auf neue Steuergeräte(-funktionen) kann dann durch den Applikationsingenieur selber vorgenommen werden.

Durch eine konsequente Nutzung aller Bausteine eines solchen Werkzeugs für die Online Verarbeitung von Steuergerätedaten und bei der Offline Auswertung von generierten Messdateien, verschmelzen Applikationsaufgaben, die in der Vergangenheit geprägt waren durch eine Trennung der Online-Datengenerierung im Fahrzeug und einer Offline Auswertung am Schreibtisch, zu einem durchgehenden Prozess mit einem Werkzeug.

3.2.2 Virtuelle Simulationsumgebung

Für eine virtuelle Bearbeitung von Applikationsaufgaben, ist es notwendig sowohl die Steuergerätefunktionen als auch die Streckenmodelle ihres mechatronischen Pendants zu generieren. Dieser Ansatz hat zum Ziel zum einen eine modellbasierte Systemintegration für die Applikation von „Lead"-Varianten mit Applikationsvalidierung und –adaption sowie abgeleiteter Derivate zu generieren. Zum anderen bietet dieser Ansatz über die Nutzung von standardisierten Toolframeworks die Möglichkeit gleiche oder ähnliche Applikationsvalidierungen und –parametrierverfahren und deren Werkzeuge in verschiedenen Applikationsdomänen (HiL, MiL, SiL, Fahrzeug- und Motorprüfstände, Fahrzeugdauerläufern) zu verwenden. Die Verwendung gleicher Werkzeuge in unterschiedlichen Applikationsdomänen bietet somit die Möglichkeit gleiche Verfahren an unterschiedlichen Stellen des Applikationsprozesses zu verwenden. Hierbei beziehen sich die Tools als auch die Verfahren auf unterschiedliche Systeme wie Open- und Closed-Loop Systemen (z. B. Regelkreise wie Ladedruckregelung und OBD Funktionen wie DPF Überwachung). Diese Verfahren und Werkzeuge können dabei übergreifend angewendet werden für Applikationsaufgaben wie z. B. die motorische Grundabstimmung des Motors, Fahrverhaltensabstimmungen, Robustheitsabsicherungen von OBD Funktionen bis zur Testfallabsicherung in Dauerlauffahrzeugen für die Serienfreigabe. Darüber hinaus sind diese Ansätze der Applikation auch für die immer stärker aufkommenden modellbasierten SG-Funktionen (z. B. für die Abgasnorm EU6d Full) für Open- und Closed-Loop Systemen relevant.

Um ein solches Konzept zu realisieren, sind eine Reihe von Randbedingungen und Anforderungen zu beachten:

- Schaffung eines Simulationsframeworks mit Standardschnittstellen zu gängigen Applikationswerkzeugen wie z. B. ETAS INCA und Vector CANAPE
- Intuitive Konfiguration der persönlichen Simulationsaufgabe
- Mehrfache Echtzeitgeschwindigkeit bei Ausführung der Simulation
- Nutzung von realen Messdaten für die Simulation zur Sicherstellung möglichst realer Fahrzeugzyklen

- Einbindung von SG-Funktionen und Streckenmodelle für Open-Loop und Closed-Loop Applikationsaufgaben
- Einbindung dieser Simulationsmodelle in das Framework über Standardschnittstellen (FMU, S-Functions, Simulinkmodelle, Modelica, etc.)
- Nutzung der gleichen Applikationsmethodik aus Fahrzeug- und Prüfstandsumgebung in der Simulationsumgebung

Neben toolspezifischen Anforderungen sind darüber hinaus noch eine Reihe von Anforderungen bzgl. der Nutzung der entsprechenden Simulationsmodelle insbesondere für die Streckenmodelle zu stellen, als da sind:

- Echtzeitfähigkeit
- Genauigkeit und Kenntnis des Vertrauensbereichs vom Simulationsmodellen (Modellgüte)
- Übertragbarkeit des Gesamtsystemmodells im Sinne der Anwendbarkeit für die Applikation

3.2.3 Datenabsicherung

Neben der eigentlichen Applikation und Parametrierung der Steuergerätedaten wird im Standardprozess der Serienentwicklung gewöhnlicher Weise auch die Absicherung der Parametrierung für Dauerlaufflotten realisiert. Hierbei fallen sehr viele Daten für die Auswertung und Validierung der Applikation an. Darüber hinaus sollte das Konzept auch Daten (-formate) aus den verschiedensten Applikationsdomänen der Serienentwicklung bedienen können.

Aus diesen Fragestellungen heraus, ergaben sich eine Reihe von Anforderungen für ein solches Konzept:

- Digitalisierung und Automatisierung bei Messdatenauswertung
- Einfache Syntax und Konfiguration für die Messdatenanalyse
- Nutzung neuer Verfahren der Datenanalyse (Deep Learning, KI)
- Schnittstellen zu nativen bestehenden Analyseverfahren
- Prozess- und Performance Optimierung
- Anbindung von Cloud Systemen für große Datenmengen
- Nutzung der Analyseergebnisse über alle Applikationsdomänen
- Skalierbarkeit der Analyseperformance
- Nutzung aller Datenquellen
- Automatisches Berichtswesen
- Rechte- und Konfigurationssystem

Die Umsetzung all dieser Anforderungen aus dem Bereich der „Applikationsmethodik“, der „Virtuellen Simulationsumgebung“ sowie der „Datenabsicherung“ in eine übergreifende und zusammenhängende Werkzeugkette soll Gegenstand im folgenden Kapitel sein.

4 Praktische Umsetzung des Konzeptes

Für die praktische Umsetzung der in Kapitel 3 dargestellten Anforderungen wurde neben schon kommerziell erhältlichen Werkzeugen wie z. B. das Applikationswerkzeug ETAS INCA, im Laufe der letzten Jahre eine Reihe von Softwarewerkzeugen bei IAV entwickelt, die diesen Anforderungen gerecht werden. Diese sollen im folgenden Kapitel vorgestellt werden.

4.1 Vereinheitlichte Applikationsmethodik mit INCA-FLOW [1]

In der Vergangenheit wurden zur Automatisierung von Applikations- und Validierungsaufgaben in der Regel Skriptsprachen oder Werkzeuge eingesetzt, deren Handhabung spezifische Programmierkenntnisse von Softwareexperten voraussetzten. Um Applikations- und Versuchsingenieure die Möglichkeit zu geben, komplexe Abläufe selber zu gestalten, wurde von IAV das Applikationswerkzeug INCA-FLOW entwickelt. Hiermit können Mess- und Kalibrierverfahren einfach in Form von Flussdiagrammen mit grafischen Methoden entwickelt werden.

Die Flussdiagramme, die mit INCA-FLOW erstellt werden, dienen einerseits als Quelle der Generierung von Prozeduren, die entweder zur Automatisierung von Mess- und Kalibrierabläufen oder zur Führung von Benutzern bei der Applikation von Steuergeräten und Validierung des Verhaltens der elektronisch gesteuerten Systeme dienen (Abbildung 1). Die erzeugten Prozeduren können von INCA-FLOW importiert sowie exportiert und somit einfach ausgetauscht und verteilt werden. Die Diagramme lassen sich andererseits unmittelbar zur Dokumentation der verwendeten Verfahren nutzen und können zu diesem Zweck im HTML oder PDF-Format exportiert werden.

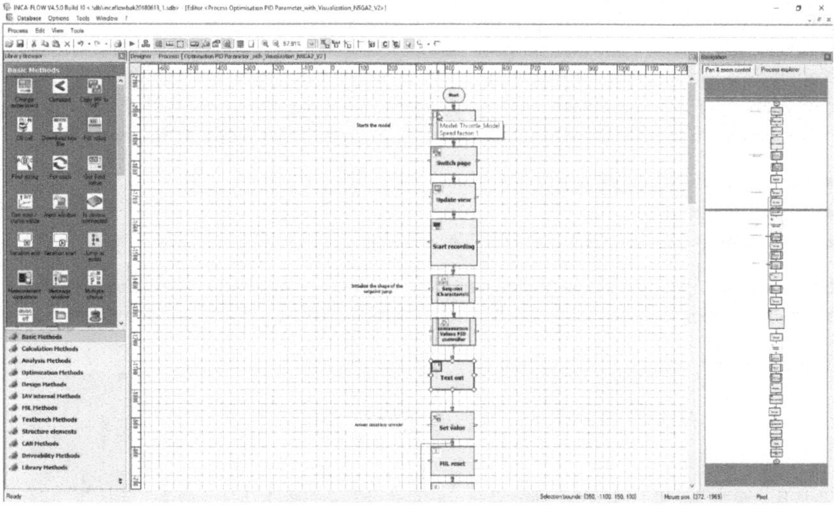

Abbildung 1:Graphische Benutzeroberfläche von INCA-FLOW
Links: Auswahl von Methoden zur Automatisierung des Mess-, Applikations- und Diagnosewerkzeugs INCA, mathematischen Berechnung, Datenanalyse, Optimierung, Unterstützung des Designs von Funktionsmodellen, Steuerung von Simulationen und Integration mit Prüfstandssteuerungen, Fahrverhaltenauswertung (Motor und Getriebe). Mitte: Flussdiagram zur Führung von Applikations- und Versuchsingenieuren bei einem Fahrversuch gemäß Fahrzyklus. Rechts: Zoom- und Navigationsfenster. [1]

Mit Hilfe von INCA-FLOW-Prozeduren lassen sich iterative und repetitive Mess- und Kalibrierabläufe einfach automatisieren. Anders als bei vielen der herkömmlichen Ansätze sind Applikations- und Versuchsingenieure dabei nicht auf einen starren, vorgegebenen Ablauf festgelegt. Mit INCA-FLOW können sie Prozeduren im Fahrzeug selbstständig anpassen. Zusätzlich dazu stellt INCA-FLOW zahlreiche Methoden zur Datenanalyse zur Verfügung. Auf Basis der ausführbaren Dokumentation, die sich mit INCA-FLOW erstellen lässt, können die Methoden und Abläufe, die ein Unternehmen bei der Applikation und Validierung von Antriebsstrangsystemen einsetzt, effizient standardisiert werden. Bei konsequenter Standardisierung lässt sich einerseits der Aufwand bei der Applikation und Validierung deutlich verringern und gleichzeitig die Qualität der Ergebnisse wesentlich verbessern sowie plus Know- How Sicherung und Weitergabe.

Anwendung in unterschiedlichen Applikationsdomänen

Neben dem klassischen Einsatz von INCA-FLOW in der Fahrzeugapplikation, wurde das Werkzeug konsequent so weiterentwickelt, dass Applikations- und Validierungsmethoden auch in anderen Applikationsdomänen verwendet werden kann wie z. B.:

- Motor- und Rollenprüfstand
- Fleetmanagement
- Simulationsumgebungen und HiL-Testsysteme

Hierbei kann INCA-FLOW in den unterschiedlichen Applikationsdomänen während aller Phasen der Entwicklung von Antriebsstrangsystemen genutzt werden (Abb. 5).

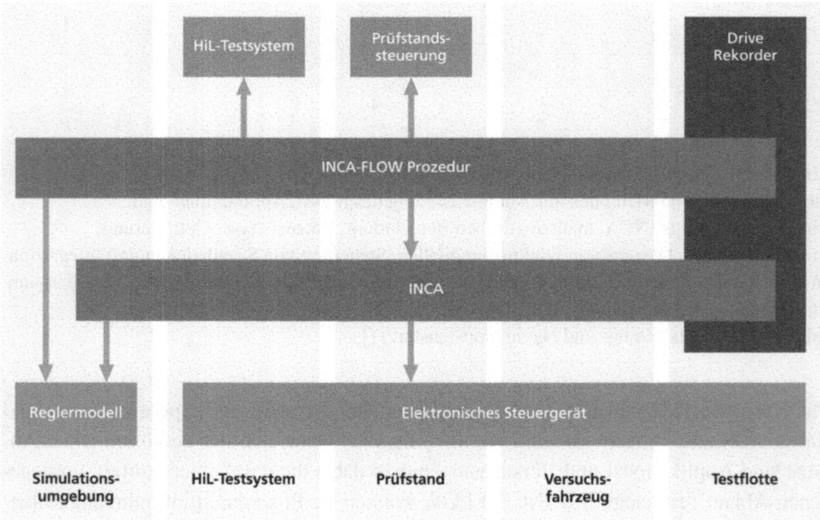

Abbildung 2: INCA wird bei der Applikation und Validierung elektronischer Steuerungen für den Zugriff auf Steuergeräte und/oder Funktionsmodelle verwendet. INCA-FLOW automatisiert die Applikation und Validierung mit INCA in allen relevanten Entwicklungs- und Testumgebungen. [1]

Anbindung an den Prüfstand

Am Prüfstand kann INCA-FLOW als Automatisierungssystem eingesetzt werden, in dem es über Standardschnittstellen wie CAN oder ASAP3 mit der Prüfstandsteuerung verbunden wird (Abb. 4). Für die CAN-Verbindung werden lediglich spezifische Kommunikationsdaten benötigt, die im CAN-DBC-Format gespeichert werden können. Um die Kommunikation gegen Systemausfälle abzusichern bietet INCA-FLOW die Möglichkeit, „Alive-Counter"-Botschaften über CAN an den Prüfstand zu senden und vom Prüfstand zu empfangen. Durch Überwachung der Werte des Alive-Counters kann der Prüfstand auf Störungen wie zum Beispiel auf Fehler in der Kommunikation reagieren. Zur Darstellung komplexer Mess- und Kalibrierverfahren, welche spezifische Trigger- oder Überwachungsfunktionen erfordern, kann INCA-FLOW eigene Signale über die CAN-Schnittstelle senden.

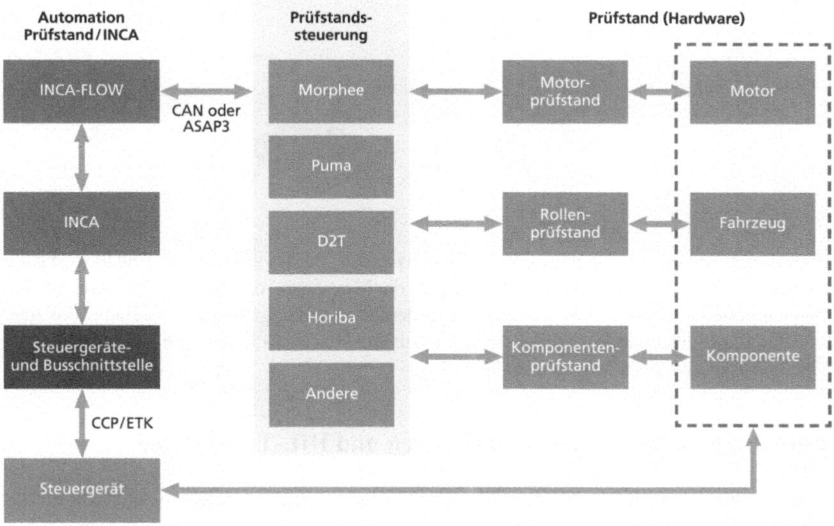

Abbildung 3: Integration von INCA und INCA-FLOW in Prüfstandsumgebungen. [1]

Anbindung an Fleetrekorder

Künftige Versionen von INCA-FLOW sollen die automatisierte Validierung von Systemen im Fahrzeug auch im Zusammenspiel mit Drive-Rekordern wie dem ES820-Modul von ETAS unterstützen (Abb. 6). Diese Systeme werden insbesondere für die Dauerlaufabsicherung von Komponenten oder auch für die OBD Absicherung verwendet. In diesem Fall werden INCA-FLOW-Prozeduren in Fahrzeugen von Versuchsflotten auf Drive-Rekordern ohne Aufsicht und manuelle Eingriffe ausgeführt. Gleichzeitig können erfasste Messdaten mithilfe INCA-FLOW-Methoden zur Datenanalyse unmittelbar online auf dem DriveRekorder oder auch ggf. später offline ausgewertet werden.

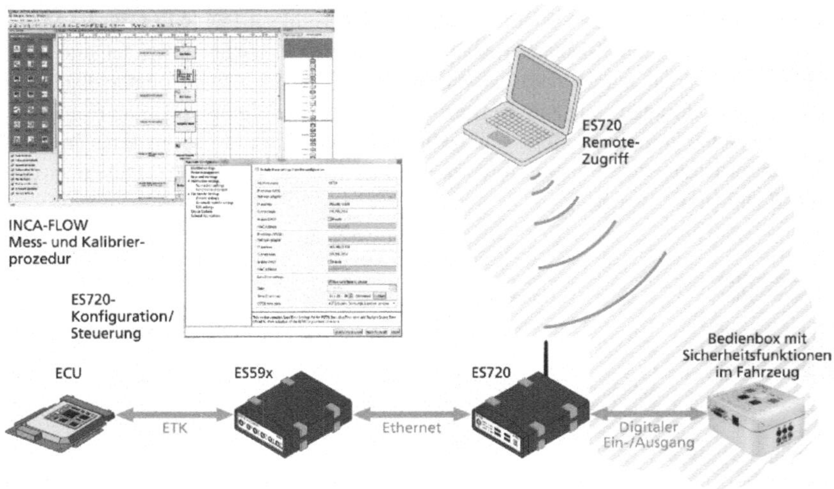

Abbildung 4:Einsatz von INCA-FLOW im Flottenversuch. Der Drive-Rekorder ES820 wird per Remote-Zugriff konfiguriert. Anschließend laufen die Messungen, die durch die INCA-FLOW-Prozedur gesteuert werden, auf dem Drive-Rekorder unbeaufsichtigt ab. Über die Bedienbox gibt der Fahrer des Flottenfahrzeugs den Remote-Zugriff frei. Für Notfälle stellt die Box zusätzliche Sicherheitsfunktionen zur Verfügung. [1]

Anbindung an Simulationsumgebungen und HiL-Testsysteme

Beim Entwurf von Steuergerätefunktionen simulieren und testen Entwickler das Funktionsverhalten am Rechner mit Hilfe von Funktionsmodellen. Dabei stimulieren sie das Modell entweder im offenen Regelkreis mit geeigneten Eingabedaten („open-loop“) oder sie schließen den Regelkreis mit Hilfe eines weiteren Modells („closed-loop“), welches das Verhalten des elektronisch gesteuerten Systems simuliert („Model-in-the-Loop“, MiL).

Mit INCA-FLOW lassen sich Open- und Closed-Loop-Tests mit Hilfe von Schnittstellen automatisieren, welche den Standards ASAM MCD-1 XCP (Universal Measurement and Calibration Protocol und, optional, FMI (Functional Mock-up Interface) entsprechen. Über XCP kann INCA unabhängig von der spezifischen Simulationsumgebung auf das Funktionsmodell zugreifen. Zusätzlich zur Automatisierung der Erfassung von Messdaten und Kalibrierung von Modellen mit INCA während einer laufenden Simulation ermöglicht INCA-FLOW die Stimulation von Funktionsmodellen per direktem Speicherzugriff (Abb. 3). So lassen sich Simulationen zum Beispiel mit Daten anregen, die im Fahrzeug am realen System gemessen wurden.

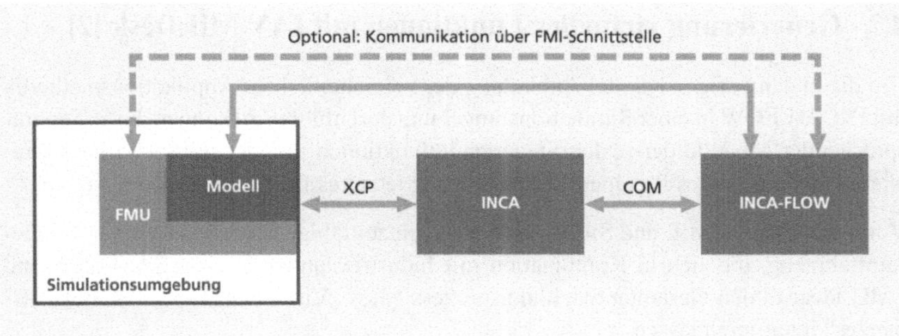

Abbildung 5: INCA-FLOW nutzt nicht nur die XCP-Schnittstelle von INCA, sondern kann Modelle auch während einer laufenden Simulation entweder über eine proprietäre oder eine FMI-Schnittstelle per direktem Speicherzugriff stimulieren. Im zweiten Fall müssen die Modelle in so genannten Functional Mock-up Units (FMUs), das heißt Container mit FMI-Schnittstelle, gekapselt werden. FMUs werden häufig bei Kosimulationen von Modellen eingesetzt, die in unterschiedlichen, domänenspezifischen Modellierungsumgebungen entwickelt werden. [1]

Zur Optimierung der Funktionsparameter stellt INCA-FLOW eigene Algorithmen bereit. Darüber hinaus lassen sich hochentwickelte Optimierer als DLL integrieren. Mit INCA-FLOW können Simulationen bis zu tausendmal schneller ablaufen als in Echtzeit. Zur Steuerung der Simulation bietet INCA-FLOW verschieden Methoden an wie:

- Start MiL: startet das definierte Simulationsmodell
- Suspend MiL: stoppt das definierte Simulationsmodell
- Reset MiL: startet das definierte Simulationsmodell neu, ggf. mit neuen Stimulationsdaten
- Step MiL: Simulationsberechnung (Zeit-/Rechenschritte)
- Save MiL: speichert Simulationsvorgang als Messdatei

Diese Methoden erlauben dem Nutzer INCA-FLOW als Simulationsbackbone zu nutzen und so mit den anderen Methoden des INCA-FLOW Frameworks im Rahmen von Open- oder Closed-loop Simulationen Applikationsaufgaben durchzuführen. Hierbei besteht darüber hinaus die Möglichkeit die Modelle in Abhängigkeit von ihrem Komplexitätsgrad mit vielfacher Echtzeitgeschwindigkeit rechnen zu lassen.

In Verbindung mit dem in Kapitel 5 beschriebenen Softwarewerkzeug MiLDesk besteht so die Möglichkeit einen virtuellen Applikationsarbeitsplatz zu schaffen, womit ausgewählte Applikationsaufgaben mit Standardwerkzeugen bearbeitet werden können.

In Analogie zur oben beschriebenen MiL-Anwendung werden künftige Versionen von INCA-FLOW die Anbindung an HiL-Systeme über die ASAM-XiL-Schnittstelle ermöglichen. [2]

4.2 Generierung virtueller Funktionen mit IAV MiLDesk [2]

Um die in den vorigen Kapitel Anbindung der vereinheitlichten Applikationsmethodik mit INCA-FLOW in einer Simulationsumgebung durchführen zu können, bedarf es entsprechender Modelle der realen Steuergerätefunktionen und der dazugehörigen Streckenmodelle. Ersteres für Open-Loop Systeme; letzteres für Closed-Loop Systeme.

Voraussetzung im MiL und SiL Bereich sind echtzeitfähige Modellansätze für das Gesamtfahrzeug, die sich in Kombination mit Industriestandards wie ASAM-XCP und FMU ideal in den Gesamtentwicklungsprozess eines „Virtuellen Applikationsarbeitsplatzes" integrieren lassen.

Die Generierung der Steuergeräte- und Streckenmodelle hierfür wird durch eine IAV eigene Werkzeugkette (IAV MiLDesk) realisiert, die sich nahtlos in die o. g. Standardapplikationswerkzeuge einfügt.

Die Simulationssoftware MiL-Desk (Model in the Loop on your Desktop) führt Steuergerätefunktionen auf einem normalen Windows PC in Echtzeit aus und ermöglicht die Applikation wie bei realen Steuergeräten. Mit Hilfe eines speziellen MATLAB/Simulink Blocksets erzeugt die Simulationssoftware Teile eines virtuellen Steuergeräts oder eines beliebigen Streckenmodells auf einem PC. Das so kompilierte Modell läuft in Echtzeit (und darüber hinaus) und die Funktionen verhalten sich wie in einem realen Steuergerät. Weiterhin ermöglicht es den Zugriff auf Parameter und Messgrößen durch handelsübliche Applikationswerkzeuge wie INCA oder CANAPE.

Vorteile sind:

- Simulation jeglicher Echtzeit-Software
- Simulation von Modellen ohne MATLAB
- Arbeiten in „gewohnter" Applikationsumgebung
- Zugriff auf Mess- und Verstellgrößen in Echtzeit
- Kommunikation über CAN und XCPonEthernet
- Nutzung von Messdaten als Stimuli
- Synchronisation mit INCA-FLOW / INCA
- Proprietärer Zugriff auf Modelle durch INCA-FLOW

Durch diese Eigenschaften erweitert diese Simulationssoftware die Möglichkeiten bei der modernen Entwicklung von Steuergerätefunktionen. MiL-Desk hilft Entwicklungsprozesse zu verkürzen, da schon in einer sehr frühen Phase eines Projektes die modellierten Funktionen genauso mit einem Applikationswerkzeug betrieben werden können, wie das auch in einem Serien-Steuergerät der Fall ist.

Hierbei können die generierten Modelle für die unterschiedlichsten Aufgaben im Bereich der SG-Entwicklung eingesetzt werden wie:

- OBD
- Funktionsentwicklung
- Applikation
- Thermodynamische Analysen
- Prüfstandautomatisierung
- Auswertung von Fahrverhalten
- CAN Rest-Bus Simulation
- Streckensimulationen (Motor, Antriebsstrang, Abgasnachbehandlung)
- Software Modultest
- Automatisierte (virtuelle) Applikation mit INCA-FLOW

Neben der reinen Einbindung von Simulink basierten Modellen, besteht auch die Möglichkeit S-Functions oder andere Windows Bibliotheken (*.dll) mit in den Compilervorgang der Generierung von virtuellen Funktionen einzubinden.

Nach Abschluss des Compilervorgangs können die so generierten Modelle mit XCP Verbindung laufen. Dieses ermöglicht dem Nutzer direkt über INCA oder CANAPE auf Mess- oder Verstellgrößen im Modell zu zugreifen. Darüber hinaus besteht die Möglichkeit Modelle zu erzeugen, die an dem FMU Standard angelehnten Format (*.mdm) entsprechen. Hierbei wurde dieses Format so spezifiziert, dass eine Anbindung mit direkten Speicherzugriff über INCA-FLOW generiert worden ist. Dieses ermöglicht eine signifikante Steigerung der Performance bzgl. der Rechengeschwindigkeit. [2]

4.3 Datenabsicherung mit IAV Mara [3] [4]

Eine Absicherung der generierten Messdaten in den verschiedenen Applikationsdomänen wird dann durch ein für die Applikationsdatenabsicherung eigens generiertes Softwarewerkzeug zur „geführten Datenauswertung und Dateninterpretation“, IAV Mara, realisiert.

Idee hierbei war einen Werkzeugkasten mit mathematischen Analysemethoden zu entwickeln, der für die Auswertung von Versuchsdaten genutzt werden kann ohne Programmierkenntnisse haben zu müssen. Die Kombination verschiedenster Datenanalysemethoden für signalbasierte Messdaten erlaubt hierbei die Erkennung von selbst definierten Mustern. Die relevanten Signalbereiche werden durch IAV Mara automatisch identifiziert und nach vom Nutzer definierten Kriterien ausgewertet.

Der Werkzeugkasten von IAV Mara bietet hierbei so viele Datenanalysemethoden an, dass im Prinzip alle in der Praxis auftretenden Anwendungsfälle abgedeckt sind – darunter vielfältigste Analysen der Motorsteuerung und der Abgasnachbehandlung.

Auf diese Weise können Workflows für Analysen erstellt werden, die flexibel angepasst und wiederverwertet werden können. Die Auswertungen können grafisch oder tabellarisch realisiert werden und werden durch entsprechende Funktionen wie Tabellen, Punktwolken, Balken- oder 3D-Diagramme unterstützt. Darüber hinaus besteht die Möglichkeit automatisch Berichte in Form von PDF- oder Powerpoint-Dateien zu erzeugen.

Das Client-Server-Prinzip erlaubt Analysen lokal (eigener Rechner) oder auf einem zentral verwalteten Server auszuführen.

IAV Mara bietet Schnittstellen zu bewährten in der Applikation genutzten Softwarewerkzeugen wie Matlab/Simulink, UniPlot, INCA FLOW oder MS Excel an. Somit besteht die Möglichkeit externen Programmcode zu nutzen und eventuell bereits vorhandene Analysebausteine in die Auswertung miteinzubeziehen – z. B. etwa Methoden aus dem Bereich der künstlichen Intelligenz.

Abbildung 6 zeigt hierbei schematisch das Konzept. Neben den umfangreichen Automatisierungsmöglichkeiten der Datenanalyse bietet das Werkzeug auch ein umfangreiches Konfigurations- und Rechteverwaltungsmanagement, dass auf die verschiedensten Projektgrößen und –strukturen zugeschnitten werden kann.

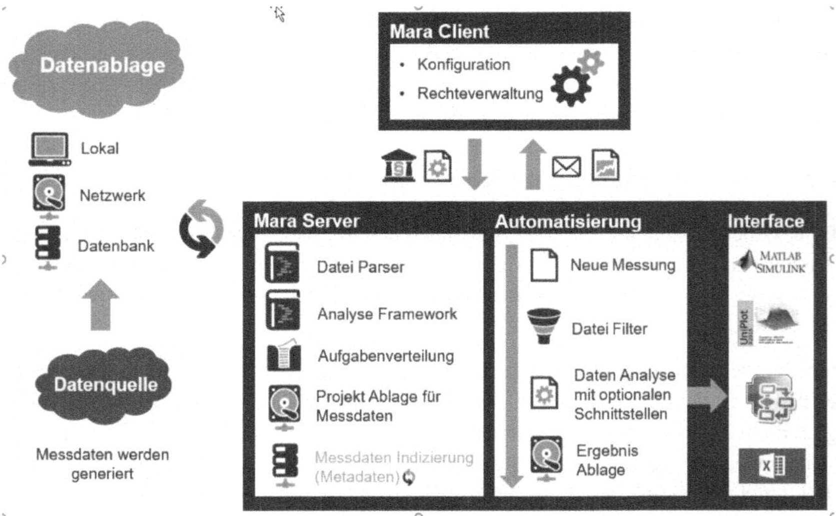

Abbildung 6: IAV Mara Konzept

Die Datenablage selber wird lokal oder über ein Firmennetzwerk zentral gehostet. Über Datenindizierung und Dateifilterung werden basierend auf relevanten Metadateninformationen die wichtigen Messdateien rausgefiltert und können dann über die verschiedensten Analyseverfahren von unterschiedlichen Anwendern genutzt werden. Die Ergebnisse der Analyse können dann auch zentral oder lokal abgelegt werden. Hierbei kann der IAV Mara-Server parallel auf mehreren Rechnern laufen, um so die Arbeitslast optimal auf die verfügbare Hardware zu verteilen. Dadurch kann eine schnelle Bearbeitung der Aufgaben sowie eine einfache Erweiterbarkeit des Systems zu geringen Kosten gewährleistet werden. Die Performance von IAV Mara lässt sich mit den Entwicklungsanforderungen skalieren. Ein zusätzlicher Informationsdienst des Systems sorgt für eine automatisierte Analyse z. B. bei neuen Messdaten und entsprechen Auswerteinformation dieser Analyse für die relevanten Anwender. Abbildung 7 zeigt hierbei wie die verteilte Struktur des Systems aussieht.

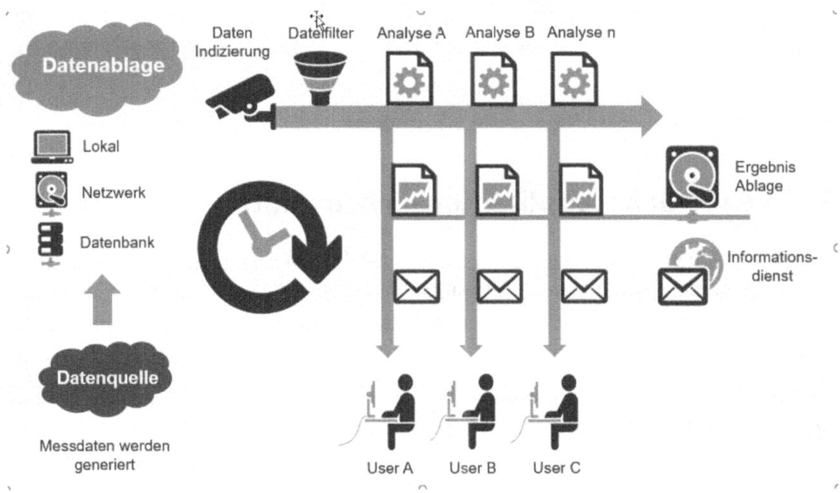

Abbildung 7: Verteiltes IAV Mara System [3]

Die Messdaten können aus unterschiedlichen Datenquellen stammen wie z. B. Motor- oder Rollenprüfständen, Dauerlauf- oder Erprobungsfahrten, RDE-Tests und aus Simulationen. Hierdurch wird der Einsatz über alle Applikationsdomänen sichergestellt. Dieses wird auch noch einmal in Abbildung 8 verdeutlicht.

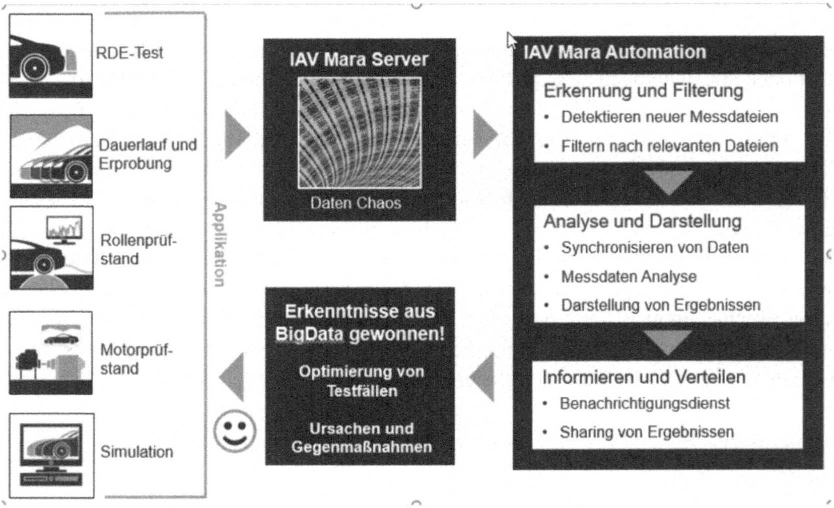

Abbildung 8: Einsatz von IAV Mara in den verschiedenen Applikationsdomänen [3]

5 Der virtuelle Applikationsarbeitsplatz

Wie schon in den vorigen Kapiteln gezeigt, war das vorrangige Ziel, Entwicklungswerkzeuge zu nutzen, die über alle Applikationsdomänen hinweg nutzbar sind. In diesem Kapitel soll nun dargestellt werden, wie der Einsatz der Werkzeuge in der Applikationsdomäne „Simulation" realisiert wird.

Prinzipiell lassen sich die Systeme der Motorsteuerung in Open- und in Closed-Loop differenzieren. Im Folgenden sollen am praktischen Beispiel für jedes dieser Systeme die praktische Umsetzung des „Virtuellen Applikationsplatzes" dargestellt werden.

5.1 Open-Loop Ansatz

Zur Nutzung einer Open-Loop Lösung ist es notwendig, dass der Zugriff auf die Steuergerätefunktion, die validiert oder parametriert werden soll, gewährleistet ist. Dieses wird über definierte Schnittstellen (z. B. XCP, CCP) für Applikations- und Messparameter der entsprechenden Steuergerätefunktion gewährleistet. Eine wie auch immer geartete Rückkopplung vom Gesamtsystem Motor, Fahrzeug oder Abgasnachbehandlung gibt es nicht. Solche Systeme sind im Applikationsbereich der Motorsteuerung insbesondere im Bereich der OBD sowie bei modellbasierten Funktionen wie Temperatur-

und Druckmodellen (z. B. Kühlwassertemperatur, Abgastemperatur, Saugrohrdruck, etc.) zu finden.

Gewöhnlicher Weise werden die Eingangsparameter solcher Funktionen durch reale Messdaten vom Fahrzeug oder Prüfstand stimuliert. Gleiches muss dann natürlich auch in der Simulationswelt möglich sein. Durch die Möglichkeit mit realen Messdaten virtuell eine Versuchs- oder Testfahrt iterativ beliebig oft zu wiederholen, bietet sich die Möglichkeit durch einen iterativen Prozess in der Simulation die Applikationsparameter der entsprechenden Steuergerätefunktion zu verbessern. Darüber hinaus biete sich die Möglichkeit an eine Applikationsmethodik zu nutzen, die es erlaubt diesen iterativen Applikationsprozess zu automatisieren. Eine mögliche Lösung ist in Abbildung 9 zu sehen.

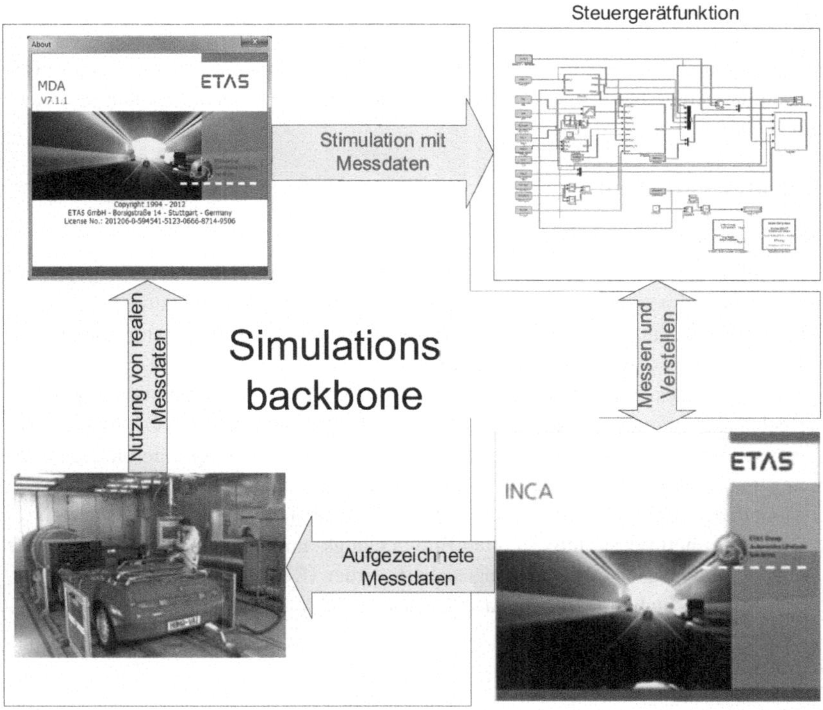

Abbildung 9: Open-Loop Lösung für eine virtuelle Funktionsvalidierung und -applikation

5.1.1 Praktisches Beispiel für Open-Loop [5]

Der Einsatz eines solchen Konzeptes ist in vielen mechatronischen Open-Loop Systemen möglich. Im Folgenden soll die Nutzung eines solchen Konzeptes am Beispiel eines Abgastemperaturmodells in Motorsteuergeräteapplikation dargestellt werden, wo mit einem Ansatz der virtuellen Optimierung und anschließender Absicherung eine optimierte Serienbedatung realisiert worden ist.

Technischer Hintergrund:

Die im Steuergerät berechneten Oberflächentemperaturen der Abgasanlage an den NOx-Sensoren bestimmt maßgeblich die Taupunktendefreigabe der Sensoren.

Zielstellung:

Applikation des Temperaturmodells der Oberflächentemperaturen für die NOx-Sensoren, um das Abkühlverhalten zu beschleunigen ohne das Aufheizverhalten zu beeinflussen.

Geplantes Vorgehen:

1. Definition relevanter Fahrzyklen
2. Durchführung der Fahrzeugmessungen basierend auf den relevanten Fahrzyklen mit externen Temperaursensoren zur Messung der Oberflächentemperatur
3. Entwurf und Nutzung eines Simulationsmodells des Abgastemperaturmodells und Erstellung eines IAV MiLDesk Compilats
4. Nutzung dieses Simulationsmodells mit der INCA-FLOW Simulationsbackbone. Reale Fahrzeugmessungen werden iterativ und automatisiert mit INCA-FLOW analysiert und quantitativ bewertet. Mit Hilfe eines geeigneten Optimierungsalgorithmus in INCA-FLOW wird eine Parametrierung gesucht, welche eine hinreichende Modellierungsgüte für das Temperaturmodell sicherstellt.
5. Diese Parametrierung muss in allen Entwicklungs- und Dauerlauffahrzeugen unter allen Umgebungsbedingungen abgesichert werden (Robustheitsabsicherung)
6. Robustheitsabsicherung durch Datenanalyse mit IAV Mara

Ergebnis:

1. Erfolgreiche Serienbedatung des NOx-Abgastemperaturmodells mit INCA-FLOW, IAV MiLDesk und IAV Mara als Toolketten
2. Fahrzyklen basierte Generierung geeigneter Messdaten, die sowohl auf der Straße als auch an Klimarollenprüfstand eingefahren wurden (Berücksichtigung verschiedener Umgebungstemperaturen)

3. Entwicklung einer geeigneten Applikationsmethodik für die Applikation des NOx-Abgastemperaturmodells
4. Nutzung einer INCA-FLOW Simulationsbackbone mit mehreren verteilten Instanzen zur Beschleunigung der Optimierungsmethodik
5. Nutzung verschiedener Gütekriterien wie z.B. Summe der Abweichung über Teilbereiche oder der gesamten Messung, punktuelle Abweichung an den Freigabetemperaturen, Unterschied der Dynamiken von Modell- und Sensorwert
6. Manuelle Auswahl der geeigneten Parameter nach der Optimierung basierend auf einer Paretofront von potentiellen Kandidaten. Die gewählten Parameter wurden dann noch einmal hinsichtlich ihrer Güte durch eine weitere Simulationsiteration geprüft
7. Absicherung dieser Parameter durch Entwicklungs- und Dauerlauffahrzeuge, deren Messdaten mit IAV Mara hinsichtlich der definierten Gütekriterien für das NOx-Abgastemperaturmodell geprüft worden sind

5.2 Closed-Loop Ansatz

Für einen geschlossenen Regelkreis sieht der Ansatz ein wenig anders aus: die Steuergeräte Reglerfunktion wird mit einem Streckenmodell verbunden. Dieses kann aus einem Motor-, Fahrzeug- oder auch Fahrermodell bestehen. Der Ausgang dieser Strecke wird dann als Rückkopplungselement in den Eingang der Steuergerätefunktion zurückgeführt. In Abhängigkeit von der Genauigkeit dieses Streckenmodells kann dann die Optimierung bzw. Parametrierung der Steuergerätefunktion vorgenommen werden. Zusätzlich können reale Eingangsdaten aus Fahrzeug- oder Prüfstandsmessungen in der Steuergerätefunktion eingespeist werden, sofern sie nicht Ausgangsgrößen des Streckenmodells sind. Der Zugriff auf die Applikations- und Messparameter für die Steuergerätefunktion ist identisch wie in Kapitel 5.1 beschrieben. Darüber hinaus besteht auch noch die Möglichkeit auf Parameter des Streckenmodells zu zugreifen.

Für das mechatronische System „Verbrennungsmotor mit Motorsteuerung“ existiert eine Vielzahl an Subsystemen von geschlossenen Regelkreisen wie z. B. Leerlaufregler, Klopfregler, Variabler Ventilhub, Nockenwellenregelung, Ladedruckregelung, Laufruheregelung, Lambdaregler, Generatorregelung, Fahrverhaltensfunktionen wie Anti-Ruckel, Anfahrregelung, Lastschlagdämpfung.

Für die Applikationsmethodik kann ein ähnlicher Ansatz wie im vorigen Kapitel skizziert vorgenommen werden. Hierbei würden allerdings die relevanten Reglerparameter der Steuergerätefunktion als Optimierungsparameter verwendet werden. Die Gütekriterien der Optimierung wären in diesem Fall natürlich andere wie z. B. klassische Gütekriterien der Reglerauslegung wie Regelabweichung, Stabilitätsverhalten, Regeldynamik. Die prinzipielle Struktur einer solchen Methodik ist in Abbildung 10 gezeigt.

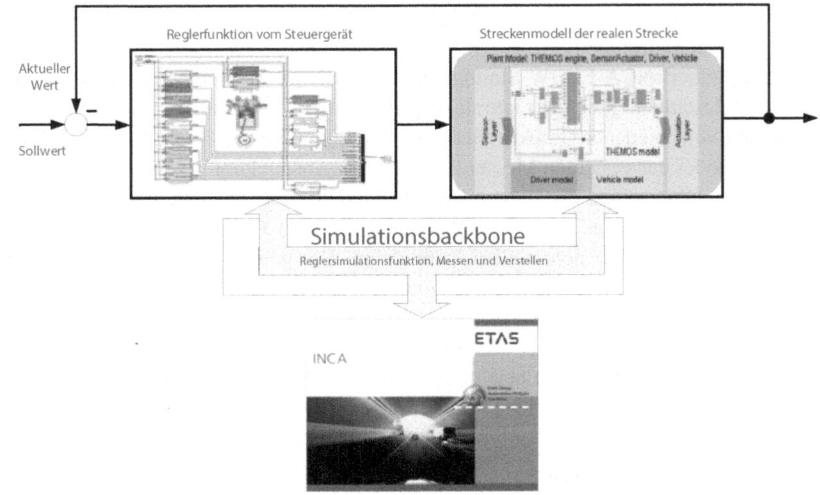

Abbildung 10: Closed-Loop Lösung für eine virtuelle Funktionsvalidierung und –applikation [2]

5.2.1 Praktisches Beispiel für Closed-Loop [6] [7]

Wie auch bei Open-Loop Konzepten, ist der Einsatz der Closed-Loop Lösung bei vielen mechatronischen Closed-Loop Systemen möglich. Im Folgenden soll die Nutzung eines solchen Konzeptes am Beispiel der modellbasierten Applikation von Fahrverhaltensfunktionen dargestellt werden, wo die virtuelle Applikation der Fahrverhaltensfunktionen basierend auf einer Streckenmodellbildung durchgeführt worden ist.

Technischer Hintergrund:

Bei einer drehmomentbasierten Grundstruktur moderner Motorsteuergeräte werden alle Motorsteuer- und Regelanforderungen, die sich als Drehmoment oder Wirkungsgrad darstellen lassen, als physikalische Drehmomentanforderung interpretiert. Hierbei wird die relative Stellung des Gaspedals als Drehmomentanforderung verstanden. Die Umsetzung derselben wird innerhalb der gesamten Drehmomentenstruktur der Motorsteuerung in eine entsprechende Aktuatorikanforderung umgesetzt. Daraus ergibt sich folgende Momentenstruktur:

1. Koordination und Priorisierung verschiedener Momentenanforderungen,
2. Filterung und Korrektur der Anforderung nach Fahrbarkeitskriterien,
3. die Momentenkoordination bei verschiedenen Betriebsarten

Insbesondere die Filterung und Korrektur der Anforderung nach Fahrbarkeitskriterien mündet dann in die

Anti-Ruckel-Funktion und Lastschlagdämpfung

Plötzliche Motormomentenänderungen durch den Fahrer, wie z. B. Fahrpedaländerungen, führen zu Schwingungen in der Fahrzeuglängsbewegung. Dieser Effekt kann in fast allen Pkw beobachtet werden; seine Ausprägung ist abhängig vom Antriebsstrang und dessen Parametern (Steifigkeit des Antriebsstranges). Auf Komfort, aber auch aus Performance Gründen ist eine Reduktion dieses Effektes durch die Motorsteuerung wichtig. Hierbei beinhalten moderne Motorsteuerungen zwei wesentliche Funktionen zur Reduktion von Fahrzeuglängsschwingungen:

- Lastschlagdämpfung (engl.: Torque Transient) Prinzip: Steuerung (Fahrerwunschfilter)
- Antiruckelfunktion (engl.: Anti Jerk Controller) Prinzip: Regelkreis

Bei der Lastschlagdämpfung wird ein physikalischer Ansatz zur Reduktion der Schwingung genutzt, indem basierend auf einem Modell eines Dreimassenschwingers in Abhängigkeit von der Anregungsamplitude und –frequenz des Systems eine Reduktion der entsprechenden Schwingung vorgenommen wird. Die optimale Parametrierung dieser beiden Fahrverhaltensfunktionen in einem Simulationsumfeld soll im Folgenden erläutert werden.

Geplantes Vorgehen:

1. Modellierung und Parametrierung eines Antriebsstrangmodells als Simulationsmodell
2. Abgleich des Antriebsstrangmodells mit realem Versuchsträger mit ungeregelten Antriebsstrang
3. Modellierung und Parametrierung der fahrverhaltensrelevanten Steuergerätefunktionen als Simulationsmodell
4. Abgleich des Steuergerätesimulationsmodells mit realer Steuergerätefunktion im Motorsteuergerät
5. Erstellung IAV MiLDesk Compilats basierend auf einem Closed-Loop Simulationsmodell aus Steuergerätefunktion und Streckenmodell (Antriebsstrang)
6. Simulation verschiedener fahrverhaltensrelevanter Fahrzyklen
7. Nutzung des Closed-Loop Simulationsmodells mit der INCA-FLOW Simulationsbackbone. Alle fahrverhaltensrelevanten Fahrzyklen werden iterativ und automatisiert mit INCA-FLOW in die Simulation eingespeist und bewertet (INCA-FLOW Engine Driveability Toolbox). Objektive Bewertungskritierien des Systems sind hierbei Fahrverhaltenskenngrößen wie Ansprechzeit, Ruck und Ruckeln

8. Mit Hilfe eines geeigneten Optimierungsalgorithmus in INCA-FLOW wird eine Parametrierung gesucht, welche eine hinreichende Güte für das Fahrverhalten sicherstellt
9. Validierung der Parameter aus der Simulationsumgebung in der realen (Fahrzeug-)Welt.
10. Diese Parametrierung muss in allen Entwicklungs- und Dauerlauffahrzeugen unter allen Umgebungsbedingungen abgesichert werden (Robustheitsabsicherung)
11. Robustheitsabsicherung durch Datenanalyse mit IAV Mara

Ergebnis:

1. Erfolgreiche Parametrierung der modellbasierten Steuergerätefunktionen für das Fahrverhalten mit INCA-FLOW, IAV MiLDesk und IAV Mara als Toolketten
2. Fahrzyklen basierte Generierung geeigneter Messdaten auf verschiedenen Teststrecken
3. Entwicklung einer geeigneten Applikationsmethodik für die Applikation fahrverhaltensrelevanter Steuergerätefunktionen
4. Nutzung einer INCA-FLOW Simulationsbackbone zur strukturellen Analyse und Nutzung geeigneter Optimierungsstrategien in einer Closed-Loop Gesamtlösung
5. Automatisierte Validierung der geeigneten Parameter aus der Simulation im realen Fahrzeug
6. Absicherung dieser Parameter durch Entwicklungs- und Dauerlauffahrzeuge, deren Messdaten mit IAV Mara hinsichtlich der definierten Fahrverhaltenskriterien geprüft wurden

6 Zusammenfassung und Ausblick

Bei der IAV ist eine Werkzeugkette entstanden, die es ermöglicht eine standardisierte Applikationsmethodik über alle Applikationsdomänen zu verteilen. Durch die Sicherstellung der Unterstützung von Standardschnittstellen in den Werkzeugen ist der breite Einsatz und auch die Interaktion zwischen den jeweiligen Werkzeugen gewährleistet:

- Standardisierung der Applikationsmethodik unabhängig von der Applikationsdomäne (Prüfstand, Fahrzeug, Virtuell) durch INCA-FLOW
- (Vor)verlagerung von klassischen Applikationsaufgaben in die Simulationswelt („Virtueller Applikationsarbeitsplatz") durch IAV MiLDesk und INCA-FLOW
- Absicherung der Applikationsergebnisse über alle Entwicklungsprozessschritte u. a. durch BigData Anwendungen mit IAV Mara

Die gezeigten praktischen Anwendungen dieser Entwicklungsschritte sowohl für Open-Loop („Virtueller Abgastemperatursensor") als auch Closed-Loop Konzepte („Modellbasierte Fahrverhaltensapplikation") zeigen, dass dem breiten praxiserprobten Einsatz dieser Werkzeugkette als Teil des Entwicklungsprozesses in der Motorsteuergeräteentwicklung nichts mehr im Wege steht.

Für die Zukunft ist es notwendig weitere Themen aus der klassischen Fahrzeug- und Prüfstandsapplikation zu identifizieren, die sich dafür eignen am „virtuellen Applikationsarbeitsplatz" optimiert zu werden und dann mit Robustheitsanalysen und Dauerlaufflotten abzusichern.

Viele klassischen Applikationsthemen in den Domänen Fahrzeug und Prüfstand eignen sich prinzipiell für die Verlagerung auf den „virtuellen Applikationsarbeitsplatz". Es sollen dadurch nicht die Aufgaben im Fahrzeug abgeschafft werden, sondern es wird eine Verlagerung der „klassischen" Applikationsaufgaben im Fahrzeug zur Ergebnisvalidierung des „virtuellen Applikationsarbeitsplatzes" ergeben.

7 Literaturverzeichnis

[1] M. R. Lauff, „INCA-FLOW – Geführte und automatisierte Applikation und Validierung von Antriebsstrangsystemen,“ *Elektronik automotive,* 06/07 2016.

[2] Meyer, „IAV MiLDesk als Entwicklungsumgebung in der SG-, Simulations- und Funktionsentwicklung,“ 2017.

[3] Kusnezow, „IAV Mara Automatisierte Messdatenanalyse,“ Produktpräsentation, 2017.

[4] Kusnezow, „IAV Mara Automatisierte Messdatenanalyse,“ IAV Produktdatenblatt, 2017.

[5] Meyer, „Toolbasierte virtuelle Optimierung eines Abgastemperaturmodells in der Motorsteuergeräteapplikation,“ IAV Abschlussbericht einer Konzeptstudie, 2016.

[6] Rossner, „Applikation der Fahrverhaltensfunktionen im Motorsteuergerät in einer Simulationsumgebung,“ Masterarbeit, Ostfalia Hochschule für angewandte Wissenschaften, Maschinenbau, Wolfenbüttel, 2015.

[7] Balnuweit, „Erstellung eines Antriebsstrangmodells auf Bauteilbasis zur Simulation der Fahrzeuglängsdynamik,“ Ostfalia Hochschule für angewandte Wissenschaften, Maschinenbau, Bachelorarbeit, Wolfenbüttel, 2013.

Engine-in-the-Loop: A Method for Efficient Calibration and Virtual Testing of Advanced Diesel Powertrains

Tom Jung*, Matthias Kötter*, Dr. Joschka Schaub*, Dr. Carole Quérel*, Dr. Silja Thewes*, Dr. Hassen Hadj-amor***, Marcel Picard**, Sung-Yong Lee**

* FEV Europe GmbH

** VKA RWTH Aachen

*** FEV SA

J. Liebl (Hrsg.), *Simulation und Test 2018*, Proceedings,
https://doi.org/10.1007/978-3-658-25294-6_12

Abstract

Key Words: Virtualization, Hybrid, model-based calibration, Hardware-in-the-loop (HiL), virtual calibration platform, powertrain simulation, RDE, Co-simulation, Engine-in-the-loop (EiL)

This paper will present tools and use cases for Engine-in-the-loop (EiL) operation of diesel powertrains as one part of a virtualized calibration and testing process. Manufacturers of passenger cars and other light duty vehicles are facing tightening emissions standards and CO_2 requirements, leading to an increase in powertrain complexity including different stages of hybridization and additional challenges to the engine and the Exhaust gas After Treatment System (EATS). In this context, virtualization is the key element in the development process to provide, on the one hand, a system level test environment at an early project phase without the necessity to build-up a demonstrator vehicle, and, on the other hand, to ensure a high calibration quality and emission compliance under all boundary conditions, while keeping the development effort and cost low.

The first part of the paper will focus on the general setup of the hardware and communication between the different systems at a modern engine test bench architecture dedicated to applying the Engine-in-the-Loop approach in a virtual experimentation platform.

The second part of the paper will elaborate on the diesel specific challenges of the engine operation in a virtualized environment. The repeatability and reliability of the transient behavior of the entire powertrain in general and in particular the EATS, is essential for substitution of chassis dyno tests by EiL testing. Therefore, conditioning of the engine and its components is implemented based on simulation models. This will be shown by the results of a use case with a modern 2l diesel engine. As an outlook, the extension of the EiL test bed to a virtual hybrid powertrain testbed is also presented, and the benefits for hybrid testing and operating strategy optimization are discussed.

1. Motivation and Introduction

During recent years, powertrain calibration requirements have changed significantly. The tightening emission standards for vehicles with internal combustion engines are affecting the development and calibration work with two major factors. The first major refers to substantial legislation changes concerning the certification process. Proofing of compliance of the calibration with the Real Driving Emissions (RDE) requirements under all boundary conditions has changed the calibration work and drastically increased the testing effort. The second factor is the increasing variety and complexity of the powertrains. Especially the different stages of powertrain hybridization make a decisive contribution to this context. Additional aspects to be considered for the calibration work refer to an ever increasing number of vehicle variants as well as to the always limited budgets and time constraints for the development programs.

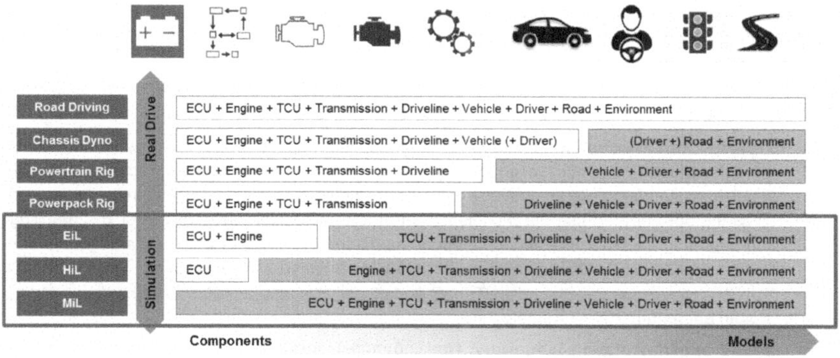

Figure 1: Overview of test environments

It is every challenging, if not even impossible, to address these new requirements with conventional calibration and testing methods. One approach mastering these challenges, is to use various stages of virtualization which can be summarized under the generic term X-in-the-Loop (XiL) and are shown in Figure 1. The different levels of virtualization enable a substitution of real hardware components using simulation models. This approach has the advantage to realize front-loading of various calibration tasks and system testing under RDE-like conditions in early stages of development process, without target hardware availability. This reduces the project time and saves cost by reducing expensive hardware tests. Engine-in-the-Loop (EiL) is such an effective XiL environment, since complex physical and chemical processes like the combustion, the emission formation and the EATS functions are reproduced with real hardware components. Compared to a real vehicle, this offers very accurate exhaust raw and also tailpipe emission results. Variations of the testing conditions enable simulation of critical driving maneuvers and scenarios to further improve the integration process. Excellent repeatability and high testing efficiency are additional strengths of the EiL method compared to on-road testing. To maximize the benefits of an EiL test bench, cost and effort for the set-up have been optimized [10]. Moreover, an emphasis was placed on the temperature conditioning systems for the EiL setup.

2. EiL Setup

Compared to the standard engine test bench, some additional systems, like the co-simulation system are needed. Fast and flexible communication between all the systems at the EiL test bench is essential for robust and reliable results. One of the most important aspects is the control of the conditioning systems, which needs to be fast and accurate. The setup of the EiL test bench will be described in the following chapters.

2.1. xMOD

xMOD™ [1] is a multi-model integration and virtual experimentation platform with no other goal than being a neutral collaborative simulation platform to be used as a virtual testing environment at each stage of the powertrain development process. Thereto, the simulation platform comes completely within the scope of the previous analysis and is fully oriented to support the XiL process from Model-In-the-Loop) MiL to Engine-In-the-Loop (EiL).

The following section briefly describes the way xMOD™ can help to go beyond the current limitations faced by engineers who want to apply a XiL process.

- **Versatile model coupling:** The over-arching concept intends to link heterogeneous models through a versatile and efficient coupling process. The tool applies two major techniques for co-simulation: standalone co-simulation and tool coupling co-simulation. This feature is unique and gives the possibility to use the models in their native simulation environment or by compiling and exporting them as standalone components. Currently, it allows the integration of several system models from different tools such as Matlab® /Simulink®, AMESim®, Dymola®, GT-SUITE®, SimulationX®, VI-CarRealTime® and others. It is also possible to import hand coded or auto generated, C/C++ models.
- **Virtual experimentation laboratory**: Reusing models inside a company is mainly limited by the expert interface. Therefore, once the models have been set up and tuned, the simulation environment has to be as user friendly as possible for the non-expert engineers. The virtual experimentation laboratory tool provides a library of instruments and advanced methods to create virtual dashboards, which may be linked to the different parameters and signals of the model. These features allow model exploitation by non-experts. For this reason, proficiency in simulation design tools is no longer the "entry ticket" for exploiting simulation during the different steps of a XiL process.
- **From co-simulation to hard real-time simulation**: If the design phase is using off-line simulation, the testing and validation process generally require HiL platforms. It is still common to have a gap in the modeling toolchain to go from off-line standard simulation to on-line real time simulation. Nevertheless, it is clear that being able to reuse the models from the early development stage to the last validation stage is a very important stake for simulation penetration in the XiL process. This is why HiL platform companies often develop off-line simulation tools and the modeling software editors export their models to real time environments.

xMOD also takes part in this process by offering a direct link between MiL and HiL/EiL applications. It is developed on the RTX real-time operating system basis [2], and it is very natural to switch from a Windows operating system to a Real Time Operating system. This switch can often be achieved on the same standard PC. The multi-core, multi-solver and multi-threaded optimized execution, allows the computer to more easily run models set up for design applications, in real time. Ensuring hard real time execution for EiL application is mandatory to avoid serious problems, which could include damage to the engine.

Moreover, the simulation environment can then be used with high versatility for full virtual powertrain simulation or to mix virtual and real components thanks to the typical communications protocol such as EtherCAT, Real-Time Ethernet, CAN, fiber optics and also analog signals. This approach can be extended to the test bed environment to embed a real component in a virtual powertrain.

2.2. Communication Interface

Compared to a conventional engine test bench, the EiL test bench is upgraded by additional systems and communication interfaces, as shown in Figure 2. One of the additional systems is the co-simulation platform which executes the different models and supplies the set points for the control systems. For a proper control behavior of the system engine, dynamometer and co-simulation, a fast communication between set point calculation, measurement and actuation is needed. This is ensured by a 1 kHz EtherCAT network linking all participants of the control loop. As well as the actual dynamometer control, the controller provides several safety mechanisms to prevent damage to the test object and the dynamometer. To link ECU and simulation models for a closed-loop environment, the accelerator pedal position

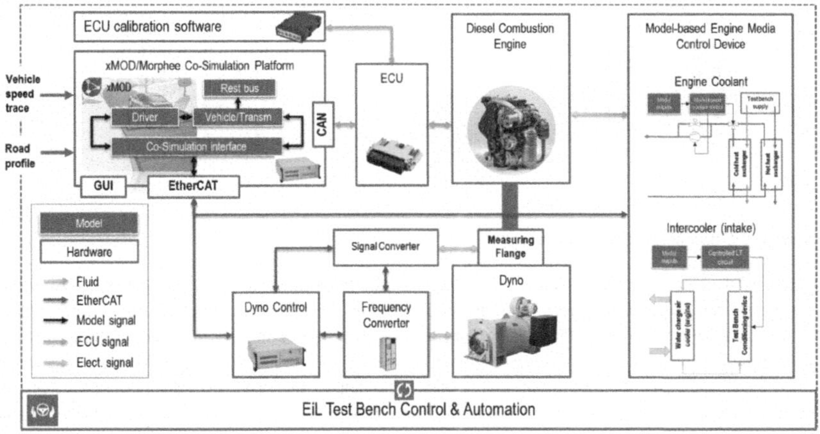

Figure 2: EiL communication setup

determined by the driver model is sent to the ECU. In order to reproduce the equivalent behavior of the target vehicle, a large variety of signals from various sensors and control units in the vehicle must be provided to the ECU through CAN. The values considered by the ECU need to be supplied by a residual bus simulation, located on the co-simulation platform communicating directly via CAN card with the vehicle and powertrain CAN. The most important signals are the gear information and the vehicle speed which are generally used in most ECUs. Other signals, such as the torque intervention from the transmission control unit (TCU) on the torque path of the ECU, can also play a critical role.

A third major part of the EiL test bench are the conditioning systems for the engine. Set points and control parameters are retrieved from the same EtherCAT network. A model based control of the conditioning systems based on the initial engine state, the driving state of the virtual vehicle and the virtual ambient conditions, is essential to explore the full potential of the EiL method. A detailed description can be found in the following chapter.

2.3. Conditioning Systems

The conditioning systems used in the EiL setup can be split into three main tasks (see Figure 2). The first task is the direct conditioning of the engine media to match the real world temperature behavior. The second task is an indirect control of ambient conditions of certain components to again achieve real world temperature levels. The third tasks is to recondition the test object to defined and reproducible starting conditions within a short time to increase testing efficiency. In the setup described in this paper, the directly controlled media are engine coolant temperature, engine oil temperature, intake air temperature and charge air temperature. The indirectly controlled ambient conditions are flow and temperature of the air surrounding the exhaust gas after treatment system. In Figure 3, the setup of the systems for engine coolant and charge air conditioning are shown.

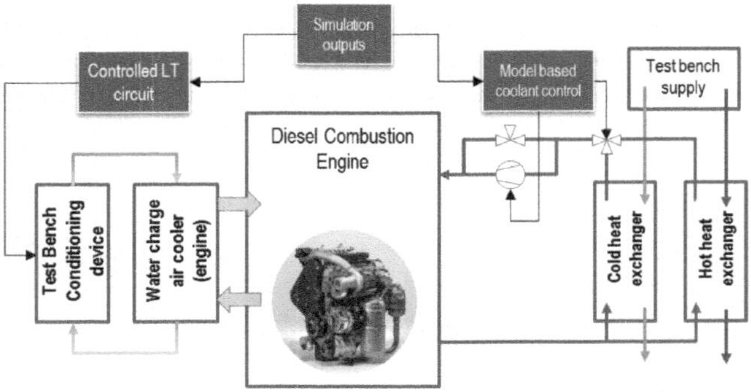

Figure 3: EiL conditioning system setup

In terms of the direct engine media controls, the main target is to achieve heat up and cool down behaviors as close as possible to real world driving scenarios. The EiL setup does not represent a rebuild of the vehicle cooling system. This is one area which could have improved the temperature behavior due to similar heat exchangers, media volumes and stock thermostat. However, such a setup would reduce the possibilities of extreme ambient condition simulation and fast preconditioning of the system. The chosen setup is using a set of matching heat exchangers and valves to control the different media temperatures based on simplified engine models, which are using the virtual vehicle driving state and desired ambient conditions as input to calculate the different temperature set points.

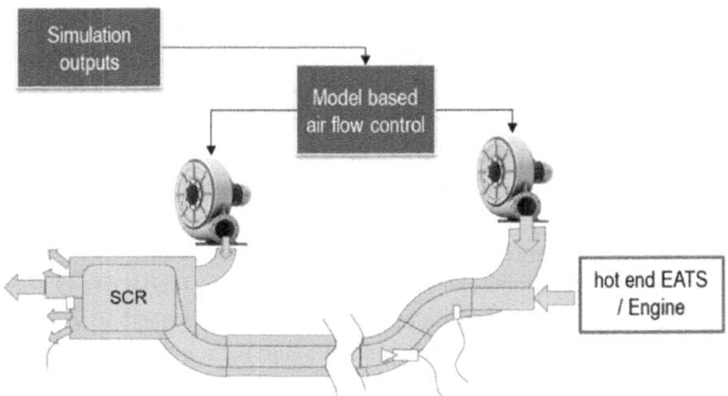

Figure 4: Aftertreatement system conditioning setup

The engine coolant conditioning system is using a two stage heat exchanger setup with one low and one high temperature circuit. By controlling a highly dynamic 3-way valve, the engine coolant temperature, including the influence of the thermostat, can be simulated. The setup can be extended by a third temperature level to simulate starting at extreme ambient conditions. The low temperature coolant circuit of the charge air system is emulated by the stock water charge air cooler and a custom water to water heat exchanger. The low coolant temperature is controlled based on the desired ambient temperature conditions.

Also the oil sump temperature can be manipulated, which is especially used for the preconditioning process.

For the indirect conditioning of the exhaust gas and ETAS system, a special housing around the system has been installed where the surrounding air flow and air temperature are regulated by speed controlled fans, which use the vehicle speed as input. Based on vehicle measurements, the air flow for this EiL setup is split up into two sectors, which are controlled individually, as seen in Figure 4.

3. Models for the use on EiL

Different internal models that were in use at the EiL test bench, as well as the process to prepare the models before going to the EiL are described in the following chapters.

3.1. Model set-up and Parametrization

For the XiL application, previous work [9] had introduced modeling approaches and example powertrain model combinations for co-simulation using the models subtracted by the Simulink based modular and extensible real-time simulation model library. It enables easy usage and parametrization of the models. Additionally, the Apache Subversion (SVN) is used to ensure a robust data structure and a practical versioning of the models during the project. The bidirectional tracking of all updates for each sub-model enables to handle the growing complexity caused by an increased number of sub-models and interacting functionalities of the powertrain models for a heterogeneous model environment. The models are parametrized for a reference vehicle and utilized on the EiL test bed. Figure 5 summarizes the specification for the reference vehicle and the powertrain used for the parametrization of EiL models.

1) Reference Diesel powertrain specification

Displacement	2000 cm^3
Cylinders	4
Compression ratio	16:1
EGR system	Dual HP & LP-EGR
Boosting system	Single VNT / TC
Maximum power	140 kW @4000 rpm
Fuel injection system	Common rail direct injection
EAS architecture	DOC/DPF/SCR
Aging states	Degreened

2) Reference Vehicle specification

Vehicle	D-Segment
Transmission	Automatic (8 speed)
Wheel drive	AWD
Kerb weight	1800 kg
Cd x A	0.34 x 3 m^2
Dynamic wheel radius	0.36 m
Centre of gravity	0.6 m (height from ground)

Figure 5 Specification of virtualized powertrain and vehicle

One of the challenges of a closed-loop simulation is the elimination of prediction inaccuracies caused by artificial driver model functions of a PID based approach [9]. The applied driver model is based on the desired vehicle acceleration. Its control is dependent on the desired vehicle acceleration considering the future velocity. Using the required vehicle acceleration instead of vehicle velocity, improves the simulation results in transient driving. The accelerator or brake actuation is decided based on the predicted acceleration, and it eliminates the superposition of both actuators in all possible driving conditions.

To simulate the automatic transmission, the mechanical transmission and transmission control functions are modeled. The physical transmission models consider the hydrodynamic torque converter, converter lockup clutch and planetary gear set. The characteristic shifting curves are parametrized by using reference data as implemented in the TCU model. The gear selection and processing steps of a shifting process are separately modeled.

The vehicle model is based on its longitudinal dynamics [9]. The required characteristics for the parametrization are as follows;

- Vehicle and loaded mass
- Drag coefficient
- Rolling coefficients
- Geometric and dynamic rolling radius
- Wheel base information

In addition, the coast-down data of the reference vehicle for specific driving cycles are required to adapt the calculated rolling coefficients for the virtual EiL test bed. All used models are realized on a Simulink environment and the mechanical transmission and vehicle modeling is based on Simscape.

3.2. EiL Simulation Process

The conducted investigations address a systematic build-up process and utilization of EiL as a virtual test bed and they demonstrate its enhanced closed-loop system performance simulation of the virtualized vehicle with numerous integrated physical plant sub-models. The deployed plant models are presented in Figure 6.

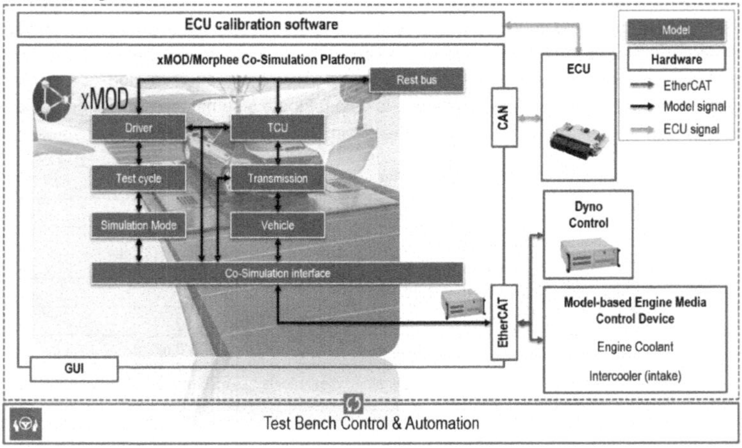

Figure 6: EiL models (non-hybridized)

Each implemented model is parametrized using its own stand-alone model environment. After the base parametrization, a MiL simulation is executed to validate the system model functionality and the model interfaces. For MiL, a generic ECU fuel/torque path and air path model is utilized. The main advantage of MiL are the fast and easy optimization loops for the frequent model and parametrization updates during the test bench phases. As shown in Figure 7, xMOD is used for both MiL and EiL phases and enables a robust and flexible transition of the MiL simulation environment and the models to EiL.

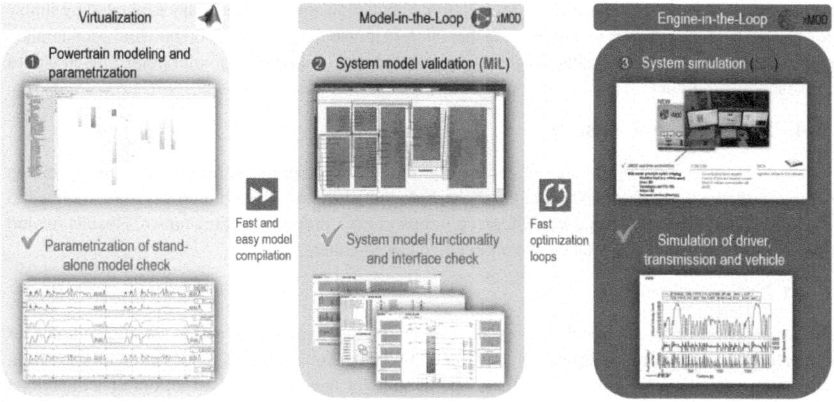

Figure 7: MiL environment to support EiL simulation

3.3. Variation of the Powertrain

The variety of different hybrid powertrain topologies and their complexity pose a challenge to the automotive industry. Evaluating different hybrid powertrain topologies often requires the set-up of dedicated prototype vehicles, resulting in extremely high development costs. The EiL methodology represents a very efficient way to evaluate different topologies at an early project stage. **Error! Reference source not found.** shows the EiL set-up for virtual hybridization.

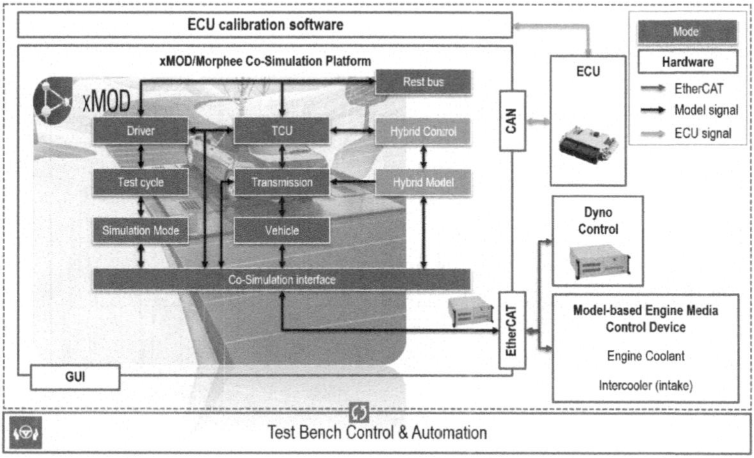

Figure 8: EiL models (P2 hybridized)

In this set-up, additional hybrid powertrain models, including the electric machine, the battery, a DC/DC converter and the hybrid control unit, extend the powertrain model. The torque contribution of the electric machine is modeled and either added or subtracted to the engine torque, resulting in a different torque request for the engine. The battery model balances the charge and discharge currents and calculates the battery state of charge. With this set-up, different hybrid topologies can be easily evaluated by simply exchanging the hybrid models. In addition to the different topologies, the emission and fuel consumption results of different operating strategies can also be tested and evaluated in greater detail than in a pure simulation environment.

4. Measurement Results

After the MiL or HiL set up phases, it can be stated that the models for the EiL phase are working together and that the calibration is fitting to the vehicle that shall be modeled. In order to reproduce the results from MiL on an EiL, the entire EiL setup needs to work properly in combination. Results related to the specific control system will be shown in the following chapters.

4.1. System validation

One essential factor for representative results from an EiL test bench, is to match the engine behavior and associated boundary conditions. On one hand, the virtual vehicle needs to follow the given vehicle speed trace. On the other hand, the engine operation point needs to fit. Thereto, not only calibrated models, but also a proper control of the dyno is needed. In order to receive representative results on an EiL test bench, an entire set of systems needs to work properly together. The general function and calibration of the vehicle, gearbox and driver model need to be confirmed before the actual EiL phase in a MiL environment, as described in chapter 3, begins. A topic which is difficult to simulate, but essential for good results, is fast and accurate dyno control. A first important step is to check and validate the vehicle model that has been prepared in a MiL environment on the EiL. Simplifications in the MiL environment, like engine model and the absence of the dyno and its control are the main differences between EiL and MiL and have significant influence on the behavior of the control.

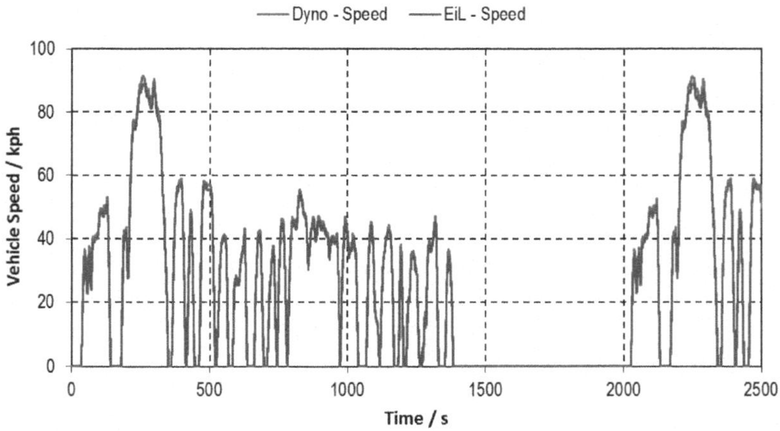

Figure 9: Chassis dyno and EiL speed traces (FTP75)

For the validation of the results, an FTP75-cycle measured on the chassis dyno was used as a reference. In Figure 9, the vehicle speed trace from the chassis dyno, shown in grey, is compared to the virtual speed trace from the EiL simulation, shown in red. For this simulation, the vehicle speed trace from the chassis dyno was used as vehicle target speed for the virtual driver. It can be seen that the virtual vehicle is able follow the required speed with sufficient accuracy. In general this should be the case when the required vehicle speed comes from measurements taken with the same vehicle. In theory, the vehicle speed trace of different vehicles or synthetic speed traces could be used, as long as the engine is able to provide sufficient power.

A closer look at vehicle speed and accelerator pedal position for the area between 175s and 225s of the FTP75 can be seen in Figure 10. Again, the curves in grey represent measurement from the chassis dyno measurements and the curves in red represent simulation results from EiL setup. The solid line

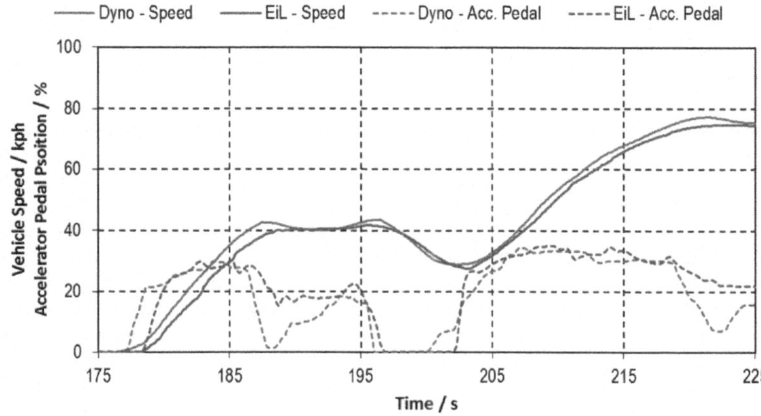

Figure 10: Vehicle speed and accelerator pedal position zoom in

shows the vehicle speed, whereas the dashed line shows the accelerator pedal position. It can be observed that the vehicle speed of the virtual vehicle is always slightly behind the requirements set by the chassis dyno test. Apart from this delay, the vehicle speed increase during the first acceleration is very similar to the measurement data of the chassis dyno. During this event, also the throttle pedal actuations are almost equal except from a time delay.

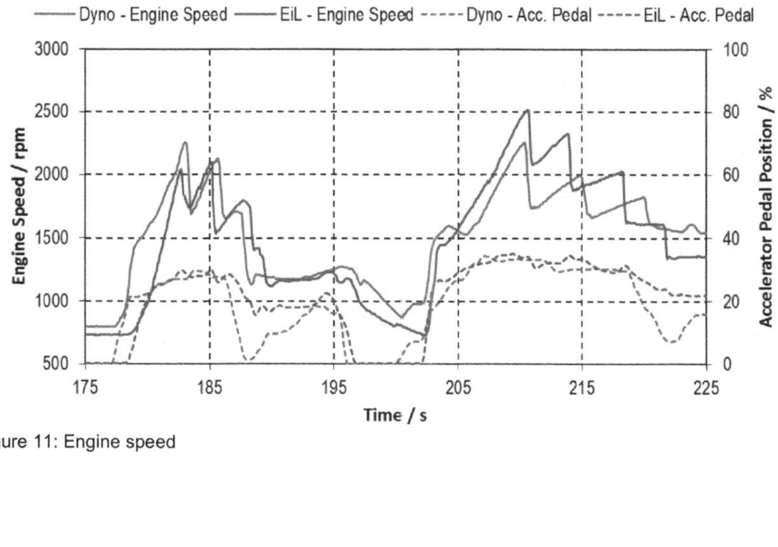

Figure 11: Engine speed

At the end of the acceleration phase between 185s and 190s, a slight overshoot of the vehicle speed on the chassis dyno can be seen, resulting in a release of the accelerator pedal position by the driver. This behavior cannot be seen at the EiL. The virtual driver smoothens the vehicle speed, by reducing the accelerator pedal position earlier than the general offset. The behavior of the virtual driver can be adjusted. Similar to the variety of drives on a chassis dyno, different calibration sets of virtual drivers are able to display the influence of a different drivers, which helps to maintain compliance under all circumstances.

Figure 11 shows the engine speed along with the accelerator pedal position for the same FTP75 section. At the beginning of the displayed segment, the delay during drive-off can be seen. During the first acceleration phase, the engine speed given by the EiL and by the chassis dyno, match closely, although they are slightly shifted. For the part between 188s and 195s, corresponding to a constant vehicle speed, the engine speed does not have this offset. In the second acceleration phase, a slight difference in the shifting behavior and thus in the engine speed trace, can be seen. The difference of the shifting pattern is the result of a different driver behavior at the beginning of the acceleration event. The driver at the chassis dyno is smoothly increasing the pedal position to start the acceleration, whereas the virtual driver reacts a bit late to the speed set point, resulting in a steep increase of the pedal position. As a result, the first and the following shifting are delayed. Although a virtual driver will never be able to reproduce the exact behavior in every cycle, the EiL measurement shows a realistic behavior. Adjustments to the diver model and its calibration could improve the comparability between real and virtual driving. An adjustment of the predictive part in the driver model could help to make the transition from deceleration to acceleration smoother. Another source for different behaviors is the transmission control unit (TCU). The EiL uses a model with several simplifications, a detailed replication of the control logic is not implemented, and for most use-cases not needed. Specific functionalities can easily be implemented according to the need of the application.

4.2. Temperature influence

The necessity to control and simulate the temperature and heat up behavior of the different systems, arises from the direct influence of the temperature on the engine operation and from the influence of ECU control strategies that are based on temperature readings from vehicle tests. Insufficient consideration of correct temperature data will result in differences in the heat up strategies, boost and EGR

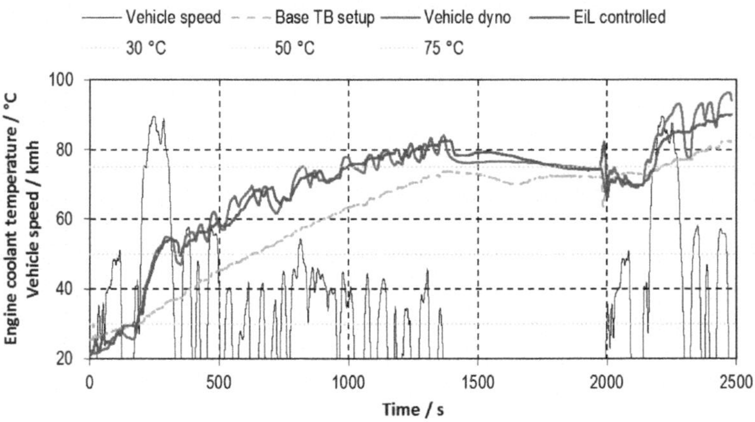

Figure 12: Coolant temperature curves

control or in the activation and efficiency of the exhaust gas after treatment systems. This refers in particular to the SCR system in this setup.

In Figure 12, the coolant temperature profiles of a base test bench setup, the EiL setup and a chassis dyno measurement within a representative FTP75 cycle are depicted. Additionally, the critical temperature steps of 30, 50 and 75 °C are marked, since at these engine coolant temperature levels, the ECU control strategies will change from cold to warm and hot operation.

The plot shows that the heat up curve realized by the base test bench setup is too slow, and therefore not representative for the engine heat up behavior in the real vehicle. The controlled EiL heat up curve, which is based on a simulated heat up curve and controlled by the dynamic coolant device is matching the heat up curve of the vehicle to a high degree. The important areas at 180 seconds, 250 seconds and 975 seconds are met closely. The influence of the thermostat can be neglected in high dynamic operation.

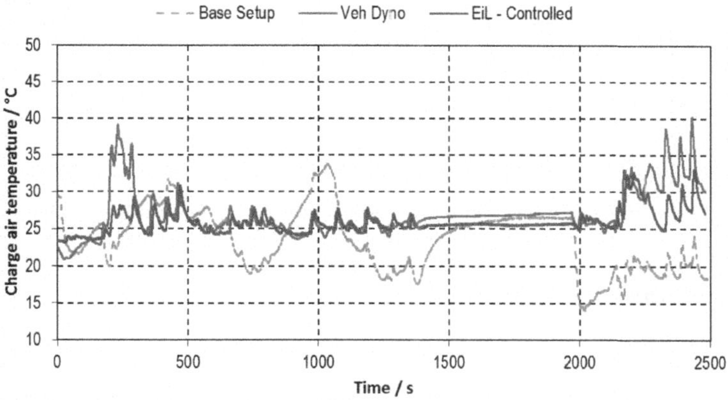

Figure 13: Charge air temperature curves

The ECU actively controls the charge air temperature in different blocks, for example during boost and for high and low pressure EGR control. The control of the EiL setup is based on the low coolant temperature circuit and the simulated ambient conditions. In Figure 13, it can be seen hat a highly dynamic charge air temperature profile can be achieved with the EiL setup. There are two areas in particular, where the model of the controller needs to be adjusted. The first area, between 190 and 300 seconds, is within the heat up of the engine, where the ECU strategy is defined to achieve high charge air temperatures, but the EiL controller model is maintaining ambient conditions. In the high load area, between 2000 and 2500 seconds, the vehicle coolant system cannot maintain the low temperatures required for the low circuit temperature, whereas the test bench system is more powerful and can therefore remain on a lower temperature level.

The temperature of the ETAS is indirectly controlled by a vehicle speed dependent air flow through the test bench housing surrounding the exhaust system. The temperature after SCR is used as reference. The overall heat up behaviors of the engine during the vehicle chassis dyno test, on the base test bench (TB) setup and with the EiL setup are similar up to 300 seconds. At this time, it is required to achieve the SCR light off temperature of 175 °C in order to achieve efficient NOx conversion with the appropriate AdBlue dosing strategy. The base TB setup without exhaust system housing does not remain on the needed high temperature level due to the general air circulation within the test bench. By installing a housing and controlling the air flow, the overall temperature level of the SCR system can be controlled well in comparison to the vehicle measurements. Differences after the stop-start phases within the cycle result from a modeled temperature value from the ECU.

The setup of the EiL test bench requires additional efforts in the conditioning system hardware and control. By utilizing basic engine models and outputs from the vehicle simulation, the heat up behavior of the test object can be matched to the vehicle simulation. In **Error! Reference source not found.**, the indirect temperature control of the exhaust system is shown.

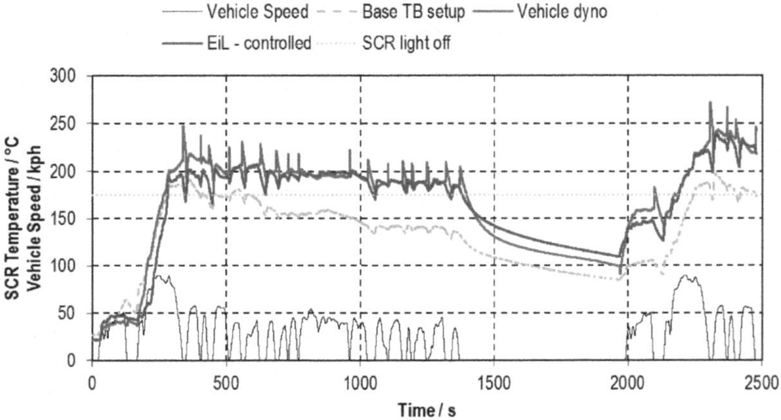

Figure 14: Exhaust system temperature controls

4.3. Emissions

The key factors for representative engine raw and tailpipe emissions of a diesel engine are the correct operation points, the temperature control of the engine media and the exhaust gas aftertreatment system. In terms of emissions, NOx is most critical. On one hand, due to the tight legal limits that need to

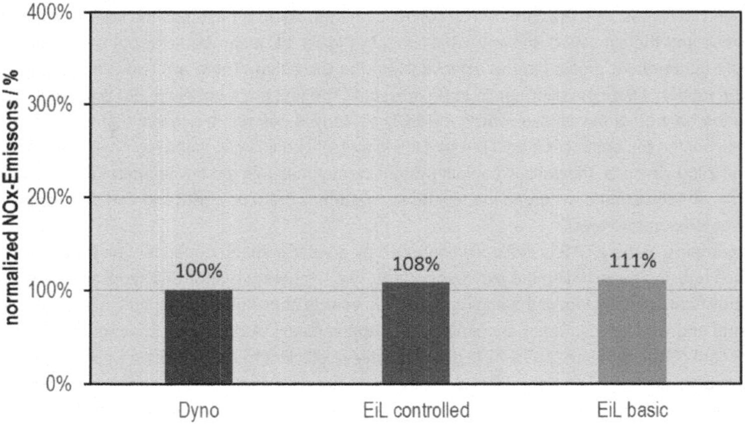

Figure 15: Normalized NOx emissions during the heat up phase of the FTP75

be achieved, and on the other hand due to the strong influence of the temperature on the NOx formation and the exhaust gas aftertreatment system efficiency.

The FTP75 cycle can be split into two parts. During the first 300s, the SCR system is not yet active as seen in Figure 14. Figure 15 shows the cumulated EiL engine out NOx emissions of this phase relative to the emissions of the chassis dyno test for the setup with both controlled (middle) and uncontrolled (right) exhaust gas system ventilation. The engine out NOx emission results are very similar with and without conditioning of the exhaust gas aftertreatment system, and they are only slightly higher than the values from the chassis dyno. This difference can be explained by areas in which the shifting pattern or the driver behavior is different to the chassis dyno test, resulting in different speed/load points.

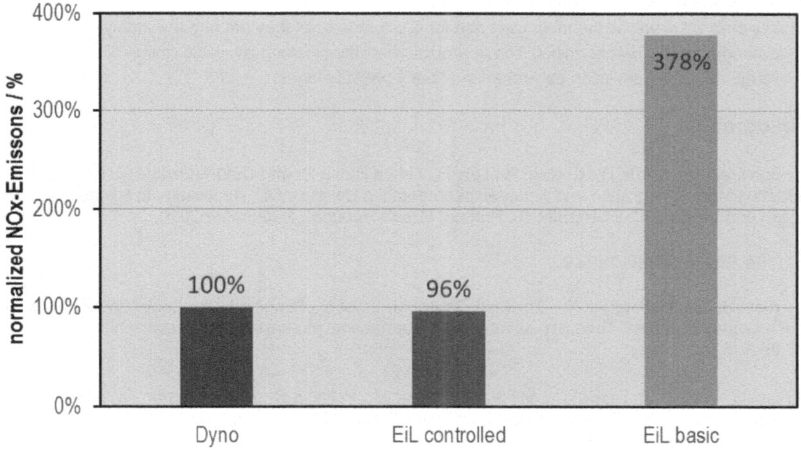

Figure 16: Normalized NOx emissions after SCR light off in the FTP75

After the heat up phase, the tailpipe emissions are mainly linked to the efficiency and thus the temperature of the SCR system. The EiL with the conditioned exhaust gas aftertreatment system in the middle, shows very similar tailpipe NOx emissions compared to the chassis dyno results, whereas the EiL NOx emissions without an air ventilation controlled and capsuled exhaust system are almost 4 times higher than the result of the chassis dyno test (see Figure 16). According to the temperature curves depicted in Figure 14, the temperature before SCR falls below the light off temperature of the SCR after the first high speed phase. This shows the major impact of the temperature conditioning. Especially for cycles or maneuvers that are critical in terms of the aftertreatment system temperature, the conditioning of the engine and die ETAS is essential for the exploitation of the complete potential of the EiL test bench.

5. Conclusion and Outlook

With EiL application presented in this contribution, the FEV Group has successfully completed and validated the in-house tool chain development for virtual testing. This ensures a fast and easy carry-over of models between the various XiL applications. A major benefit of having the same co-simulation tool for all XiL stages is that the simulation environment with control panels, measurement routines and even test sequences can be easily carried over between different XiL applications, ensuring efficiency and comparability of the test results.

Reproducibility of tests and high efficiency EiL testing operation are key factors to justify additional operational costs compared to a conventional engine test bench. The temperature behavior of the engine and exhaust gas aftertreatment system are essential for the emission behavior of the diesel engine and are much more critical compared to a gasoline engine. It was demonstrated that the conditioning systems of the EiL setup are able to accurately simulate the temperature behavior of the engine and exhaust gas system in comparison to vehicle tests on a chassis dyno.

The models in use at the EiL delivered good results, never-the-less there is still room for improvement. On the one hand, the vehicle models on the EiL showed a somewhat different behavior to the vehicle. On the other hand, distinct maneuvers that were seen on the EiL were not yet reproducible in MiL simulations. Thus, it is planned to extend the MiL simulation environment by detailed models for the engine dyno in order to simulate the system behavior before actually going to the test bench. This requires to take the dyno control and latencies into account.

Turnkey calibration will be the main use case for EiL systems, as they are already widely using MiL and HiL to handle the calibration tasks. These projects are often lacking available test vehicles as well as knowledge about the emission performance at early project stages.

Bibliography

[1] : Ben Gaid M.; Corde G.; Chasse A.; Léty B.; De La Rubia R. and Ould Abdellahi M. (2010), "Heterogeneous Model Integration and Virtual Experimentation Using xMOD: Application to Hybrid Powertrain Design and Validation", EUROSIM'10, Prague, Czech Republic, September 2010.

[2] : https://www.intervalzero.com

[3] : Klein S.; Savelsberg R.; Xia F.; Guse D.; Andert J.; et al., "Engine in the Loop: Closed Loop Test Bench Control with Real-Time Simulation", SAE International journal of commercial vehicles (2017), Nr. 1, S.95-105

[4] : Lee S.; Andert J.; Quérel C.; Schaub J.; Kötter M.; Politsch D.; H. Hadj-amor, "X-in-the-Loop-basierte Kalibrierung: HiL-Simulation eines virtuellen Dieselantriebsstrangs", MTZ-Fachtagung VPS „Simulation und Test“ 26./27.09.2017 Congress Park Hanau

[5] : Guse D.; Klein S.; Andert J.; Pischinger S.; Scharf J.; Nijs M.; Wellers R.; Zhang Y., "Virtual Transmission Evaluation using an Engine-in-the-Loop Test Facility", SAE World Congress Experience 2018

[6] : Walter S.; Meyer N.; Klein S.; Andert J., "Emissionen effizient reduzieren Kalibrierung im virtuellen Fahrversuch", MTZextra

[7] : Trampert S.; Huth T.; Nijs M., Andert J.; Guse D.; Picard M. " Closed-Loop Simulation von realen Fahrszenarien am Prüfstand ", MTZextra (2017), S .9-15

[8] : 5. Xia F.; Klein S.; Savelsberg R.; Guse D.; Andert J.; et al.: Road-to-Rig-to-Desktop – Virtual Development Using Real-Time Engine Modelling and Power-train-Co-Simulation. In: The Ninth International Conference on Modeling and Diag-nostics for Advanced Engine Systems (COMODIA 2017)

[9] : Lee S., Andert J., Neumann D., Querel C. et al., "Hardware-in-the-Loop Based Virtual Calibration Approach to Meet Real Driving Emissions Requirements," SAE Technical Paper 2018-01-0869, 2018, https://doi.org/10.4271/2018-01-0869.

[10] : Kötter M., Lindemann B., Bergmann D., Ehrly M., Thewes S., Jung T., Nijs M., Körfer T., Trampert S., Drecq T., Gautier p., " Powertrain calibration based on X-in-the-Loop: Virtualization in the vehicle development process," 19. Internationales Stuttgarter Symposium Automobil- und Motorentechnik

A Simulation Methodology to Lower GDI Soot Emissions by Reducing Nozzle Tip Wetting

Gregor Kotnik, Peter Tibaut, Wolfgang Krankenedl,
Alexander Morozov,

AVL LIST GmbH, Austria

J. Liebl (Hrsg.), *Simulation und Test 2018*, Proceedings,
https://doi.org/10.1007/978-3-658-25294-6_13

Keywords: CFD Simulation, Nozzle tip wetting, GDI, tip sooting, spray bomb measurement

ABSTRACT

The Particulate Number (PN) is the most complex emission component of Gasoline Engines both in view of measurement tools, conditioning, repeatability tolerance sensitivity, validation, stability and diagnostics a s well as simulation development methodology. A comprehensive simulation methodology and consistent simulation tool chain are key prerequisite to significant contribution to develop cost and CO_2 efficient low PN solutions. Mastering deposit formation and long-term stability of mixture formation as well as handling real driving emissions (RDE) requirements are key for low real world Particulate Numbers. Gasoline particle filter (GPF) reduces risks in PN log term stability and RDE, however shows negative CO_2 impact especially in RDE thus reduction of PN-Engine out still is a key target. In the present paper the simulation and measurement of GDI tip wetting as a predecessor of tip sooting is employed. The simulation chain (within AVL FIRE) used consist of transient injector multiphase simulations, a fuel spray simulation considering fuel atomization and wall film formation as well as testing. Moreover, synchrotron X-Ray micro-tomography was used to identify the real nozzle configuration as a simulation input to ensure consistent nozzle geometry for both measurement and simulation. One injector type with step hole geometry was observed (BOSCH HDEV5). Variation of conditions which accelerate fuel evaporation from wall film formed on the nozzle tip surface were carried out. The simulations were verified with measurements including high speed microscopic video analysis of the injector tip during injection.

INTRODUCTION

Injector coking as a consequence of nozzle tip wetting [2], [3] can usually be divided into internal and external part (Figure 1). For external coking (micro coking) the deposits are accumulated around the fuel nozzle holes not affecting the free cross-sectional area of the nozzle holes itself. It has also no effect on injector flow rate or spray pattern. However, it has the potential to increase Engine-out PN at normal engine operation by a factor of 10 although spray and flow remain unaffected.

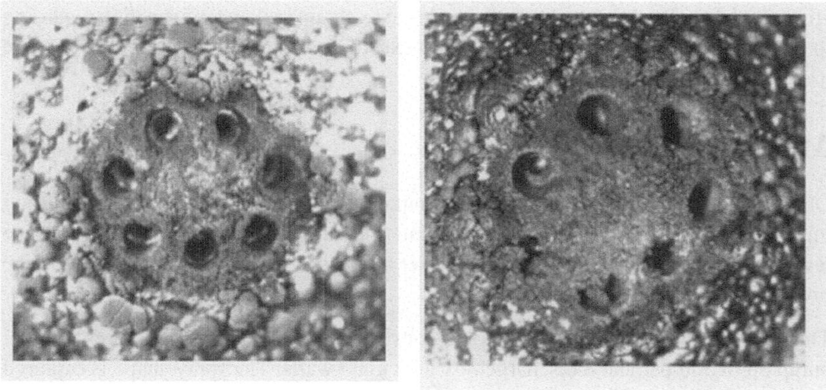

Figure 1: Micro coking (left) and macro coking (right) (source: internal AVL research)

On the other side – internal coking (macro coking) results in accumulation of particles in the nozzle holes and hence a partial or full clogging of the fuel holes might appear. This effect may have a significant impact on injector flow rate and/or spray pattern.

Combination of engine operating conditions and system related conditions plays important role by nozzle tip wetting.

In a recent work of Fischer et al., a compensative review of injector tip wetting was conducted where innovative high efficient GDI engine has been intensively tested and his research suggests that tip sooting can be directly linked to fuel remains on the injector tip after injection. Measurements with a highspeed microscopic camera made the film on the tip visible. The key to reduce tip sooting is therefore to reduce the wall film formation on the injector tip and to optimize the evaporation of the fuel before the main combustion reaches the injector [1], [2]

It was shown that small differences in injector geometry like the shape of the nozzle inlet at the needle seat area in combination with a different needle lift have a great influence on the flow inside the nozzle and therefore on the wall film formation

The injector inner geometry (type and concept of the injector) influences main flow parameters of the fuel and significantly determines cavitation and flash boiling phenomena.

Injector tip wetting is depending on flow conditions inside the injector, nozzle and counter-bore geometry, fuel pressure, flow and temperature conditions inside the cylinder and injection strategy [4]. New innovative injector designs can also improve tip wetting leading to a small increase of particulate emission from a clean to a stable injector [5].

High resolution X-ray scan was performed first to obtain realistic information regarding to the nozzle geometry and to ensure that exactly same geometrical conditions were used for simulation and measurement.

MESUREMENT

Objective of this study is to perform the simulation of the nozzle tip fuel wetting during injection phase, which helps to identify countermeasures and for reducing costly engine tests. For verification of the simulation, a set of measurements were carried out on the investigated injector.

The injector is mounted in a spray bomb consisting of a fuel tank, a high-pressure fuel pump up to 500 bar and a discharge box with glass walls. The spray shape is captured using an image-capturing system according to the schematic in Figure 2. The injector is actuated multiple times in a row using the requested fuel pressure and injection time. During each injection one picture is taken at a defined time step which moves further after every injection. The result is a video from injection start to end showing the spray development but also fluctuations between each injection. Derived output is penetration length as a characteristic quantity of the injector and operating conditions.

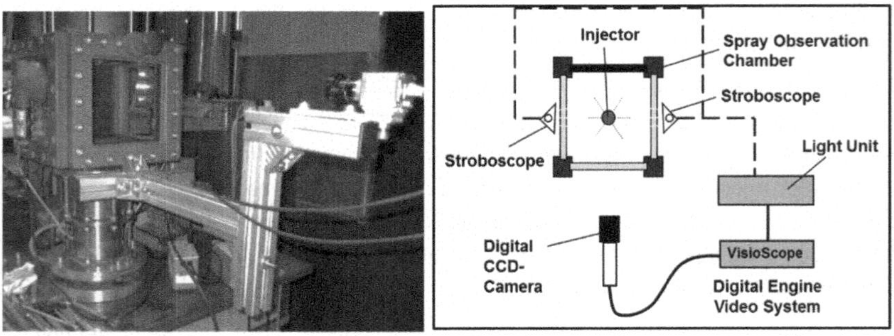

Figure 2: Spray observation chamber (spray bomb) and experimental setup for GDI spray analysis

The described spray bomb method is used in engine development as a standard for adjusting the injection simulation and to observe injector properties under given conditions. However, to measure the formation and propagation of a fuel wall-film on the injector tip, measurement setup was developed that combined a high-speed camera with a strong macro lens. This setup is shown in Figure 3, which uses same components of the spray bomb test bed described above [1].

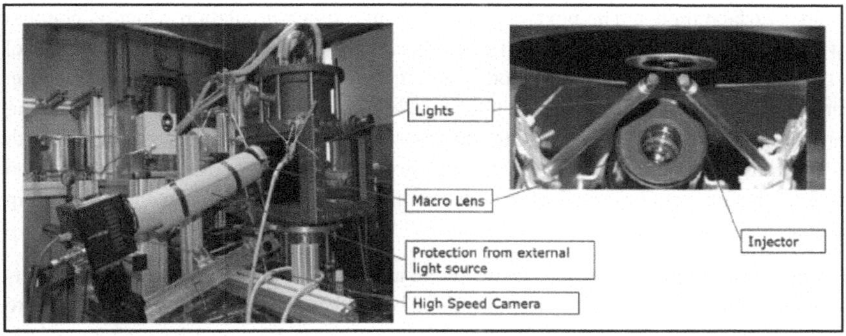

Figure 3: Test rig setup for high speed injector tip measurements during injection [1]

Test configuration specification is shown in the Table 1. Continuous picture recording during the whole injection event is performed and a set of raw data pictures is generated which need to be processed accordingly. To increase the picture resolution, the number of shots per sec has been reduced. Final frame rate was 10.000 at 640x480.

Table 1: Test bed specification

High speed camera	Photron Fastcam Mini AX100 type 540K-M-8GB
Macro Lens	UV-Nikkor f=105mm, 1:4.5
Min. Exposure time	1.05µs independent from frame rate
Max frame rate	540.000 fps at 128 x 16 pixels

The investigated BOSCH HDEV5 injector which was in clean state was not available as 3D CAD data, but only in hardware form. That's why X-Ray scanning technique was used for generation of the surface reliable for CFD simulation. In this way the simulation workflow independent from injector supplier can be developed.

This method is applicable to various injector models and allows the representation of tolerance and manufacturing deviations that would not be visible in a nominal geometry. [1]

SIMULATION

To analyze the tip wetting behavior a simulation tool chain was developed which includes injector multiphase simulations, a spray simulation coupled with the nozzle file (primary break-up captured) and a fuel wall film model as well as the experiment. First the flow simulation inside the injector is performed considering a 3D-XRay based model surface model. The next step is a Lagrange spray simulation which is coupled with the nozzle file and fuel wall film module. This one was used to simulate the fuel sticking and transport on the injector tip and in the counter-bore domain. Low injection pressure level and a realistically rounded nozzle hole inlet due to hydro-erosive grinding are increasing the nozzle and counter-bore wetting. The simulations were verified with measurements including fuel spray penetration and high speed microscopic animation of the injector tip during injection. The simulated fuel wall film on the injector tip matches well with the measurement results.

Variation of rail pressure was investigated to analyze possible reduction of the tip wetting and improve fuel evaporation. AVL FIRE simulation tool has been used for entire simulation chain.

Computational mesh model has been generated in a way to consider flow structure and consequently proper flow aligned volume mesh topology. Full model mesh has 2.5 mio elements (Figure 3) and is prepared for transient simulation capturing needle movement with mesh deformation (e.g. all the time same topology, cells are just deformed accordingly). Simulation started with 1 µm needle open and covered full needle opening and ended few milliseconds after needle closing. Multiphase module including cavitation was activated.

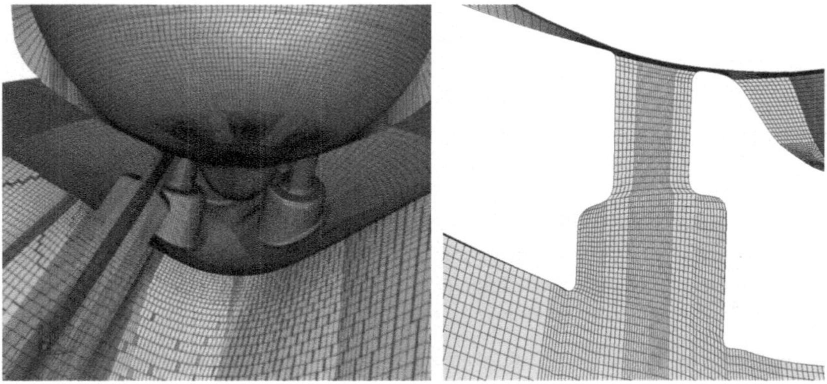

Figure 3: Computational volume mesh of the injector

The definition of the needle stroke was based on a characteristic lift curve of a Bosch injector, which was adapted in time to the signal duration and scaled in height so that measured and simulated mass flow coincide. This scaling was validated for injection pressures of 100 and 300 bar: all simulated cases had deviation from the measurement by less than 1% (Figure 4).

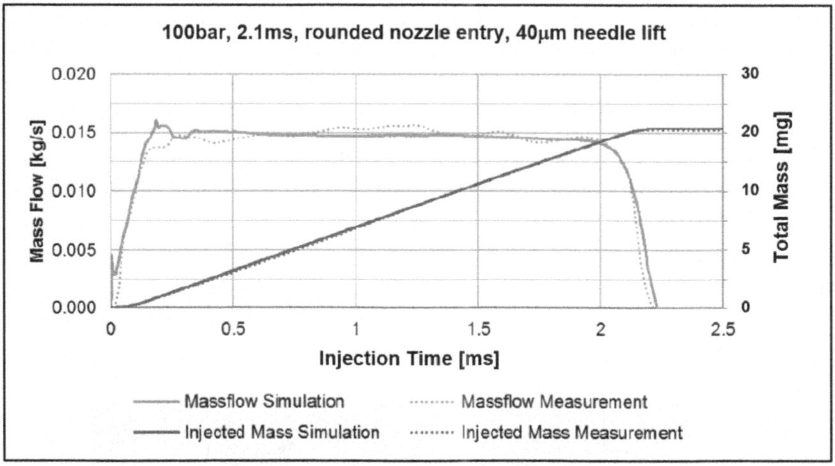

Figure 4: Computational volume mesh of the injector

Observing the simulation results – flow distribution inside the nozzle at 100bar on Figure 5, it can be seen that the liquid fuel jet is divided in to two parts and is deviating from the nozzle central direction slightly to one side of the injection hole but still well deflected from the counter-bore. This is caused by relatively intensive cavitation appearance on many micro locations in the nozzle hole, but always on the regions with sufficiently high local pressure drop.

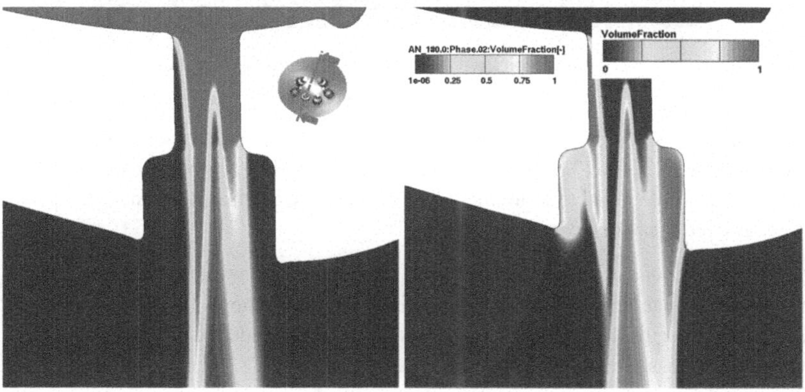

Figure 5: Liquid volume fraction (left) and vapor volume fraction (right) for fully open needle (developed flow conditions)

The flow conditions at the nozzle orifice were stored and transferred over nozzle file to the spray module more precisely to the primary break-up model as an input for initial droplet size and velocity. This directly influences more precise estimation of the fuel liquid core size at the nozzle orifice and release of droplets from this core surface.

Second step of the simulation chain is spray bomb simulation which serves also as a spray model calibration against the experimental data and in the same way the observation of the injector tip wetting.

Fuel spray module calibration was done for the baseline variant (100bar injection pressure and ambient chamber conditions). The same model parameters were used then for all other variations. Figure 6 shows optical comparison between measurement and simulation of the fuel spray cone for 100bar injection pressure.

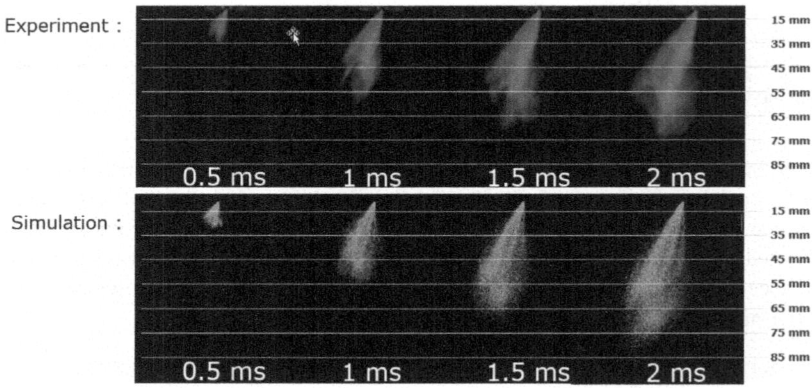

Figure 6: Fuel spray shape comparison for different time snapshots for side view

Penetration curves for each injection hole compared with the measured penetration curve is shown on Figure 7. Relevant comparison should be seen between penetration curve of nozzle hole 1 and measurement curve since by experiment the maximal penetration has been measured.

The good agreement of the results between simulation and measurement for optical comparison and penetration curves for baseline conditions shows that the accuracy of simulation of injector flow based on injector supplier independent data (X-ray scanned) is realistic and possible.

In parallel with the simulation of the spray cone development, the analysis of the tip wetting on the nozzle tip and in the counter-bores was performed. In this phase, a standard AVL FIRE fuel wall-film model was used. This approach considers for the spray the wall interaction model of Kuhnke [6] [7]. Depending on temperature and velocity of the fuel droplets, this model describes rebounding or deposition of the fuel droplets on the wall.

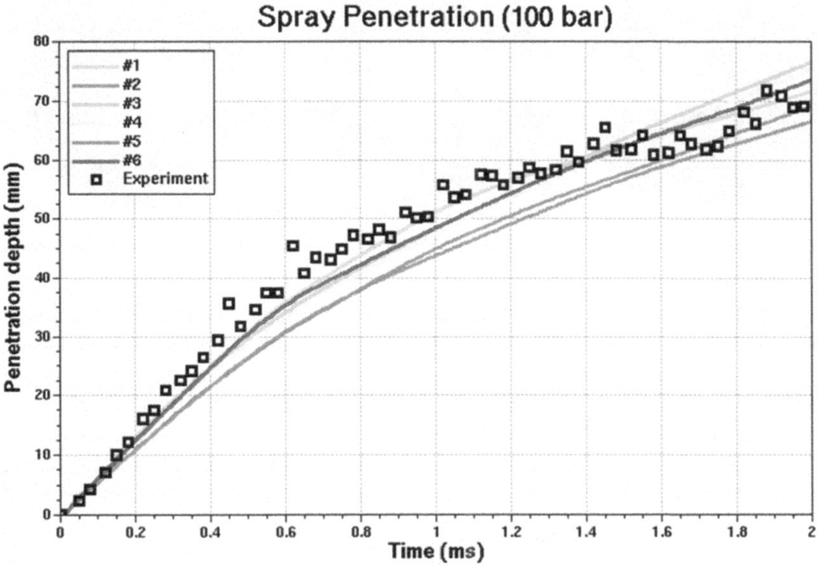

Figure 7: Liquid fuel spray penetration curves – comparison between measurement and simulation; each separate hole is shown for simulation results (#1 – #6)

Following matrix of rail pressure condition variations was used (Table 2). The purpose of this variation was to observe which conditions guide effectively to reduction of injector tip wetting and which conditions speed-up the evaporation of liquid fuel wall film respectively.

Table 2: Simulation matrix

	Baseline	**Variation**
Rail pressure	100 bar	300 bar

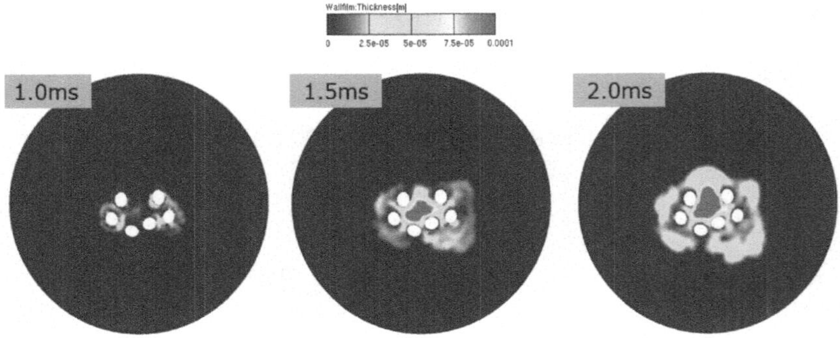

Figure 8: Film thickness propagation history for heptane (100bar, 20degC) – baseline condition

A detailed analysis of the fuel wall film development in Figure 8 shows at 50% of needle opening (time scale) the tip wetting starts to be generated and shows the tendency to grow. A fuel film starts to form visible wetting areas around the outer counter-bores. At 75% of needle opening (time scale) the film spreads towards the center of the injector tip. At 2ms, there is already a wall-film in all 6 counter-bores and the wetting on the top is growing steadily whereby the maximum film thickness remains to be located on the very tip of the injector. The same phenomena have been observed by experiment.

Variations (Figure 9) show interesting phenomena at 2ms from injection start – increasing the rail pressure to 300bar the wetting effect is significantly reduced. In both cases the maximum film thickness remains in the center of the injector tip.

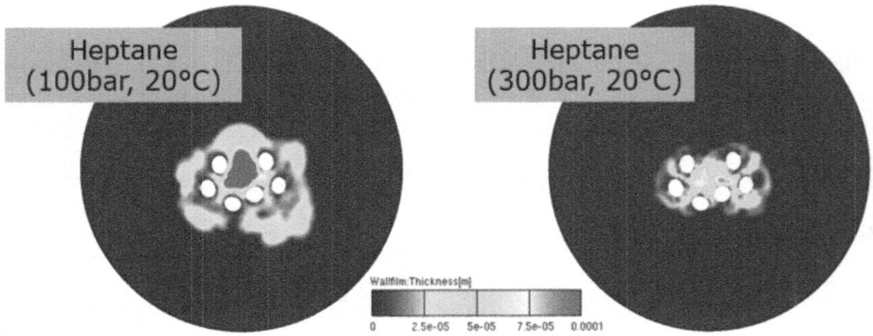

Figure 9: Film thickness at end of injection (DOI=2ms) and at (inject. Pressure, tip T)

Measurement results from high speed camera in micro view (Figure 10) show the fully developed spray cone which is by needle closing turning in remaining bigger droplets. Wetting area around the injection counter-holes can be seen as dark grey region.

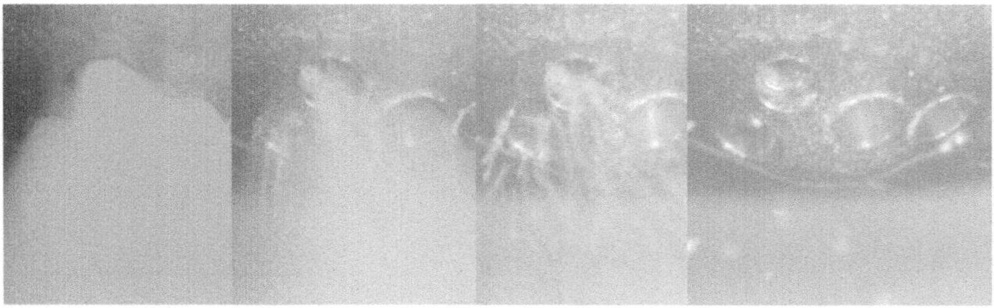

Figure 10: Tip wetting high speed camera micro view – from maximal open needle to the needle closing (+1ms) – baseline conditions

Comparison of wall wetting effect between measurement and simulation at 1ms after needle closing (Figure 11) shows very good agreement regarding spatial fuel wall film distribution.

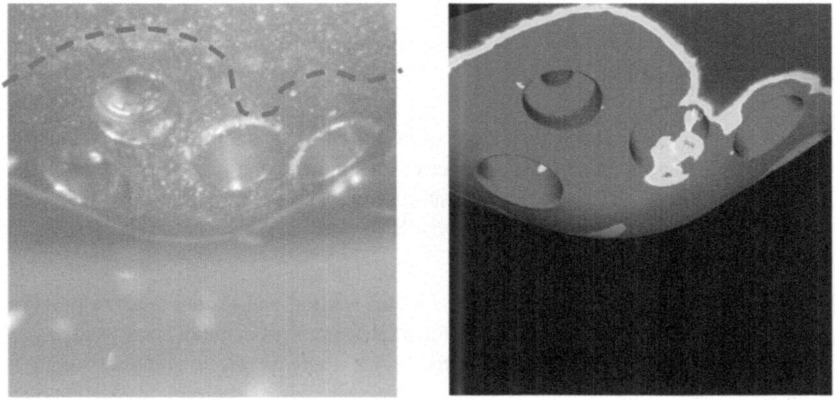

Figure 11: Tip wetting comparison for baseline conditions

The comparison of fuel wetting at the injector with the total injected amount for different variants shows a clear trend shown on Figure 12. Increasing the injection pressure from 100 to 300 bar at the same geometry leads to a significant reduction of the relative wall-film mass. This observation coincides with the results of Fischer et al. [2].

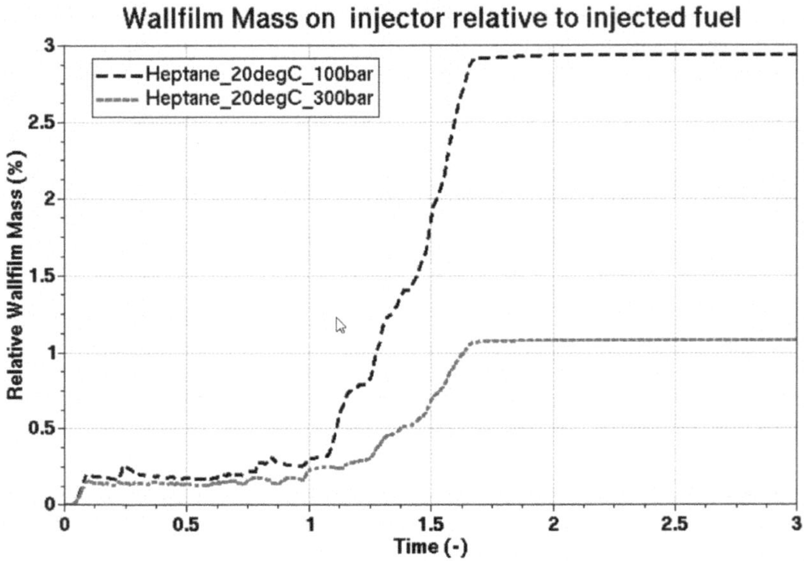

Figure 12: Tip wetting effect – wallfilm mass fraction from total injected fuel

CONCLUSION

Present analysis elaborates that soot emission caused by injector tip sooting can be reduced by reducing fuel wetting. To reduce costly engine experiments, a simulation approach is proposed. The fuel wetting is successfully simulated using the example of a Bosch HDEV5 injector. The simulation results are verified with existing and new measurement methods.

The simulation workflow to predict the fuel tip wetting and further analyze possible scenarios to reduce it was described. Different measurement methods were used to verify the simulation results and this under conditions where no injector supplier's input is required.

An increase of the fuel pressure from 100 to 300 bar leads to a reduction of the fuel wetting by 60% with the same geometry.

This allows a rapid and cost-effective optimization of the overall system cylinder and injector in early development stages and helps to save iteration loops on the experimental engine.

LITERATURE

1. Fischer: Experimental and Numerical Investigation of Injector Tip Wetting in Modern Gasoline Engines as predecessor for particle emissions, PhD Thesis, TU Graz, 2018

2. Fischer, M. Thelliez, M. Mérida Delgado: Experimental and Numerical Investigation of Injector Tip Wetting in Modern Gasoline Engines as Predecessor for Particle Emissions, Wiener Motorensymposium 2018

3. Bo Wang, T Badawy, P Hutchins, P Tub, H Xub, X Zhang: Numerical Investigation of the Deposit Effect on GDI Injector Nozzle Flow, The 8th International Conference on Applied Energy – ICAE2016

4. T. Pauer, H. Yilmaz und J. Zumbrägel, „The New Generation Bosch Gasoline Direct Injection Systems," in 38th international vienna motor symposium, Vienna, 2017. ISBN: 9783183802128

5. J. Kazour, B. Befrui, H. Husted, M. Raney und D. Varble, „Innovative Sprays and Particulate Reduction with GDi Injectors," SAE Technical Paper, 2014. DOI: 10.4271/2014-01-1441.

6. D. Kuhnke, „"Spray Wall Interaction Modeling by dimensionless Data Analysis," PhD Thesis, Darmstadt, 2004.

7. AVL LIST GmbH, FIRE v2018 – Wallfilm Module Manual, Graz, 2018.

Simulation der Wassereinspritzung in SIDI-Turbomotoren

Dr. Werner Gumprich
Dr. Ingo Hermann
Dr. Claus Glahn
Martin Paroll

Opel Automobile GmbH

J. Liebl (Hrsg.), *Simulation und Test 2018*, Proceedings,
https://doi.org/10.1007/978-3-658-25294-6_14

1 Motivation

Die Verschärfung der gesetzlichen CO_2-Regulierung und die Einführung von RDE-Prüfverfahren[1] machen die Entwicklung von effizienten und kostengünstigen Antriebstechnologien erforderlich. Neben einem allgemeinen Trend zur Elektrifizierung gewinnt die Entwicklung von effizienten Verbrennungsmotoren zunehmend an Bedeutung. Zu den neuen Technologie-Trends gehören unter anderem höhere Verdichtungsverhältnisse und Miller-Brennverfahren. Das volle Potential und die Effizienz von modernen SIDI Turbomotoren werden jedoch häufig durch Klopfen limitiert. Zur Absicherung der Verbrennung gegen diesen klopfenden Betrieb und zur Senkung der Abgastemperaturen wird in Betriebsbereichen des Motorenkennfelds das Kraftstoff-Luft-Gemisch angereichert und der Zündzeitpunkt verspätet.

Eine effektive Alternative zur Vermeidung von Klopfen bietet die Wassereinspritzung im Verbrennungssystem. Durch den Abkühlungseffekt des verdampfenden Wassers sowie den Einfluss von Luftfeuchtigkeit auf die Zündfähigkeit des Gemisches wird die Neigung zur Selbstzündung gemildert. Die Früh-Verstellung des Zündzeitpunkts führt zu geringeren Abgastemperaturen und der stöchiometrische Betrieb des Motors wird somit im gesamten Motorkennfeld ermöglicht.

Für eine effiziente Auslegung des Wassereinspritzungssystems wird jedoch ein tieferes Verständnis des Prozesses benötigt. Dafür bieten 3D-CFD-Simulationen Unterstützung an. 3D-CFD ist ein wirksames Werkzeug zur Untersuchung von Mehrphasenströmungssystemen und somit zur Analyse und Optimierung von Wassereinspritzungsprozessen in Verbrennungsmotoren.

2 Wassereinspritzung im Verbrennungssystem

Die Einspritzung von Wasser in modernen SIDI Turbomotoren ist potenziell vorteilhaft. Dadurch wird die Klopfneigung vermindert und die Vorverstellung des Zündzeitpunkts ermöglicht; Spitzendrücke und Leistungsfähigkeit werden somit erhöht. Durch eine verminderte Klopfneigung wird Kraftstoffanreicherung vermieden und ein völlig stöchiometrischer Betrieb ($\lambda = 1$) des Motors ermöglicht. Eine Erhöhung des Verdichtungsverhältnisses wird ebenfalls ermöglicht, was zu einer Verbesserung der Effizienz des Motors im Fahrzyklus führt. Im Fall einer Einlasskanaleinspritzung des Wassers wird der volumetrische Wirkungsgrad auch erhöht und das Drehmoment verstärkt. Der Verbrauch kann daher reduziert werden und/oder die Leistung erhöht. Neben allen

1 RDE = Real Drive Emission

diesen Vorteilen werden die Abgastemperaturen auch abgesenkt und Kraftstoffanreicherung aufgrund von Bauteilschutz vermieden.

2.1 Einfluss des Wassers

Die Wasser-Einspritzung beeinflusst das Verbrennungssystem durch unterschiedliche physikalische Vorgänge. Unter den treibenden Makroeffekten sind die Wasserverdampfung, Tropfen-Gas- und Tropfen-Wand-Interaktion. Erwünscht ist der Einfluss von Wasserverdampfung bis zum Ende der Kompressionsphase. Dadurch wird die Luftfeuchtigkeit erhöht und die Temperatur im Zylinder abgesenkt; die thermodynamischen Zustandsgrößen (z.B. Wärmekapazität) des Gemisches werden somit beeinflusst. Allein eine erhöhte Luftfeuchtigkeit hat einen wesentlichen Einfluss auf den Reaktionsmechanismus des Verbrennungssystems. Daraus folgt eine geringere Zündfähigkeit, niedrigere Klopfneigung und eine geringere laminare Flammengeschwindigkeit [1]. Hauptziele der Systemauslegung sind daher ein höherer Sättigungspunkt und eine vollständige Verdampfung von dem eingespritzten Wasser.

Bei einer vollständigen Verdampfung des Wassers hängt die Luftfeuchtigkeit linear mit der eingespritzten Wassermenge zusammen. Da ein niedriger Wasserverbrauch von großer Bedeutung ist, ist eine wirksame Abkühlung des Gemisches durch die Wasserverdampfung entscheidend. Die Abkühlung hängt von der Temperatur des Gases, Verdampfungsenthalpie des Wassers sowie von anderen thermodynamischen Zustandsgrößen ab und somit von Einspritzzeiten, Injektor-Position, Wand-Benetzung und Verdampfungsrate. Eine Optimierung des Systems ist daher stark von diesen Einflussfaktoren abhängig.

Außerdem sollen die negativen Effekte von Tropfen-Gas- und Tropfen-Wand-Interaktion bei der Systemauslegung begrenzt werden. Durch Tropfen-Gas-Interaktion kann die Ladungsbewegung gestört werden und somit die Turbulenz und die turbulente Flammengeschwindigkeit vermindert werden. Bei einer erhöhten Wand-Benetzung wird die Wand anstelle des Gemisches abgekühlt und die Wirksamkeit der Wasserverdampfung eingeschränkt.

2.2 Untersuchte Wassereinspritzungs-Konzepte

Unterschiedliche Strategien zur Einspritzung von Wasser in das Verbrennungssystem sind möglich. Allgemeine Beispiele dafür sind Saugrohr- und Einlasskanaleinspritzung, direkte Wasser-Einspritzung und vorgemischte direkte Wasser-Kraftstoff-Einspritzung [1, 2, 3, 4]. Dabei ist eine zunehmende Komplexität des Einspritzsystems oft mit einem sinkenden Wasser-Verbrauch verknüpft [1]. Unerwünschte Nebeneffekte, wie zum Beispiel die Abschwächung der Ladungsbewegung und das Eindringen von Wasser in die Ölwanne, sind bei der Strategiewahl und Systemauslegung zu vermeiden.

Im vorliegenden Beitrag werden drei unterschiedliche Wassereinspritzungs-Konzepte mit 3D-CFD-Simulationen untersucht, nämlich die Einlasskanaleinspritzung des Wassers und direkte Einspritzung des Kraftstoffs (PWI & GDI), die mechanisch vorgemischte direkte Wasser-Kraftstoff-Einspritzung (Premixed DI) und die Einlasskanaleinspritzung des Kraftstoffs und direkte Einspritzung des Wassers (PFI & WDI). Die wesentlichen Vor- und Nachteile jedes Konzepts werden dabei zusammengefasst. Das Potenzial der 3D-CFD-Simulationen in der Analyse und Optimierung unterschiedlicher Wassereinspritzungs-Konzepte wird dargestellt.

Ein viertes Konzept, nämlich die Saugrohreinspritzung, wurde nur experimentell und nicht numerisch untersucht, da die Verdampfungsrate und der Einfluss der Verdampfung auf die Gas-Temperatur bei der Saugrohreinspritzung begrenzt ist.

Einlasskanaleinspritzung des Wassers und direkte Einspritzung des Kraftstoffs (PWI & GDI)

In diesem Fall werden die Wasserinjektoren in die Einlasskanäle eingebaut und zwar vor der Kanalaufteilung. Der Injektor wurde speziell für Wasser konzipiert und so ausgelegt und positioniert, dass der größte Teil der Flüssigkeit durch die geöffneten Einlassventile in den Zylinder eintritt und zwar in 2 Haupt-Wasserstrahlen geteilt (s. Abbildung 1, links). Die Richtungen der einzelnen Strahlen wurden rein geometrisch ausgelegt. Außerdem wird das Wasser mit einem Druck von bis zu 10 bar eingespritzt.

Die Hauptvorteile dieser Strategie sind die niedrigen Kosten, verbunden mit einer einfachen Integration des Wasserinjektors in das System und eine einfache Steuerung der Wassereinspritzung im transienten Betrieb des Motors.

Vorgemischte Wasser-Kraftstoff-Einspritzung (Premixed DI)

Ein anderes untersuchtes Konzept ist die vorgemischte Wasser-Kraftstoff-Einspritzung. In diesem Fall wird eine Wasser-Kraftstoff-Mischung direkt in den Brennraum eingespritzt (s. Abbildung 1, Mitte). Der vorhandene Benzin-Injektor wird dafür verwendet und die Einspritzzeiten von Wasser und Kraftstoff erfolgen dabei parallel zueinander. Das Gemisch wird mit einem Druck von 350 bar für den vorhandenen Versuchsmotor eingespritzt.

Da Wasser in Benzin nicht löslich ist, werden beide Flüssigkeiten vor der Einspritzung in eine Mischkammer eingeführt und durch eine statische Mischvorrichtung mechanisch geschert. Die treibende Kraft dazu ist der Druck-Gradient über die Mischvorrichtung. Anschließend erfolgt eine weitere Durchmischung in der Hochdruckpumpe. Um deren Einfluss auf die chemische Reaktion zu vermeiden und den Einfluss von Wasser isoliert zu betrachten, werden Emulgatoren absichtlich nicht angewendet. Außerdem werden bei diesem Versuchsaufbau bislang nur stationäre Betriebspunkte vermessen.

Die Vorteile des Premixed DIs liegen unter anderem in der höheren Verdampfungsrate und höheren Effektivität der Abkühlung des Gemisches, die zu einem niedrigen Wasserverbrauch führt. Wesentliche Nachteile sind die komplexe Steuerung des Systems und eine aufwendiger Realisierung des transienten Betriebs des Motors.

Einlasskanaleinspritzung des Kraftstoffs und direkte Einspritzung des Wassers (PFI & WDI)

Eine direkte Einspritzung ist thermodynamisch effizienter als eine Einlasskanaleinspritzung. Das Einspritzzeitfenster ist jedoch begrenzt bei der Premixed DI-Strategie und zwar wegen der Luft-Kraftstoff-Mischungsaufbereitung; eine späte Einspritzung führt zu einer schlechten Homogenität des Gemisches und folglich zu einem höheren Verbrauch und unruhigen Betrieb des Motors.

Um eine vom Kraftstoff getrennte, direkte Einspritzung des Wassers zu untersuchen, wird Benzin in den Einlasskanal eingespritzt (s. Abbildung 1, rechts). Für die Wassereinspritzung wird der übliche Kraftstoff-Injektor (DI) verwendet.

Der thermodynamisch effiziente Abkühlungseffekt der Kraftstoffverdampfung im Zylinder wird bei diesem Konzept leider nicht realisiert. Allerdings kann die Wassereinspritzung besser optimiert werden und die Gemisch-Homogenität mit PFI wird verbessert.

Das PFI & WDI-Konzept im diesen Beitrag wird rein numerisch untersucht.

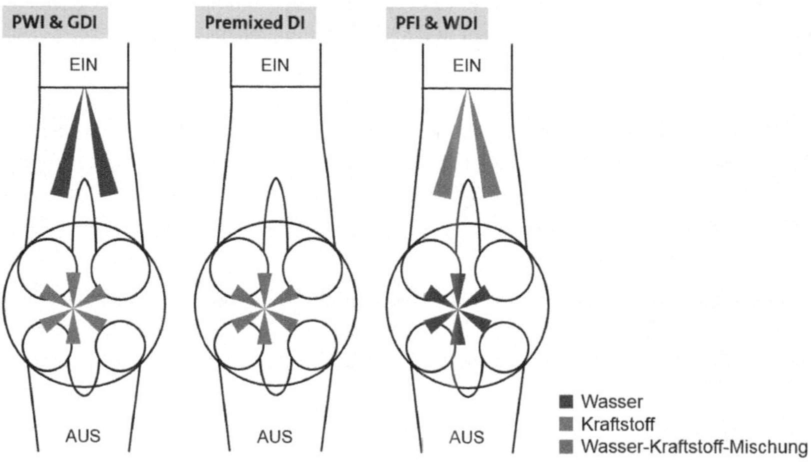

Abbildung 1: Untersuchte Wassereinspritzungs-Konzepte.

3 Messungen und 3D-CFD-Modell

In diesem Abschnitt wird ein kurzer Überblick über den Motor, Prüfstand und 3D-CFD-Modell dargestellt.

Basis-Motor

Der Basis-Motor ist ein turboaufgeladener 1.6L SIDI Motor der MGE (Midsize Gasoline Engine) Familie von Opel Automobile GmbH. Durch die Optimierung von Integrationsparametern, Turboaufladung und Ladeluftkühlung wurde die spezifische Leistung um 35% erhöht.

Prüfstands-Messungen

Dynamometer-Messungen sind für unterschiedliche Wassereinspritz-Konzepte, Betriebspunkte und Wassermengen durchgeführt worden. Da der Massendurchfluss des Wassers ein wichtiger Parameter für die vorliegende Untersuchung ist, sind zwei Systeme zur Messung des exakten Massendurchflusses eingebaut worden. Beide arbeiten nach einem Verdrängungsprinzip. Eine ist ein Turbinen-Durchflussmesser, der für höhere Wasser-Massendurchflüsse konzipiert wurde. Der andere ist ein Zahnrad-Durchflussmesser für niedrige Massendurchflüsse. Nur entmineralisiertes Wasser ist verwendet worden.

Neben den üblichen Dynamometer-Messungen sind die Einspritz-Prozesse auch visuell untersucht worden und zwar für das PWI & GDI-Konzept und das Premixed DI-Konzept. Dafür ist eine Endoskopiekamera in den Zylinder eingebaut worden.

3D-CFD-Modell

Die 3D-CFD-Simulationen sind mit den kommerziellen Software StarCD und ES-ICE 4.22 durchgeführt worden. StarCD basiert auf einem Finite-Volumen-Ansatz. Turbulenz wird mit dem RNG[2] k-ε-Modell (RANS[3]-Ansatz) beschrieben und Druck mit dem PISO[4] Algorithmus diskretisiert. Wasser- und Kraftstoff-Spray werden mit einem Lagrangeschen Ansatz modelliert.

Im Modell sind Zylinder-Aufladung und Aerodynamik, in-Zylinder Ladungsbewegung, Wasser- und Kraftstoffeinspritzung, Tropfen-Gas- und Tropfen-Wand-Interaktionen sowie Wasser- und Kraftstoff-Verdampfung beschrieben.

2 RNG = Re-Normalization Group

3 RANS = Reynolds-Averaged Navier-Stokes

4 PISO = Pressure Implicit with Splitting of Operator

4 Ergebnisse

Wasser kann durch unterschiedliche Konzepte in das Verbrennungssystem eingespritzt werden. Die wesentlichen Konzepte sind in Abschnitt 2.2 zusammengefasst. Das System wird dann vom Wasser durch unterschiedliche Einflussfaktoren beeinflusst: Luftfeuchtigkeit und Abkühlung durch Verdampfung, Ladungsbewegung und Wandbenetzung. Je nachdem, wie und wann Wasser in das System eingespritzt wird, ändern sich die thermodynamische Effizienz der Verdampfung und die unerwünschten Nebeneffekte.

In diesem Abschnitt werden Ergebnisse von 3D-CFD-Simulationen analysiert und teilweise mit experimentellen Messungen verglichen und validiert. Unterschiedliche Einspritz-Strategien, -zeiten und Wasser-Mengen werden dabei untersucht. Diese Ergebnisse sind bezogen auf den Betriebspunkt 5000RPM, 280Nm, sofern nichts anderes vermerkt ist.

Einfluss der Luftfeuchtigkeit und Temperatur

Wie bereits im Abschnitt 2.1 erwähnt, wird der Verbrennungsprozess wesentlich durch eine erhöhte Luftfeuchtigkeit und eine durch Wasserverdampfung abgekühlte Kompressionsend-Temperatur beeinflusst. In Abbildung 2 werden die gemessenen Lambda (links) und Zündzeitpunktvorverstellung (rechts) in Abhängigkeit von dem Wasser-Kraftstoff-Verhältnis (WFR[5]) graphisch dargestellt und zwar für die Premixed DI und PWI & GDI Konzepte. Beide Graphen zeigen ein näherungsweise lineares Verhältnis. Es ist auch zu sehen, dass höhere Lambda und Zündzeitpunktvorverstellung mit der Premixed DI-Strategie bei gleichem WFR erreicht werden kann. Der Grund dafür ist eine erhöhte Effizienz der Abkühlung bei der direkten Einspritzung.

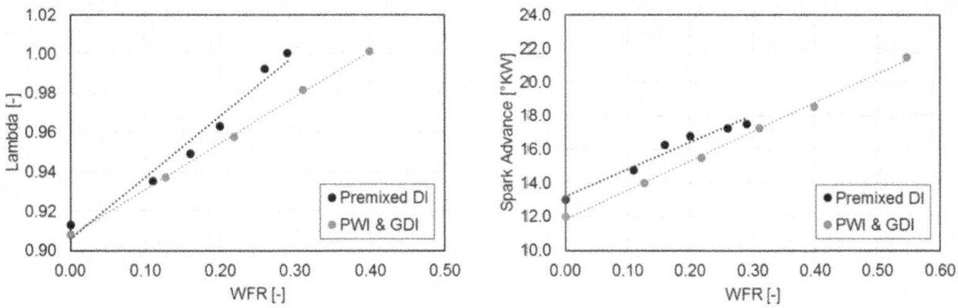

Abbildung 2: Lambda (links) und Zündzeitpunktvorverstellung (rechts).

5 WFR = Water Fuel Ratio

In Abbildung 3 wird die simulierte mittlere Temperatur des Gemisches in Abhängigkeit von der Einspritzzeit dargestellt. Dabei werden die 2 direkten Wassereinspritzungsstrategien untersucht, nämlich Premixed DI (links) und PFI & WDI (rechts). Allgemein zeigen spätere Einspritzzeiten eine höhere Effizienz bei der Abkühlung des Gemisches. Je später, desto höher sind die Temperatur- und Druck-Bedingungen im Zylinder. Das Einspritzzeitfenster ist bei der Premixed DI wegen Luft-Kraftstoff-Mischungsaufbereitung aber leider begrenzt. Bei der PFI & WDI ist das Einspritzzeitfenster von Wasser deutlich flexibler und eine späte Einspritzung wird möglich. Allerdings wird der thermodynamische effiziente Abkühlungseffekt der Kraftstoffverdampfung im Zylinder bei diesem Konzept nicht realisiert.

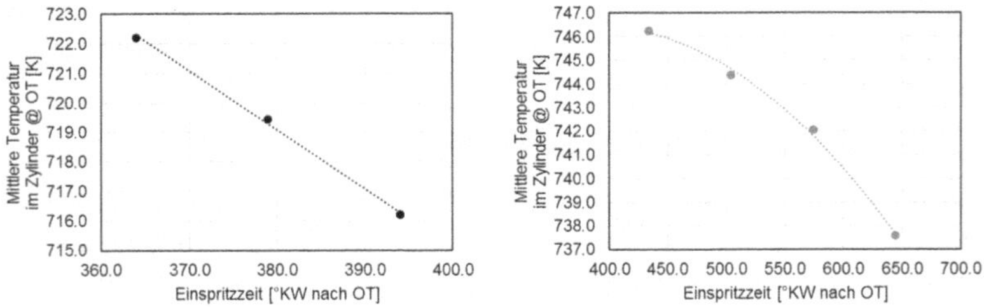

Abbildung 3: Mittlere Temperatur des Gemisches im Zylinder. Premixed DI (links) und PFI & WDI (rechts), WFR=0.20.

Die Beobachtungen von Abbildung 3 werden in Abbildung 4 mit Messdaten bestätigt und zwar für das Premixed DI-Konzept mit 2 unterschiedliche WFRs. Die Messungen zeigen einen Anstieg von Lambda und Zündzeitpunktvorverstellung bei späteren Einspritzzeiten. Eine verringerte Kraftstoffanreicherung und ein höherer Wirkungsgrad durch eine höhere Zündzeitpunktvorverstellung führen zu einem niedrigeren Kraftstoffverbrauch (BSFC[6]).

6 BSFC = Break Specific Fuel Consumption

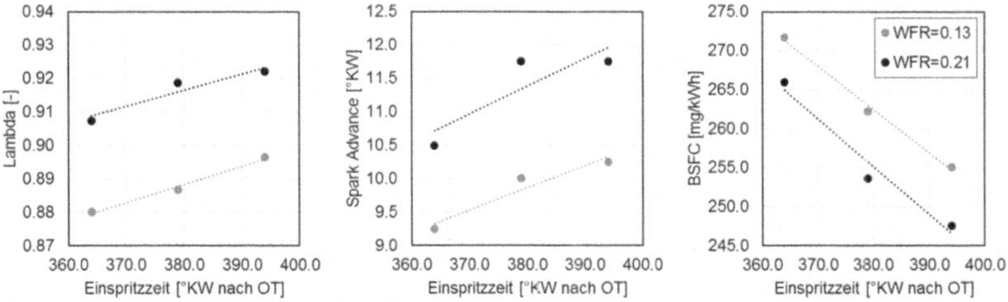

Abbildung 4: Lambda (links), Zündzeitpunktvorverstellung (Mitte) und BSFC (rechts), Premixed DI.

Abbildung 5 zeigt die räumliche Temperaturverteilung im Zylinder. Der Abkühlungseffekt bei den Premixed DI- und PFI & WDI-Strategien ist eindeutig zu sehen. Qualitativ ist die Temperaturverteilung ähnlich, mit wärmeren Regionen an den Einlass- und Auslassventilseiten.

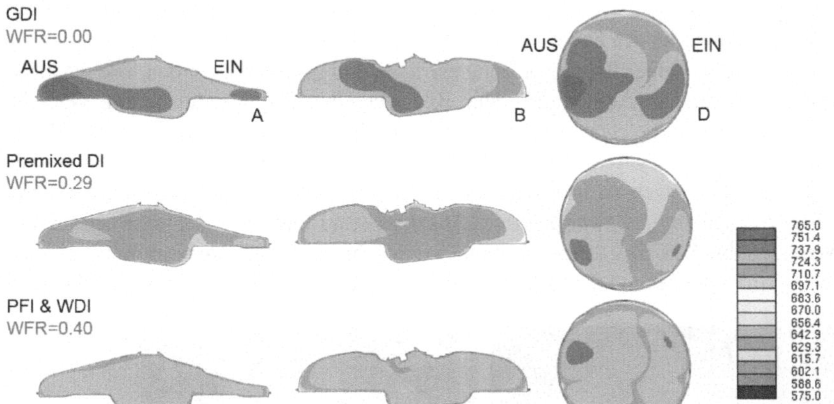

Abbildung 5: Räumliche Temperaturverteilung im Zylinder, 5000RPM, 280Nm. Lambda=1 für die Fällen mit WFR > 0. Direkte Einspritzeit ist 364°KW nach OT. Schnittebenen wie in Abbildung 2Abbildung 6 dargestellt.

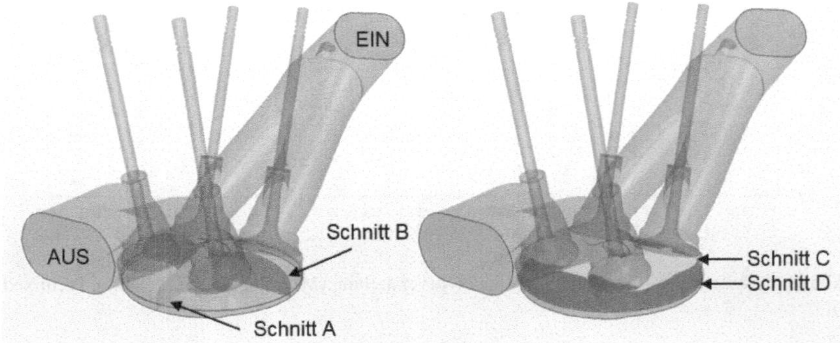

Abbildung 6: Schematische Darstellung der Schnittebenen von Abbildung 5Abbildung 2.

Einfluss auf die Ladungsbewegung

Bei einer Einlasskanaleinspritzung des Wassers verdampft nur ein Bruchteil des Wassers im Einlasskanal. Wenn die Einlassventile öffnen, fließt noch eine große Menge flüssiges Wasser in den Zylinder ein und zwar in der Form von Spraytropfen und Ligamenten, die von einer Wandbenetzung zerrissen und geschleppt werden, wie in Abbildung 7 zu sehen ist. Abbildung 7 zeigt Bilder von dem Zylinder-Innenraum. Oben ist die Zündkerze und rechts ein Einlassventil zu sehen. Die Anteile des Wassers, die im Einlasskanal und Zylinder verdampfen bzw. die Einlasskanal-, Zylinder- und Ventiloberflächen benetzen, hängen stark von der eingespritzten Masse und den Einlassventilsteuerzeiten ab, und zwar unter der Annahme, dass Injektor und Einspritzdruck unverändert bleiben. Die Einspritzzeiten werden in der Regel so bestimmt, dass die Wassertropfen während der Einlassventilöffnung direkt in den Zylinder fließen können.

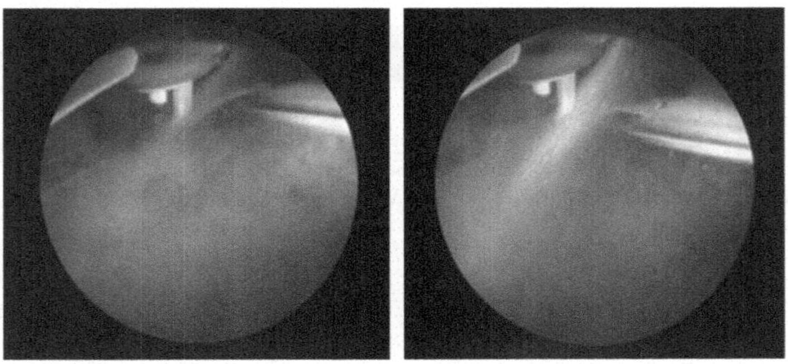

Abbildung 7: Einlasskanaleinspritzung des Wassers (WPI), 4000RPM, 250Nm, 5ms Einspritzdauer (links) und 7.5ms Einspritzdauer (rechts).

Der notwendige Wasseranteil bzw. die Wassermenge ist relativ hoch bei einigen Volllast Betriebspunkten. Zum Beispiel, für einen stöchiometrischen Betrieb des Motors bei 5000RPM, 280Nm, PWI & GDI, ist ein WFR=0.40 erforderlich. Bei 6000RPM, 322Nm, steigt der WFR auf 0.89. Die daraus resultierende Wasser-Einspritzdauer ist 3.65ms bzw. 9.97ms für diese Betriebspunkte. Zum Vergleich, die Öffnungsdauer der Einlassventile beträgt 8.67ms bzw. 7.22ms. Daher fließen starke Wasserstrahlen direkt in den Zylinder ein, und zwar während eines wesentlichen Anteils der Ventil-Öffnungsdauer. In einigen Fällen, wie z.B. bei 6000RPM, 322Nm, ist die Einspritzdauer sogar länger als die Ventil-Öffnungsdauer und Wasser sammelt sich im Einlasskanal. Die gesammelte Wasser-Menge wird dann im folgenden Zyklus in den Zylinder geschleppt.

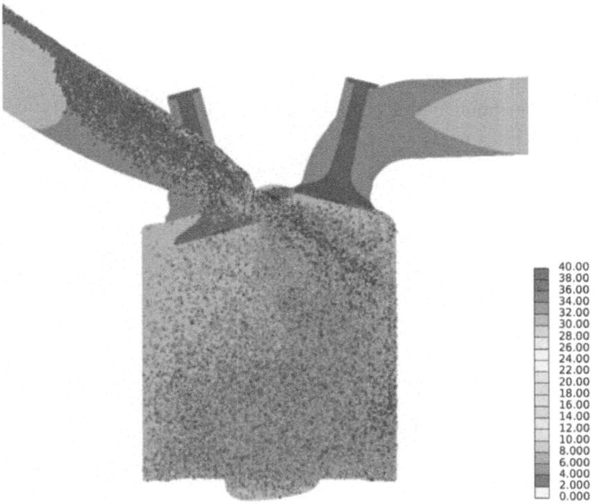

Abbildung 8: Wasser- und Kraftstoff-Tropfen um 500°KW nach OT, WPI & GDI, 6000RPM, 322Nm, WFR=0.89. Tropfen sind nach Tropfendurchmesser (Mikrometer) gefärbt.

Analog zu den experimentellen Beobachtungen sind die starken Wasserstrahlen bei Volllast auch in den Simulationsergebnissen zu sehen (s. Abbildung 8). Solche Strahlen können problematisch sein und zu unerwünschten Nebeneffekten führen, wie z.B. starker Benetzung an den Zylinder- und Einlassventil-Wänden und Störung der Ladungsbewegung (Tumble). Die Störung der Ladungsbewegung hängt stark von der eingespritzten Wasser-Menge ab. Bei 5000RPM, 280Nm ist die Wasser-Menge (WFR=0.40) nicht ausreichend, um Tumble und turbulente kinetische Energie bei Zünd-OT signifikant zu stören (s. Abbildung 9). Allerding wird der Tumble-Verlauf beträchtlich beeinflusst bei 6000RPM, 322Nm, mit WFR=0.89, Lambda=1 (s. Abbildung 10, links). In Abbildung 10, rechts, werden der Tumble-Index in Abhängigkeit vom WFR dargestellt.

Ein quadratisches Verhalten ist bei 6000RPM, 322Nm, zu sehen. Bei 5000RPM, 280Nm, sind die Wasser-Mengen noch relativ niedrig und die Daten ein bisschen zerstreut, so dass kein eindeutiges Verhalten zu sehen ist.

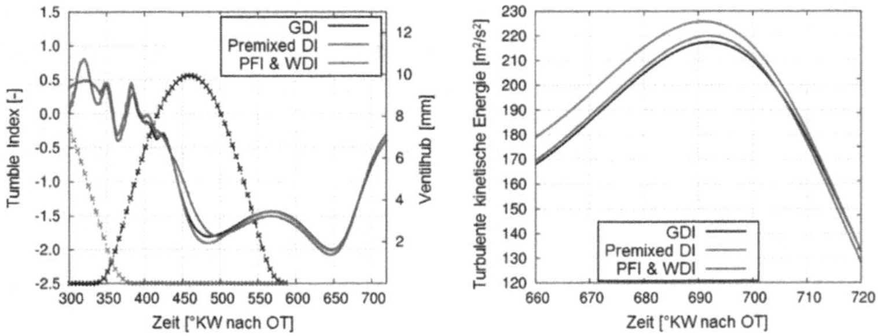

Abbildung 9: Tumble-Index (links) und turbulente kinetische Energie (rechts) bei 5000RPM, 280Nm, Lambda=1 für die Fällen mit WFR > 0.

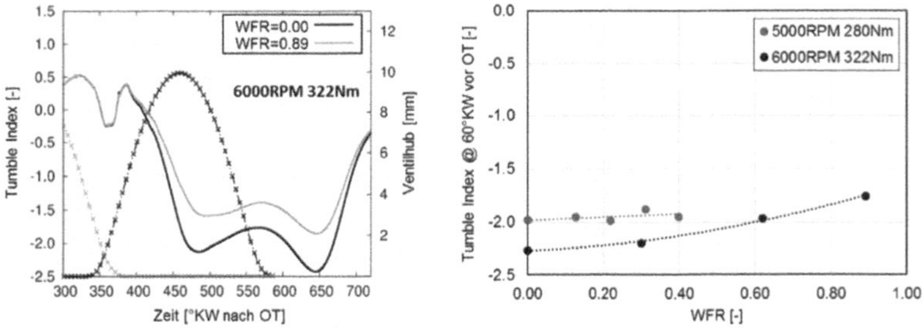

Abbildung 10: Tumble-Index-Verlauf bei 6000RPM, 322Nm, (links) und Tumble-Index-Vergleich (rechts).

Einfluss auf die Wandbenetzung

In Abbildung 11 (links) werden die Einflüsse von zwei unterschiedlichen Wassereinspritzstrategien auf die Wand-Benetzung am Liner dargestellt und zwar bei 5000RPM, 280Nm. WFR wird dabei so festgelegt, dass Lambda=1 erreicht wird. Wegen Motoröl-Verwässerung ist es besonders wichtig, die Wandbenetzung am Liner zu beachten. Wie bereits in Abbildungen 7 und 8 gezeigt, strömen bei der PWI & GDI-Strategie starke Wasserstrahlen durch die Einlassventile in den Zylinder ein und kollidieren gegen die Liner-Wand, insbesondere für Betriebspunkte mit einer hohen Drehzahl und hohen

Last. Im Vergleich mit einer direkten Einspritzstrategie wird der Liner somit erheblich intensiver benetzt.

Bei 6000RPM, 322Nm, steigen der Wasserbedarf und die Intensität der Wasserstrahlen beträchtlich. Ein Vergleich der Wand-Benetzung am Liner bei 5000RPM, 280Nm, und 6000RPM, 322Nm, wird in Abbildung 11 (rechts) gezeigt. Die Wand-Benetzung in Abbildung 11 beschreibt die gesamte Flüssigkeits-Menge an der Wand, d.h. Wasser und Kraftstoff zusammen.

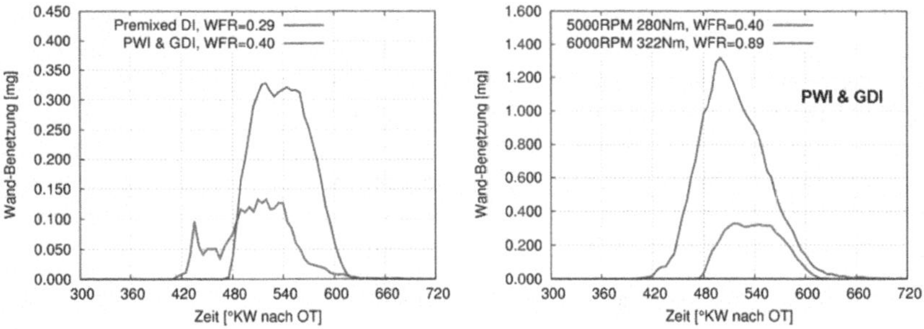

Abbildung 11: Wand-Benetzung am Liner. Strategie-Vergleich bei 5000RPM, 280Nm (links) und Betriebspunkt-Vergleich bei PWI & GDI (rechts). Lambda=1 für alle Fälle.

Laut 3D-CFD-Simulationen verdampft bis zu Zündzeitpunkt die Flüssigkeit im Zylinder quasi vollständig und zwar bei 5000RPM, 280Nm, und 6000RPM, 322Nm.

5 Zusammenfassung

Durch den Abkühlungseffekt des verdampfenden Wassers sowie den Einfluss von Luftfeuchtigkeit auf die Zündfähigkeit des Gemisches bietet die Wassereinspritzung im Verbrennungssystem eine effektive Alternative zur Vermeidung von Klopfen an. Die Abgastemperaturen können mit Wassereinspritzung auch abgesenkt und Kraftstoffanreicherung aufgrund von Bauteilschutz vermieden werden. Dadurch kann die Effizienz von modernen SIDI Turbomotoren verbessert und Kraftstoffverbrauch reduziert werden.

Ein mächtiges Werkzeug zur Untersuchung und Optimierung von Wassereinspritzprozessen bietet 3D-CFD an. Im diesen Beitrag wurden drei unterschiedliche Wassereinspritzstrategien mit 3D-CFD-Simulationen untersucht und teilweise mit experimentellen Messungen verglichen und validiert. Die untersuchten Strategien waren: (1) direkte Einspritzung des Kraftstoffs (PWI & GDI), (2) mechanisch vorgemischte direkte Wasser-Kraftstoff-Einspritzung (Premixed DI) und (3) Einlasskanaleinspritzung des Kraftstoffs und direkte Einspritzung des Wassers (PFI & WDI).

Die höhere thermodynamische Effizienz von einer direkten Einspritz-Strategie (Premixed DI) konnte mit Messungen bestätigt werden. Diese Effizienz ist mit einer wirkungsvollen Abkühlung der Temperatur des Gemisches verbunden. Je später Wasser eingespritzt wird, desto höher ist der Abkühlungseffekt. Dieses Verhalten wurde mit Hilfe von 3D-CFD Simulationen verifiziert. Eine Korrelation zwischen Temperatur, Lambda, Zündzeitpunktvorverstellung und BSFC konnte dargestellt werden.

Bei PWI & GDI wird das Wasser mit wesentlich niedrigerem Druck in eine relativ kalte Umgebung eingespritzt. Die Verdampfungsrate ist in diesem Fall niedrig. Ein Nachteil der PWI & GDI-Strategie ist daher ein starker Wasserstrahl, der durch die Einlassventile in den Zylinder einströmt. Bei Betriebspunkten mit einer hohen Drehzahl und hoher Last ist die einströmende Wasser-Menge beträchtlich. Der Einfluss der Wasserstrahlen auf die Wand-Benetzung am Liner ist somit erheblich. Wegen Motoröl-Verwässerung kann die Wand-Benetzung am Liner kritisch werden. Die Ladungsbewegung (Tumble) kann bei einigen Volllast-Betriebspunkten gestört und die Turbulenz am Zündzeitpunkt vermindert werden. Außerdem wird der Abkühlungseffekt des Gemisches vermindert; die Wände werden anstelle des Gemisches abgekühlt.

Eine prädiktive Vorhersage der Kompressionsend-Temperatur bei PWI & GDI ist aufgrund einer hohen Komplexität der Modellierung schwer, da das System von unterschiedlichen transienten und stark gekoppelten physikalischen Phänomenen beeinflusst wird.

Quellenangaben

[1] Netzer, C., Franken, T., Seidel, L., Lehtiniemi, H. und Mauss, F., „Numerical Analysis of the Impact of Water Injection on Combustion and Thermodynamics in a Gasoline Engine using Detailed Chemistry," SAE Technical Paper 2018-01-0200, 2018, doi:10.4271/2018-01-0200.

[2] Durst, B., Unterweger, G., Rubbert, S., Witt, A. und Böhm, M., „Thermodynamic Effects of Water Injection on Otto Cycle Engines with Different Water Injection Systems," 15th Conference on the Working Process of the Internal Combustion Engine, Graz, 2015.

[3] Heinrich, C., Dörksen, H., Tölkes, E. und Esch, A., „Direkte Benzin-Wasser-Einspritzung: CO_2-Potentiale und technische Anforderungen," 10. Tagung Diesel- und Benzindirekteinspritzung 2016, Berlin, 2017.

[4] Hermann, I., Glahn, C., Kluin, M., Paroll, M. und Gumprich, W., „Wassereinspritzung für den Ottomotor – Quo Vadis?" 5. Internationale Tagung Ottomotorisches Klopfen, Berlin, 2017.

Verkehrssimulation im Hardware-in-the-Loop-Steuergerätetest

Dr.-Ing. Peter Reinold, Norbert Meyer, M. Sc.
dSPACE GmbH

Dominik Buse, M. Sc., Florian Klingler, M. Sc.,
Prof. Dr.-Ing. Christoph Sommer, Prof. Dr.-Ing. habil. Falko Dressler
Heinz Nixdorf Institut und Institut für Informatik, Universität Paderborn

Markus Eisenbarth, M. Sc., Prof. Dr.-Ing. Jakob Andert
Mechatronische Systeme am Verbrennungsmotor,
RWTH Aachen University

J. Liebl (Hrsg.), *Simulation und Test 2018*, Proceedings,
https://doi.org/10.1007/978-3-658-25294-6_15

Einleitung und Motivation

In der Fahrzeugentwicklung stellen Hardware-in-the-Loop (HIL)-Systeme den Stand der Technik für die Absicherung von Regler- und Steuergerätealgorithmen dar [1]. Für entsprechende Closed-Loop-Szenarien werden echtzeitfähige Simulationsmodelle eingesetzt. Zum Testen von Advanced Driver Assistance Systems (ADAS) oder auch autonomen Fahrfunktionen sind Simulationsmodelle erforderlich, die neben dem Fahrzeug notwendigerweise auch ein geeignetes Modell der Fahrzeugumgebung mit anderen Verkehrsteilnehmern umfassen. Für klassische Assistenzfunktionen werden diese Verkehrsteilnehmer dabei in konkreten, ausgewählten und vorab definierten Situationen simuliert. So lassen sich eindeutig spezifizierbare Testszenarien abprüfen. Die Einbindung realer Antriebsstrangkomponenten, beispielsweise von Verbrennungsmotoren mitsamt entsprechenden Prüfständen, ist dabei eine Möglichkeit, um den realen Kraftstoffverbrauch oder auch das Emissionsverhalten bei Fahrten in einer simulierten Umgebung messbar zu machen [2].

Die Entwicklung und Absicherung von Funktionen hochautomatisierter und miteinander kommunizierender Fahrzeuge stellt steigende Anforderungen an Umgebungsmodelle. Diese resultieren zum einen aus den quantitativ steigenden Aufwänden, um entsprechende Algorithmen und Steuergeräte in unterschiedlichsten Situationen zu testen und zu validieren. Zum anderen steigen auch die qualitativen Anforderungen an solche Tests, da die zu testenden Szenarien nicht nur vielfältiger, sondern auch deutlich komplexer und weniger klar definierbar werden. Es ist erforderlich, realitätsnahe Verkehrssituationen zu simulieren, bei denen eine Interaktion zwischen den Verkehrsteilnehmern erfolgt [3].

Mikroskopische Verkehrssimulatoren simulieren Verkehr unter Berücksichtigung der Interaktion zwischen den einzelnen Verkehrsteilnehmern. Dabei wird eine große Anzahl an Fahrzeugen fahrdynamisch vereinfacht simuliert. Die Kommunikation der Verkehrsteilnehmer wird über eine geeignete Netzwerksimulation dargestellt. Integrierte Simulatoren kombinieren eine solche Verkehrssimulation mit einer Netzwerksimulation und ermöglichen es so, die erforderlichen Testsituationen abzubilden [4].

Sowohl HIL-basierte Systeme als auch die integrierte Verkehrs- und Netzwerksimulation werden üblicherweise unabhängig voneinander in ihren Einsatzfeldern als Einzelsysteme verwendet und bieten den hier erforderlichen Funktionsumfang. Doch erst eine Kopplung beider Werkzeuge ermöglicht die Absicherung von ADAS-Funktionen in komplexen, interagierenden Szenarien unter Einbindung von Hardware-Komponenten.

Dieser Beitrag erläutert, wie durch eine Kopplung die Möglichkeiten der Verkehrs- und Netzwerksimulation für den Test von Steuergeräten am HIL-Simulator mit etablierten Werkzeugketten unter Echtzeitbedingungen erschlossen werden können.

Prüfstandskonzept und –topologie

Ziel des Forschungsprojektes Hy-Nets ist es, den Energiebedarf eines Hybridfahrzeugs durch intelligente Fahralgorithmen, die die Möglichkeiten der Fahrzeugkommunikation nutzen, zu senken. Dies erfordert eine ganzheitliche Betrachtung, bei der die Komponenten- und Funktionsentwicklung nicht nur im Kontext des Fahrzeugs, sondern des Gesamtverkehrs betrachtet werden. Diese Betrachtung erfolgt am Beispiel der Stadt Paderborn als einer typischen, mittelgroßen, europäischen Stadt [5].

Zur Bereitstellung einer hierzu geeigneten Entwicklungs- und Testplattform wird eine echtzeitfähige Fahrzeugsimulation auf einem HIL-Simulator mit einer integrierten Verkehrs- und Netzwerksimulation basierend auf dem Simulationsframework Veins [4] in Form einer Co-Simulation kombiniert. Neben den eigentlichen Fahrzeugbewegungen werden auch Fahrzeugkommunikationssignale in die Echtzeitsimulation übertragen und können hier einem DUT (Device under Test) bereitgestellt werden. Als Echtzeitsimulator wird dSPACE SCALEXIO verwendet.

Um die Auswirkungen der Fahrfunktionen auf den Kraftstoffverbrauch insbesondere im transienten Betrieb durch Messungen evaluieren zu können, werden reale Antriebsmaschinen des Hybridantriebsstrangs (ein Verbrennungs- und ein Elektromotor) in die Co-Simulation eingebunden. Die Antriebsmaschinen werden auf räumlich verteilten Prüfständen am Center for Mobile Propulsion der RWTH Aachen University betrieben und deren Steuergeräte mit dem HIL-Simulator verbunden [6]. Steuergeräte und Maschinen sind so mit dem HIL-Simulationsmodell gekoppelt, dass sie Teil eines virtuellen Hybridantriebs in P3-Topologie sind. Bild 1 illustriert die entsprechende Prüfstandstopologie.

Sowohl der Verbrennungsmotor als auch der Elektromotor sind mechanisch mit den Dynamometern ihrer Prüfstände verbunden, die die in der Simulation berechneten Lasten mit Hilfe der zugehörigen Prüfstandsautomatisierungssysteme aufprägen. Das Restfahrzeug wird auf dem HIL-Simulator mit seinen Umfeldsensoren und seiner lokalen Umgebung (Straße, Fahrer und Verkehr) mit Hilfe der *Automotive Simulation Models* (*ASM*) von dSPACE simuliert. Das DUT ist im Projektkontext der betrachtete Fahralgorithmus. Diese Fahrfunktion bestimmt nicht nur die Hybridbetriebsstrategie, sondern übernimmt auch die Fahrzeugführung, um den Energiebedarf zu minimieren. Prinzipiell können am gleichen Aufbau auch reale ADAS-Steuergeräte getestet werden, die sich über entsprechende elektrische Schnittstellen mit dem HIL-Simulator verbinden lassen.

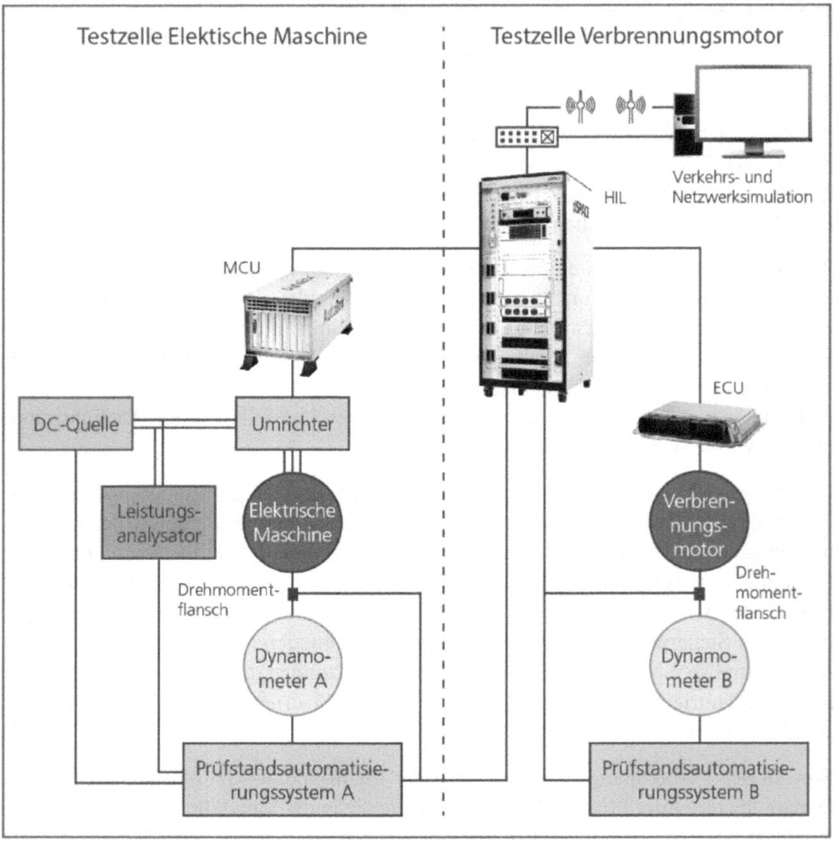

Bild 1: Prüfstandstopologie am Center for Mobile Propulsion in Aachen

Durch diese Kopplung entstehen Wechselwirkungen, sodass der Einfluss der simulierten Fahrzeugkommunikation und des Verkehrs auf den Energiebedarf und die Emissionen am Prüfstand als reale physikalische Größen messbar werden. Auf diese Weise können Fahrfunktionen in komplexen, realitätsnahen Verkehrsszenarien getestet werden, deren einzelne Teilnehmer miteinander interagieren und kommunizieren. Dies ermöglicht den für das hochautomatisierte Fahren erweiterten Umfang an Steuergerätetests. Andere Anwendungen eines solchen Aufbaus können im Bereich von Real-Driving-Emissions (RDE)-Tests liegen, bei denen es wichtig ist, den realen Kraftstoffverbrauch und Emissionen in verschiedensten realistischen Verkehrssituationen zu messen.

Verkehrssimulation am HIL-Prüfstand

Um an einen solchen HIL-Prüfstand eine Verkehrs- und Netzwerksimulation anbinden zu können, ist ein geeignetes Co-Simulations- und Synchronisationskonzept erforderlich. Dieses Konzept, die Modellkomponenten und ihr Zusammenwirken werden im Folgenden erläutert.

Das Ego-Fahrzeug und seine nähere Umgebung werden durch die dSPACE Modellbibliothek ASM auf dem Echtzeitsimulator dSPACE SCALEXIO simuliert, um den Anschluss der Realkomponenten zu ermöglichen. Die integrierte Verkehrs- und Netzwerksimulation der Fahrzeugkommunikation basiert auf dem Simulationsframework Veins. Sie wird nicht auf einem dedizierten Echtzeitsystem ausgeführt sondern auf einem separateren Linux-Standardrechner. Diese Simulation wird als globale Umgebungssimulation betrachtet, mit der das Nahumfeld um das Ego-Fahrzeug, also die lokale Umgebungssimulation auf SCALEXIO, synchronisiert werden muss.

Die Kopplung zwischen diesem Linux-PC mit der globalen Umgebungssimulation und dem Echtzeitsystem erfolgt bilateral über Ethernet, basierend auf Google Protocol Buffers. Der Takt und die Uhr des Echtzeitsystems werden als die einzigen verlässlichen Zeitgeber im Gesamtsystem betrachtet, sodass die globale Umgebungssimulation nach ihnen ausgerichtet werden muss. Das echtzeitfähige Ego-Fahrzeugmodell wird mit einer konstanten Schrittweite von 1 ms gerechnet, während das globale Umgebungsmodell mit deutlich größeren Schrittweiten (hier mit 100 ms) simuliert werden kann. Zur Synchronisation wird die Bewegung des Ego-Fahrzeugs alle 100 Schritte, das heißt im 100-ms-Raster, an die globale Umgebungssimulation gesendet und hier vom *Ego Vehicle Interface* (*EVI*) entgegengenommen. Das EVI sendet vorab berechnete Bewegungen der relevanten Teilmenge von Umgebungsfahrzeugen aus dem Nahumfeld des Ego-Fahrzeugs zurück, die zum gleichen Zeitpunkt wie die erhaltene Ego-Fahrzeugbewegung Gültigkeit besitzen. Auf diese Weise synchronisiert sich die globale Umgebungssimulation mit dem Takt des Echtzeitsystems.

Die aus der globalen Umgebungssimulation erhaltenen Bewegungen werden genutzt, um die Bewegung der Umgebungsfahrzeuge (Fellows) in der Umgebungssimulation des Ego-Fahrzeugs vorzugeben. Diese lokale Umgebungssimulation des Ego-Fahrzeugs wird auf dem HIL-Simulator ausgeführt. Somit wird im Nahumfeld des Ego-Fahrzeugs die gleiche Verkehrssituation abgebildet wie in der globalen Umgebungssimulation. Durch die konkrete Ausprägung der Fellows in ASM können diese nun durch Sensoren des Ego-Fahrzeugs detektiert und für die Fahrzeugführung berücksichtigt werden. Hierdurch wird die Co-Simulationsschleife zwischen Ego-Fahrzeug- und Verkehrssimulation geschlossen, sodass eine wechselseitige Interaktion entsteht. Das simulierte Ego-Fahrzeug kann durch eine Umgebung mit interagierenden Umgebungsfahrzeugen bewegt werden.

Innerhalb der globalen Umgebungssimulation stellt das EVI diese Ego-Fahrzeugposition zum einen der mikroskopischen Verkehrssimulation SUMO zur Verfügung, die das Ego-Fahrzeug als einen Teilnehmer im globalen Verkehrsfluss berücksichtigt, zum anderen wird sie auch in der Netzwerksimulation verwendet. Diese generiert standardkonforme Car2X-Signale, die als Funksignale „over-the-air" gesendet werden. Am SCALEXIO-System werden diese Signale empfangen und den Fahralgorithmen durch das dSPACE V2X Blockset zur Verfügung gestellt. Hierzu stehen sowohl am SCALEXIO-System als auch am Rechner mit der globalen Umgebungssimulation Antennen zur Verfügung, über die Fahrzeugkommunikationssignale (sog. CAMs) gesendet werden.

Bild 2 illustriert die resultierende Topologie des Gesamtmodells.

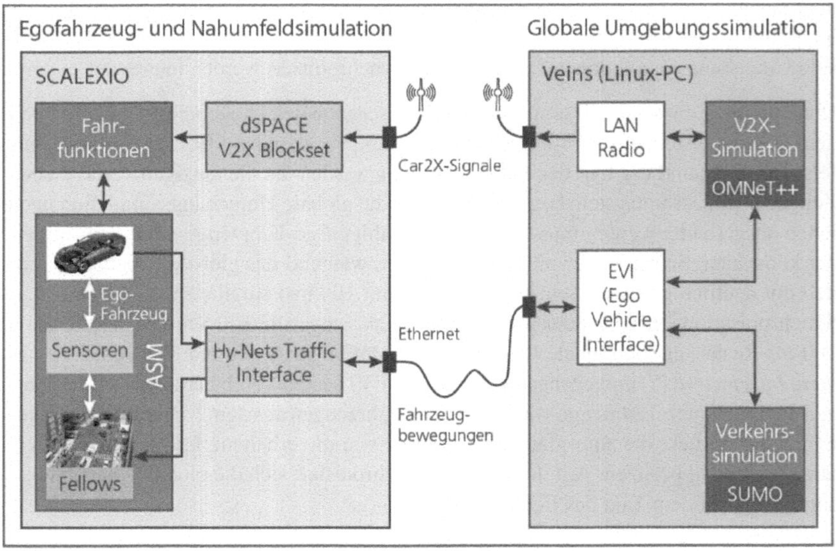

Bild 2: Gesamtmodell-Topologie

Die Ethernetverbindung wird neben der Bewegungsübertragung auch für die Synchronisation weiterer Größen genutzt, zum Beispiel für die der Ampelsignale. Zusätzlich können den Fahrfunktionen hierüber Signale, die in der globalen Umgebungssimulation erzeugt werden, direkt zur Verfügung gestellt werden. Im Projektkontext sind dies Durchschnittsgeschwindigkeiten auf konkreten Straßen oder Ampelschaltzeiten. Der Datenaustausch über diese Schnittstelle kann um weitere Größen erweitert werden.

Ego-Fahrzeugsimulation und Umgebungsparametrierung

Bei den für die Simulation des Ego-Fahrzeugs verwendeten *Automotive Simulation Models* (*ASM*) von dSPACE handelt es sich um eine Toolsuite auf Basis offener MATLAB®/Simulink®-Modelle. Diese offene Modellstruktur ermöglicht es, Anpassungen vorzunehmen und die in diesem Projekt betrachtete P3-Hybridtopologie abzubilden. In gleicher Weise könnten auch andere Antriebsstrangtopologien aufgebaut werden. Die Flexibilität der offenen Modelle erlaubt es außerdem, die zu testenden Fahralgorithmen leicht zu integrieren und die für die erläuterte Prüfstandsankopplung erforderlichen Schnittstellen für den Signalaustausch mit Steuergeräten und den Prüfstandsautomatisierungssystemen zu schaffen.

Neben der Synchronisation der Fahrzeugbewegung zur Simulationszeit, auf die im nachfolgenden Abschnitt detaillierter eingegangen wird, ist es erforderlich, die Offline-Daten der Umgebungssimulation in ASM und der Verkehrssimulation SUMO, die Teil der globalen Umgebungssimulation ist, zu synchronisieren. Im Wesentlichen betrifft das die Straßendaten. Aus der freien Geodatenbank *OpenStreetMap* (*OSM*) können sowohl für ASM als auch für SUMO Karten konvertiert werden [3], [5]. Allerdings beschreiben die in OSM enthaltenen Kartendaten nur Stützstellen und nicht den exakten geometrischen Verlauf der realen Straße. Die Anforderungen an die Straßengeometrie sind aufgrund des verschiedenen Einsatzes von ASM und SUMO unterschiedlich; entsprechend unterscheidet sich die aus den gleichen Stützstellen generierte Straßengeometrie nach der Konvertierung im Detail voneinander. In SUMO wird der Straßenverlauf durch Polygonzüge abgebildet. Ein so resultierender Polygonzug ist jedoch für die Simulation mit einer Fahrdynamiksimulation ungeeignet, da es an den Eckpunkten des Polygonzugs zu Krümmungssprüngen kommt. Auf die abstrahierte Fahrzeugbewegung in der Verkehrssimulation haben sie keinen Einfluss. In realen Straßenverläufen existieren Krümmungssprünge nicht. Aus diesem Grund werden in ASM Straßen aus den Grundformen Gerade, Kreisbogen, Klothoide und Spline mit stetigen Übergangsbedingungen definiert. Das Resultat einer Konvertierung aus OSM ist in ASM eine aus Splines aufgebaute Straße. Diese weist jedoch zwischen den Stützstellen einen etwas anderen Verlauf auf, als die aus Polygonzügen aufgebaute SUMO-Straße. Um zwei möglichst ähnliche Straßengeometrien zu erhalten, werden die Straßen daher nicht unabhängig voneinander aus OSM in eine SUMO- und eine ASM-Straße konvertiert, sondern der in Bild 3 illustrierte Workflow angewandt.

Zunächst wird der relevante Kartenausschnitt aus OSM in eine SUMO-Straße konvertiert (1). Hintergrund ist, dass die SUMO-Straße in eine ASM-Straße konvertiert werden soll, da in typischen Anwendungsfällen in der globalen Umgebungssimulation ein Netzwerk betrachtet wird, das ebenso groß oder größer als das in der Simulation des Nahbereichs um das Ego-Fahrzeug ist. Diese aus Polygonzügen aufgebaute SUMO-Straße wird anschließend einem Postprocessing unterzogen (2). Dabei werden zwischen den Stützstellen des Polygonzugs Zwischenwerte im Verlauf eines Splines berechnet. Die resultierende Straße wird für die Simulation in SUMO verwendet (3). Sie hat den Verlauf eines Polygonzugs, der in seiner Form aber nahezu dem Verlauf von Splines entspricht. In der unteren Darstellung von Bild 3 ist der Unterschied durch dieses Postprocessing zu erkennen. Der relevante Bereich dieser Straße wird in eine ASM-Straße konvertiert (4). So ergeben sich annähernd identische Straßengeometrien in ASM und SUMO, die sich für die Co-Simulation eignen. Da die Stützstellen erhalten bleiben und nur durch berechnete Zwischenwerte angereichert werden, findet keine Verfälschung der Rohdaten statt. Auch das OpenDrive-Format kann zum Austausch der Straßen verwendet, da beide Tools sowohl den Import als auch den Export von OpenDrive-Straßen unterstützen. Da Straßennetzwerke in SUMO aus Einbahnstraßen aufgebaut sind, führt eine Konvertierung aus SUMO über das OpenDrive-Format in ASM zu einem Straßennetzwerk, das ebenfalls aus Einbahnstraßen aufgebaut ist. So entsteht ein unnötig komplexes Netzwerk um Straßen mit beiden Fahrtrichtungen abzubilden.

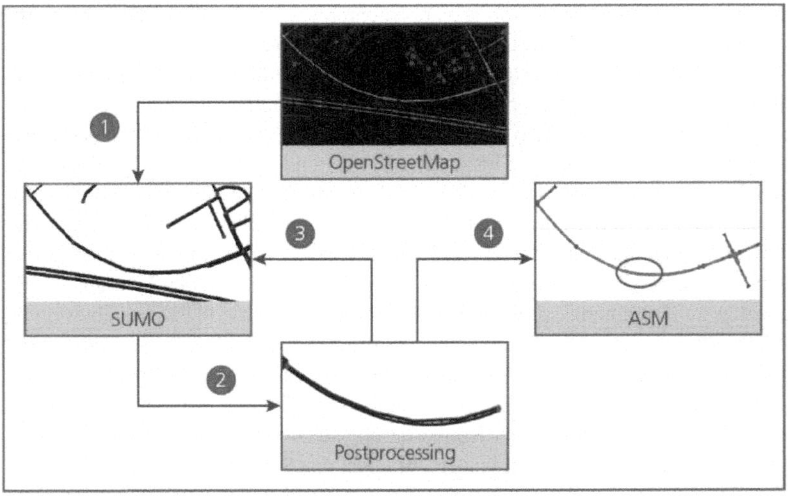

Bild 3: Straßenkonvertierung[1]

[1] Contains information from Open Street Map (openstreetmap.de) which is made available here under the Open Database License (ODbL) opendatacommons.org/licenses/odbl/

Datenaustausch zur Simulationszeit

Um auf den im vorherigen Kapitel synchronisierten Straßen eine Co-Simulation durchzuführen, ist es erforderlich, zur Simulationszeit Daten auszutauschen. Nach einer Initialisierung wird die Bewegung des Ego-Fahrzeugs alle 100 ms an die globale Umgebungssimulation übertragen. Hierzu werden die relevanten Daten serialisiert als Google Protocol Buffers Message versendet. Im Gegenzug werden ebenfalls alle 100 ms die Bewegungssignale des relevanten Umgebungsverkehrs empfangen. Diese Google Protocol Buffers Messages werden dekodiert und als Simulink-Busse im Modell zur Verfügung gestellt.

Zur Abbildung des Verkehrs in der näheren Umgebung des Ego-Fahrzeugs wird ein Verkehrsszenario mit 30 Umgebungsfahrzeugen vorgehalten. Dabei können verschiedene Fahrzeugtypen berücksichtigt werden. ASM ermöglicht es, unendlich viele Umgebungsfahrzeuge zu simulieren, sodass auch eine deutlich größere Anzahl der Fahrzeuge aus der Verkehrssimulation synchronisiert werden können. Da jedoch die Anzahl der Umgebungsfahrzeuge in der unmittelbaren Umgebung des Ego-Fahrzeugs begrenzt ist und nur diese im Erfassungsbereich der Sensorik liegen bzw. mit diesen eine unmittelbare Interaktion erfolgt, wird die Anzahl zu Gunsten der Performance begrenzt. Aus der globalen Umgebungssimulation werden die relevanten, maximal 30 Fahrzeuge übertragen. Ein geeigneter Algorithmus stellt sicher, dass ein identisches Fahrzeug aus der globalen Umgebungssimulation immer dem gleichen Fahrzeug im ASM-Verkehr zugeordnet wird, solange dieses in der Synchronisation berücksichtigt wird. Auf der ASM-Seite erfolgt eine Reinstanziierung, wenn ein Fahrzeug nicht mehr übertragen wird, sodass es für weitere Fahrzeuge frei wird.

Da die Fahrzeugbewegung aus der globalen Umgebungssimulation nur alle 100 ms übertragen wird, stehen auch nur zu diesen diskreten Zeitpunkten aktualisierte Werte für die lokale ASM-Umgebung zur Verfügung. Würden diese Bewegungen unmittelbar den Fellows aufgeprägt, würden sowohl die hier simulierten als auch möglicherweise real angeschlossene Sensoren einen unnatürlichen und nicht kontinuierlichen Positionsverlauf detektieren. Um dies zu verhindern, muss die Bewegung der Umgebungsfahrzeuge zwischen zwei Synchronisationsschritten prädiziert werden. So resultiert in der durch ASM mit einer Schrittweite von 1 ms simulierten lokalen Umgebungssimulation eine quasi-kontinuierliche Bewegung. Diese kann dann durch die Sensormodelle adäquat detektiert werden, die Teil des Ego-Fahrzeugmodells sind. Der Antriebsstrang des Ego-Fahrzeugs besteht zum Teil aus realen Antriebsmaschinen auf ihren Prüfständen (Bild 1). Die Sensorinformationen können zur Fahrzeugführung im DUT genutzt werden, sodass das Ego-Fahrzeug geeignet auf den Umgebungsverkehr reagiert. Bild 4 illustriert diesen Datenaustausch.

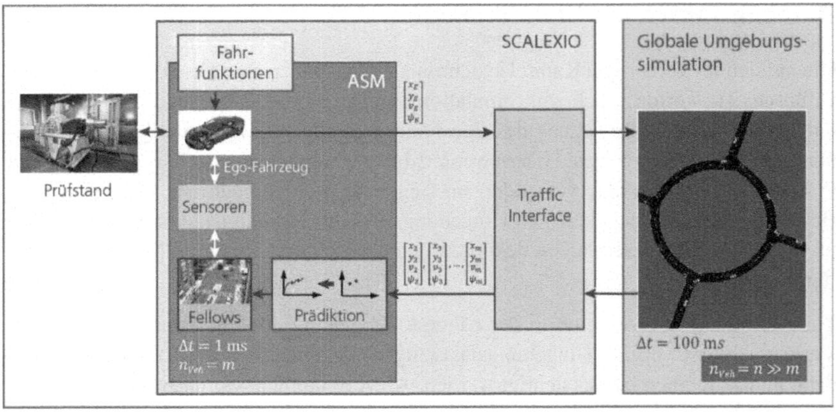

Bild 4: Datenaustausch

Verkehrs- und Car2X-Simulation

Das globale Umgebungsmodell im vorgestellten Gesamtsystem wird von Software übernommen, die auf der Simulationsplattform Veins [4] aufbaut. Im Wesentlichen besteht das Umgebungsmodell aus vier Komponenten:

- Simulation von Car2X-Kommunikation
- Simulation von Straßenverkehr
- Echtzeitfähige Kopplung des Umgebungsmodells mit dem des Ego-Fahrzeugs
- Senden simulierter Car2X-Funkkommunikation mittels realer Hardware

Alle vier Komponenten werden im Folgenden kurz vorgestellt.

Zur Simulation von Car2X-Kommunikation und Straßenverkehr existieren in der Literatur eine Vielzahl von Ansätzen [7]. Das hier vorgestellte Gesamtsystem setzt auf die Simulationsplattform Veins[2], eine in der heutigen Forschungslandschaft etablierte Referenz zur Simulation von Fahrzeugnetzen. Veins integriert insbesondere detaillierte Simulationsmodelle des Medienzugriffs und Drahtloskanals. Damit bildet Veins nicht nur Latenz- und Sättigungseffekte, sondern etwa auch Ausbreitungs- und Abschattungseffekte in der Stadt ab, denen die Funkkommunikation nach derzeitigen Standards für Car2X-Kommunikation [8] unterworfen ist. Alle verwendeten Modelle in Veins

2 http://veins.car2x.org

wurden in Feldversuchen validiert, teils basierend auf der quelloffenen und frei verfügbaren Entwicklungsplattform für Car2X-Protokolle in Europa: *OpenC2X* [9] [10].

Für die Simulation von Fahrzeugbewegungen verwendet Veins das Simulationswerkzeug SUMO [11]. Es modelliert auf mikroskopischer Ebene, das heißt auf Granularitätsstufe einzelner Autos, den Verkehr und die Infrastruktur einer Stadt. Dabei werden sowohl Abfahrtzeiten und Routenwahl modelliert als auch die Reaktion jedes einzelnen Autos auf umgebenden Verkehr. Ebenso implementiert SUMO Überholmanöver sowie Beachtung von Vorfahrtsregelungen und Lichtsignalanlagen, darunter auch solche mit bedarfsabhängiger Schaltung durch Induktionsschleifen. Das Verhalten einzelner Autos lässt sich dabei im Laufe einer Simulation entsprechend den zu untersuchenden Ansätzen dynamisch anpassen, um gezielt zu untersuchende Verkehrssituationen herbeizuführen. Beispielsweise kann so das Eintreffen von Querverkehr passgenau zur Ankunft des simulierten Ego-Fahrzeugs an einer Einmündung erreicht werden. Die exakte Modellierung des Straßenverkehrs einer Stadt gestaltet sich durch die nötige Detailtreue sehr zeitintensiv, weshalb nur wenige frei verfügbare Szenarien, etwa LuST [12], existieren. Im Projekt wird ein selbst entwickeltes Modell des Straßenverkehrs der Stadt Paderborn eingesetzt.

Die echtzeitfähige Kopplung des Umgebungsmodells mit dem des Ego-Fahrzeugs übernimmt eine dedizierte Software-Komponente von Veins, das *Ego Vehicle Interface (EVI)* [13]. Das EVI koordiniert den Datenaustausch und den Zeitfortschritt von Car2X-Simulation, Verkehrssimulation und echtzeitfähigem System. Im Rahmen dieses Projekts handelt es sich beim Echtzeitsystem um die submikroskopische Ego-Fahrzeugsimulation inklusive Umgebungsmodell. Zur Koordination des Zeitfortschritts wartet das EVI kontinuierlich auf Nachrichten der Echtzeitkomponente. Diesen entnimmt es aktuelle Zustandsdaten des Ego-Fahrzeugs und den Zeitstempel des Echtzeitsystems, welcher als Referenzzeit für die Simulation verwendet wird. Diese Daten werden aufbereitet und an Car2X-Simulation und Verkehrssimulation weitergeleitet. Als Antwort erhält die Echtzeitkomponente vorausberechnete Zustandsdaten des Umgebungsverkehrs. Bis zur nächsten Nachricht der Echtzeitkomponente koordiniert das EVI die Simulation des nächsten Zeitschritts und den kontinuierlichen Fortschritt der Car2X-Simulation. Alternativ kann das so eingebundene Echtzeitsystem beispielsweise auch ein Fahrsimulator [14] sein.

Die direkte Funkkommunikation des Ego-Fahrzeugs mit seiner simulierten Umgebung über Car2X-Protokolle übernimmt eine zweite dedizierte Software-Komponente von Veins, das *LAN Radio* [15]. Im Folgenden wird lediglich eine kurze Übersicht der Funktionsweise gegeben. Im Wesentlichen besteht die Komponente aus zwei Teilen: einem physischen Teil in Form eines Embedded-Systems mit 802.11p-Netzwerkkarte und einem simulierten Gegenpart, der Teil einer Car2X-Simulation ist und das Ego-Fahrzeug darstellt. Jede Nachricht, die das simulierte Ego-Fahrzeug innerhalb der Simulation, detektiert wird aus der Simulation extrahiert und über den Drahtloskanal physisch versandt (vgl. Bild 2). Diese physische Nachricht wird streng nach den europäischen Standards für Car2X-Kommunikation kodiert und durch eine reale Hardware-Komponente empfangen, die einen Teil des auf dem SCALEXIO simulierten Ego-Fahrzeugs darstellt.

Anwendungsbeispiel – Entwicklung prädiktiver Fahrfunktionen

Energieoptimale Geschwindigkeitswahl

Die vorgestellte Testumgebung ermöglicht die Bereitstellung realitätsnaher Verkehrsszenarien unter Berücksichtigung zukünftiger Fahrzeugkommunikationstechnologien. Darüber hinaus kann das Fahrzeugverhalten in einer kontrollierten Umgebung detailliert untersucht und der Kraftstoffverbrauch sowie die Schadstoffemissionen im dynamischen Betrieb am Prüfstand gemessen werden. Somit eignet sich die Testumgebung zur Entwicklung und Validierung prädiktiver Fahrfunktionen mit dem Ziel einer Reduktion von Energiebedarf und Schadstoffemissionen.

Im Forschungsprojekt Hy-Nets wurde die Testumgebung verwendet, um einen prädiktiven Optimierungsalgorithmus zur energieeffizienten Geschwindigkeitswahl zu entwickeln. Dieser berücksichtigt Verkehrsrandbedingungen wie Ampelschaltzeiten und das zukünftige Geschwindigkeitsprofil vorausfahrender Fahrzeuge und verhindert somit unnötige Beschleunigungen und Verzögerungen, sodass Antriebsenergie eingespart werden kann. Die Umsetzung des Optimierungsalgorithmus erfolgt durch einen modellprädiktiven Beschleunigungsregler im linearen Zustandsraum.

Um das Einsparpotenzial dieser prädiktiven Fahrfunktion hinsichtlich der auf das Rad bezogenen Traktionsenergie sowie die im Kraftstoff und in der Batterie gespeicherte Primärenergie für verschiedene Antriebsstrangtopologien zu untersuchen, wurde eine Fallstudie für ein Fahrzeug mit konventionellem Antriebsstrang (Konv.), für ein batterieelektrisches Fahrzeug (engl. Battery Electric Vehicle, BEV) und für ein P3-Hybridfahrzeug (engl. Hybrid Electric Vehicle, HEV) simulationsbasiert durchgeführt. Die Antriebsstrangkomponenten wurden dazu so dimensioniert, dass bei allen Fahrzeugvarianten eine gleiche Antriebssystemleistung erreicht wird. Als Basis wird ein Fahrzeug aus dem C-Segment gewählt (VW Golf).

Die Fallstudie hat ergeben, dass für alle Antriebsstrangvarianten durch eine optimierte Geschwindigkeitswahl eine deutliche Reduktion der benötigten Traktionsenergie in einem Größenordnungsbereich von 40 % erreicht werden kann (vgl. Bild 5).

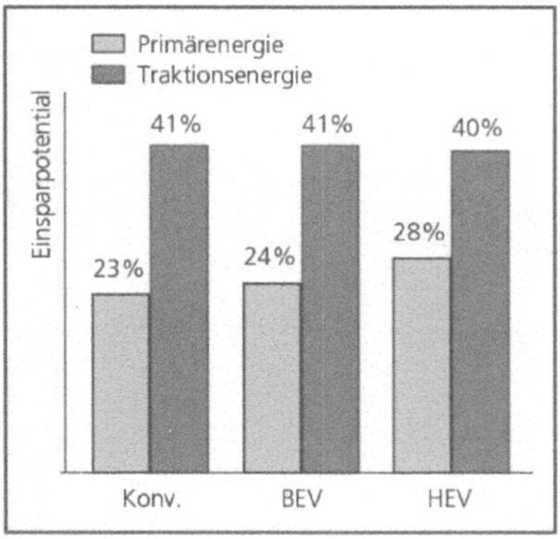

Bild 5: Energieeinsparpotenzial prädiktiver Optimierungsalgorithmen zur Geschwindigkeitswahl für konventionelle (Konv.), batterieelektrische (BEV) und hybridelektrische Fahrzeuge (HEV)

Darüber hinaus konnte aus der Fallstudie abgeleitet werden, dass der konventionelle Antriebsstrang in Bezug auf die Primärenergie im Vergleich zu den anderen Antriebsstrangtopologien am wenigsten von der optimierten Geschwindigkeitsregelung profitiert. Dies ist mit dem aus dem energetisch optimierten Geschwindigkeitsprofil resultierenden größeren Teillastanteil und den geringen Teillastwirkungsgraden des Verbrennungsmotors zu begründen. Der Wirkungsgrad des Elektromotors ist prinzipiell höher als der des Verbrennungsmotors, nimmt jedoch auch mit kleineren Lasten ab. Somit kann hier ein leicht höheres Einsparpotenzial (24 %) realisiert werden. Das Hybridfahrzeug profitiert am meisten (28 %) von einer optimierten Geschwindigkeitswahl, da bereits durch eine einfache regelbasierte Hybridstrategie der ineffiziente Teillastbetrieb zu einem großen Teil vermieden werden kann (vgl. Bild 5). Detaillierte Ausführungen zu den Ergebnissen sind in [16] zu finden.

Prädiktion des Umgebungsverkehrs

Nur bei exakter Kenntnis der zu berücksichtigenden zukünftigen Verkehrsrandbedingungen kann das volle Potenzial zur Energieeinsparung erschlossen werden. In der Realität treten jedoch unvorhersehbare Ereignisse auf, sodass beispielsweise die Bewegungstrajektorien der anderen Verkehrsteilnehmer nur mit einer begrenzten Genauigkeit prädizierbar sind. Um den Einfluss dieser zuvor nicht berücksichtigten Abweichungen auf das Energieeinsparpotenzial zu untersuchen, wurde im zweiten Schritt ein modellbasierter Algorithmus zur Prädiktion des Umgebungsverkehrs an Kreuzungen ohne Lichtsignalanlagen entwickelt und mit Messdaten validiert [16].

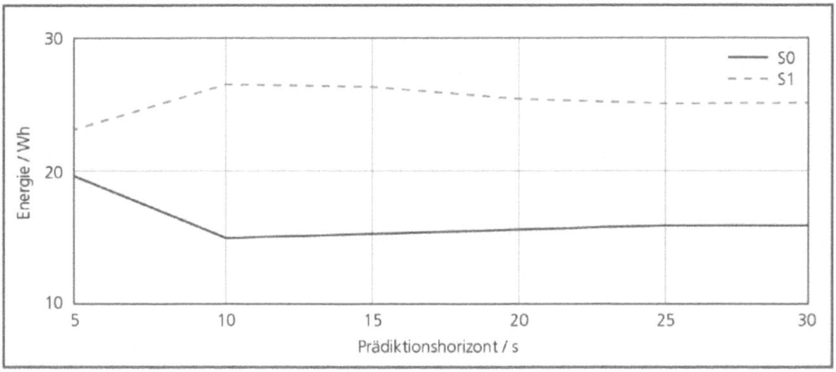

Bild 6: Energiebedarf in Abhängigkeit des Prädiktionshorizonts

Die Abhängigkeit des Energiebedarfs einer Kreuzungsüberfahrt vom Prädiktionshorizont wurde für zwei Fälle verglichen:

- S0: mit A-priori-Kenntnis der Referenztrajektorien
- S1: Prädiktion auf Basis der aktuellen Position und Geschwindigkeit

Die Untersuchungen haben gezeigt, dass der Vorausschauhorizont einen entscheidenden Parameter zur Reduktion der Traktionsenergie darstellt, sodass ein größerer Horizont zunächst zu einem größeren theoretischen Energieeinsparpotenzial führt (vgl. Bild 6). Als Konsequenz des begrenzt prädizierbaren menschlichen Fahrverhaltens nimmt die Genauigkeit der Vorhersage für den Fall S1 mit steigendem Prädiktionshorizont ab und der Energiebedarf wird durch Fehlprädiktionen sogar erhöht. In einigen Situationen wirkt sich somit ein größerer Vorausschauhorizont sogar insgesamt negativ auf den Energiebedarf aus. So kommt es in dem beispielhaften Szenario bei einem Prädiktionshorizont von 10 s bereits zu einer Steigerung des Traktionsenergiebedarfs um 80 % gegenüber einer optimierten Geschwindigkeitswahl mit exakter Kenntnis der Verkehrsrandbedingungen.

Die Ergebnisse zeigen, dass der gekoppelte Co-Simulationsansatz großes Potenzial bietet, um das Einsparpotenzial prädiktiver Fahrfunktionen unter realen Bedingungen zu quantifizieren.

Zusammenfassung und Ausblick

In diesem Beitrag wurde aufgezeigt, wie die Möglichkeiten einer integrierten Verkehrs- und Netzwerksimulation für den Einsatz in Hardware-in-the-Loop-Tests mit etablierten

Werkzeugketten erschlossen werden können. Hierzu wurde eine mit der Fahrzeugmodellsuite ASM aufgebaute Fahrzeug- und Umgebungssimulation echtzeitfähig mit einer globalen Umgebungssimulation gekoppelt. Teil des globalen Umgebungsmodells, das auf dem integrierten Simulator Veins basiert, ist die mikroskopische Verkehrssimulation SUMO, die eine Vielzahl an Fahrzeugen und deren Interaktionen simulieren kann. Außerdem wurde als Teil der globalen Umgebungssimulation die Fahrzeugkommunikation simuliert und der Ego-Fahrzeugsimulation als Car2X-Nachrichten „over-the-air" zugesandt. Die so aufgebaute Co-Simulation erlaubt die Simulation des physikalischen Ego-Fahrzeugmodells auf einem Echtzeitsimulator, dessen lokales Umgebungsmodell mit der globalen Umgebungssimulation synchronisiert wird.

An den HIL-Simulator sind als reale Komponenten ein Verbrennungsmotor und eine elektrische Maschine auf ihren Prüfständen angeschlossen. Beide sind so miteinander verbunden, dass sie als Komponenten eines virtuellen Hybridantriebs agieren, dessen Rest mit dem Ego-Fahrzeugmodell simuliert wird. So werden die Auswirkungen des simulierten Verkehrs und der Fahrzeugkommunikation auf den Energiebedarf und die Emissionen in Form realer Größen am Prüfstand mess- und validierbar.

Dieser Aufbau erfolgte im Rahmen des Projektes Hy-Nets mit dem Ziel, intelligente Fahralgorithmen für Hybridfahrzeuge zu entwickeln, die den Energiebedarf durch die Nutzung von Car2X-Informationen reduzieren. Mit der vorgestellten Co-Simulationsumgebung steht eine geeignete Entwicklungs- und Testplattform für solche Algorithmen zur Verfügung. Erste idealisierte Umsetzungen auf Basis der Co-Simulationsumgebung zeigen, dass der Energiebedarf durch solche Algorithmen signifikant gesenkt werden kann. In den nächsten Schritten sollen diese weiterentwickelt und mit Prüfstandsmessungen validiert werden.

Durch die Kopplung des HIL-Simulators mit angeschlossenen Prüfständen und der Verkehrs- und Netzwerksimulation mit ihren jeweiligen Stärken ist zudem eine Testplattform entstanden, die die Absicherung von ADAS-Funktionen in komplexen, interagierenden Verkehrsszenarien unter Einbindung realer Antriebskomponenten ermöglicht.

Danksagung

Das Projekt Hy-Nets wird durch die EU und das Land NRW im Rahmen des „Europäischen Fonds für regionale Entwicklung" gefördert.

EUROPÄISCHE UNION
Investition in unsere Zukunft
Europäischer Fonds
für regionale Entwicklung

EFRE.NRW
Investitionen in Wachstum
und Beschäftigung

Literaturverzeichnis

[1] P. Wältermann, „Hardware-in-the-Loop: Die Technologie zum Test elektronischer Steuerungen und Regelungen in der Fahrzeugtechnik," in *6. Paderborner Workshop „Entwurf mechatronischer Systeme"*, Paderborn, 2009.

[2] N. Meyer, S. Walter, D. Guse und S. Klein, „Vehicle-Comparative Calibration – Crucial factors for efficient in-the-Loop operation of dynamic engine test benches," in *4. Int. Conf. Diesel Powertrains 3.0*, Meriden, Solihull, UK, 2018.

[3] S. Walter, N. Meyer, T. Schulze, J. Andert, S. Klein und D. Guse, „Durchgängig von der Straße auf den Prüfstand bis zur Simulation – Eine qualitative Analyse am Beispiel RDE," in *Simulation und Test 2017*, Wiesbaden, 2018.

[4] C. Sommer, R. German und F. Dressler, „Bidirectionally Coupled Network and Road Traffic Simulation for Improved IVC Analysis," *IEEE Transactions on Mobile Computing,* Bd. 10, pp. 3-15, 1 2011.

[5] M. Eisenbarth, K. Etzold, J. Andert, T. Plum, P. Reinold, U. Schwarz und R. Gries, „Eine ganzheitliche Methodik zur Entwicklung von vernetzten Hybridfahrzeugen," in *7. Internationales Symposium für Entwicklungsmethodik*, Wiesbaden, 2017.

[6] J. Andert, S. Klein, R. Savelsberg, S. Pischinger und K. Hameyer, „Virtual shaft: Synchronized motion control for real time testing of automotive powertrains," *Control Engineering Practice,* Bd. 56, pp. 101-110, November 2016.

[7] C. Sommer, J. Härri, F. Hrizi, B. Schünemann und F. Dressler, „Simulation Tools and Techniques for Vehicular Communications and Applications," in *Vehicular ad hoc Networks - Standards, Solutions, and Research*, C. Campolo, A. Molinaro und R. Scopigno, Hrsg., Springer, 2015, pp. 365-392.

[8] C. Sommer und F. Dressler, Vehicular Networking, Cambridge University Press, 2014.

[9] S. Laux, G. S. Pannu, S. Schneider, J. Tiemann, F. Klingler, C. Sommer und F. Dressler, „OpenC2X – An Open Source Experimental and Prototyping Platform Supporting ETSI ITS-G5," in *8th IEEE Vehicular Networking Conference (VNC 2016), Demo Session*, Columbus, 2016.

[10] F. Klingler, G. S. Pannu, C. Sommer, B. Bloessl und F. Dressler, „Field Testing Vehicular Networks using OpenC2X," in *15th ACM International Conference on Mobile Systems, Applications, and Services (MobiSys 2017), Poster Session*, Niagara, 2017.

[11] D. Krajzewicz, J. Erdmann, M. Behrisch und L. Bieker, „Recent Development and Applications of SUMO – Simulation of Urban MObility," *International Journal On Advances in Systems and Measurements,* Bd. 5, pp. 128-138, 12 2012.

[12] L. Codeca, R. Frank und T. Engel, „Luxembourg SUMO Traffic (LuST) Scenario: 24 Hours of Mobility for Vehicular Networking Research," in *7th IEEE Vehicular Networking Conference (VNC 2015)*, Kyoto, 2015.

[13] D. S. Buse, M. Schettler, N. Kothe, P. Reinold, C. Sommer und F. Dressler, „Bridging Worlds: Integrating Hardware-in-the-Loop Testing with Large-Scale VANET Simulation," in *14th IEEE/IFIP Conference on Wireless On demand Network Systems and Services (WONS 2018)*, Isola, 2018.

[14] D. S. Buse, C. Sommer und F. Dressler, „Integrating a Driving Simulator with City-Scale VANET Simulation for the Development of Next Generation ADAS Systems," in *37th IEEE Conference on Computer Communications (INFOCOM 2018), Demo Session*, Honolulu, 2018.

[15] F. Klingler, G. S. Pannu, C. Sommer und F. Dressler, „Connecting Simulation and Real World: IEEE 802.11p in the Loop," in *23rd ACM International Conference on Mobile Computing and Networking (MobiCom 2017), Poster Session*, Snowbird, 2017.

[16] M. Eisenbarth, T. Plum und J. Andert, „Energieoptimierte Fahrstrategie unter Berücksichtigung der Verkehrsteilnehmer an Kreuzungen ohne Lichtsignalanlage," *Forschung im Ingenieurwesen,* Bd. 82, Nr. 1, pp. 71-81, 2018.

[17] T. Plum, M. Wegner, M. Eisenbarth, Z. Ye, K. Etzold, S. Pischinger und J. Andert, „A simulation-based case study for powertrain efficiency improvement by automated driving functions," *Proceedings of the Institution of Mechanical Engineers, Part D: Journal of Automobile Engineering,* 2018, DOI: https://doi.org/10.1177/0954407018775182.

Rahmenbedingungen für Fahrbarkeitsuntersuchungen an einem Fahrsimulator

Dipl.-Ing. Marco Schlüter
FKFS Forschungsinstitut für Kraftfahrwesen und Fahrzeugmotoren Stuttgart

Dipl.-Ing. Frank Uphaus
Daimler AG

Prof. Dr.-Ing. Hans-Christian Reuss
FKFS Forschungsinstitut für Kraftfahrwesen und Fahrzeugmotoren Stuttgart

J. Liebl (Hrsg.), *Simulation und Test 2018*, Proceedings,
https://doi.org/10.1007/978-3-658-25294-6_16

1 Motivation und Ziel

Der Produktentstehungsprozess für Fahrzeuge wird hinsichtlich geringeren Kosten- und Zeitbedarfs permanent verbessert. Zusätzlich wird eine steigende Anzahl an Fahrzeugderivaten und -typen gebaut, um dem Kundenwunsch nach steigender Individualisierung nachzukommen [Uph14], [Sei08]. Auf Seiten der Fahrzeughersteller werden die verschiedenen Fahrzeugcharakteristika durch eine unterschiedliche Bedatung der Software erreicht. Auf diese Weise können in der Produktion Gleichteile verwendet und Kosten gespart werden, beispielsweise indem der gleiche Verbrennungsmotor in SUV und Limousine eingesetzt. Mit Hilfe einer unterschiedlichen Applikation des Motorsteuergerätes werden eine Differenzierung im Fahrgefühl erreicht und die Anforderungen an Agilität und Komfort an den Fahrzeugtyp angepasst [Uph14]. Zusammen mit einer kürzeren Entwicklungs- und Erprobungszeit verstärkt die zunehmende Differenzierung zwischen Fahrzeugderivaten die Forderung nach Frontloading. Dabei werden Entwicklungsschritte aus einem Realfahrzeug an Prüfstände und in Simulationen verlagert. Frontloading wird in den kommenden Jahren zunehmen, und ein größer werdender Anteil der technischen Absicherung im Produktentstehungsprozess wird in die digitale Welt verlagert. Die Entwicklung hin zu einem höheren Reifegrad des Produkts erfordert auch einen höheren Grad der Fahrbarkeit bevor reale Messfahrten stattfinden können. Um diese umzusetzen müssen bereits in einer Simulation möglichst realitätsnahe Bewertungen stattfinden können.

In Bezug auf Frontloading bei Fahrbarkeitsthemen sind zwei Hauptmöglichkeiten vorstellbar: Eine komplett virtuelle Applikation oder die Applikation mit Hilfe eines Fahrsimulators. Für eine virtuelle Fahrbarkeitsapplikation ist ein gutes Empfindungsmodell der Insassen notwendig, das die Sinneswahrnehmungen des Menschen mit hoher Zuverlässigkeit abbilden kann. Als Schritt zwischen einer komplett virtuellen Applikation und einer gebräuchlichen Vorgehensweise kann ein Fahrsimulator verwendet werden. Hierbei wird der Applikationsstand virtuell generiert und für Insassen im Fahrsimulator erlebbar gemacht.

Ziel der vorliegenden Untersuchung ist es die Eignung eines Fahrsimulators für längsdynamische Fahrbarkeit zu bestätigen und Rahmenbedingungen für die Nutzung aufzuzeigen. Experimentell werden durch Studien im Simulator und bei realen Versuchsfahrten das Insassenempfinden ermittelt und die Ergebnisse miteinander verglichen. Besonders die Übertragung der Längsbeschleunigung von virtuellen auf reale Messfahrten steht im Vordergrund.

2 Vorgehensweise

Zur Ermittlung der Rahmenbedingungen für Fahrbarkeitsuntersuchungen am Stuttgarter Fahrsimulator und zur Validierung der Eignung wurde eine fünfstufige Vorgehensweise gewählt:

- Definition des Ziels
- Aufbau der Probandenstudie
- Ablauf der Probandenstudie
- Aufbereitung der ermittelten Daten
- Ableitung der Ergebnisse

Mit der vorliegenden Untersuchung sollen die beiden Fragen beantwortet werden, ob sich ein Fahrsimulator für Fahrbarkeitsuntersuchungen eignet und wenn ja, welche Randbedingungen dabei berücksichtigt werden müssen. Die Definition eines klaren Ziels ist für eine erfolgreiche Beantwortung unerlässlich. Die Eignung wird anhand der Übertragbarkeit des Empfindens vom Fahrsimulator auf die Straße und umgekehrt bewertet. Kann anhand der Empfindungen im Simulator auf die Empfindungen auf der Straße geschlossen werden, ist die Eingangsfrage positiv zu beantworten. Gleichzeitig lässt der Vergleich von Empfindungsbewertungen von Längsbeschleunigungsmanöver auf der Straße und im Stuttgarter Fahrsimulator Rückschlüsse darauf zu, wie Längsbeschleunigungsverläufe ggf. angepasst und skaliert werden müssen.

Im nächsten Schritt werden die Inhalte der Probandenstudien näher definiert. Aus der Zielsetzung leitet sich ab, dass sowohl der Fahrsimulator, als auch ein reales Fahrzeug, als Werkzeuge genutzt werden müssen des Stuttgarter Fahrsimulators für Fahrbarkeitsuntersuchungen zu validieren. Als Grundlage für den Vergleich wurden gemessene Längsbeschleunigungen verbrennungsmotorisch angetriebener Straßenfahrzeugen verwendet. Aus diesen Messungen wurden verschiedene, theoretische Beschleunigungsverläufe generiert und im Simulator sowie in einer Vergleichsstudie auf der Straße abgebildet. Als Fahrzeug für die Vergleichsstudie im Straßenverkehr wurde eine elektrisch angetriebene Mercedes-Benz B-Klasse genutzt. Der

Beschleunigungsverlauf im Elektrofahrzeug kann mittels des Fahrpedals auf einfache Weise variiert werden und bietet daher eine geeignete Basis für die angestrebte Untersuchung. Der Stuttgarter Fahrsimulator und das Fahrzeug der Vergleichsstudie werden in den folgenden Kapiteln näher vorgestellt.

Um eine hohe Signifikanz der Ergebnisse und damit eine Antwort auf die Eingangsfrage zu erreichen, müssen Aufbau und Ablauf der Probandenstudie zielgerichtet definiert werden. Bei der Bewertung von Empfindungen ist eine geringe Zeit zwischen Ereignis und Bewertung wichtig, um eine möglichst hohe Aussagekraft zu erzielen. Die in den Studien gewählte Vorgehensweise wird in Kapitel 5 detailliert beschrieben.

Die Daten, die in den Probandenstudien ermittelt wurden, werden aufbereitet und unzuverlässige Aussagen herausgefiltert. Mit den gefilterten Daten können Fahrsimulator und reales Fahrzeug auf die Empfindung bei Beschleunigungsvorgängen hin miteinander verglichen werden. Die Kriterien Ansprechverhalten und Komfort stehen dabei im Vordergrund. Aus den Ergebnissen können die Eingangsfrage beantwortet und Randbedingungen für Fahrbarkeitsuntersuchungen im Stuttgarter Fahrsimulator definiert werden.

3 Der Stuttgarter Fahrsimulator

Die Eignung des Stuttgarter Fahrsimulators längsdynamische Beschleunigungsmanöver zum Zweck der Fahrbarkeitsbewertung abzubilden soll nachgewiesen werden. Um die Bewegungen und Beschleunigungen aus einem realen Fahrzeug wiedergeben zu können besitzt der von der Universität Stuttgart und dem FKFS betriebene Fahrsimulator ein dreiteiliges Bewegungssystem mit acht Freiheitsgraden.

Die Probanden sitzen in einem realen Fahrzeug, um eine möglichst realistische, direkte Umgebung zu schaffen. Dieses Fahrzeug, auch Mock-Up genannt, ist starr in einer geschlossenen Kuppel verschraubt. Darin wird die grafische und akustische Umgebung erzeugt. Hierzu wird mit zwölf Projektoren eine Rundumprojektion auf der Innenfläche der Kuppel erzeugt. Im Innenraum des Fahrzeugs und der Kuppel befinden sich Lautsprecher, die die akustischen Fahr- und Nebengeräusche wiedergeben. Ergänzt werden die visuellen und akustischen Reize durch Shaker-Systeme, zur Generierung von Vibrationen, beispielsweise Fahrbahnunebenheiten, in verschiedenen Frequenzbereichen.

Abbildung 1:
Bewegungssystem des Stuttgarter Fahrsimulators [BLR12]

Um die Bewegungen zu simulieren steht die Kuppel mit Fahrzeug auf einem Hexapoden. Mit Hilfe sechs hydraulisch verstellbarer Aktuatoren werden rotatorische, vertikale und translatorische Bewegungen ausgeführt. Der Hexapode ist auf einem Schlittensystem montiert, das zwei Freiheitsgrade und einen Bewegungsraum von 10 m in Fahrzeuglängs- und 7 m in Fahrzeugquerrichtung besitzt. Über das Schlittensystem werden die translatorischen Bewegungen maßgeblich simuliert. Durch das Zusammenspiel von Schlittensystem und Hexapode (s. Abbildung 1) werden acht Freiheitsgrade zur realitätsnahen Bewegungsabbildung erreicht und es können höhere Längs- und Querbeschleunigungen simuliert werden. [BLR12]

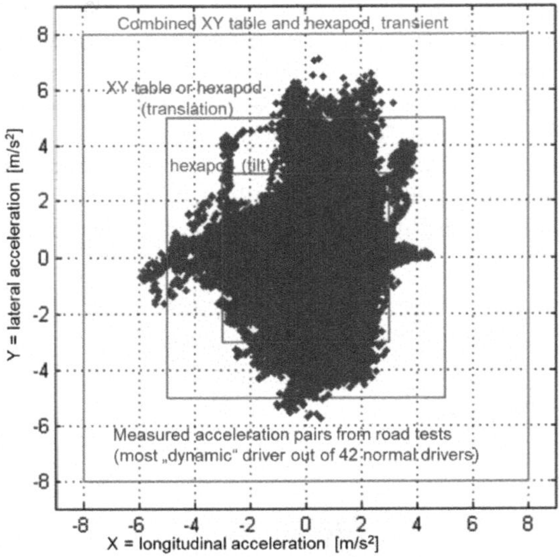

Abbildung 2:

Realisierbare Längs- und Querbeschleunigungen im Stuttgarter Fahrsimulator [BLR12]

Abbildung 2 veranschaulicht in den roten Rechtecken die theoretisch möglichen Beschleunigungen der jeweiligen Teile und des gesamten Bewegungssystems. Außerdem sind in blau gemessene Bewegungsprofile aus einer vorangegangenen Studie dargestellt. Ein Vergleich zeigt deutlich, dass der Fahrsimulator in der Lage ist, übliche, real gefahrene Beschleunigungsverläufe mit Hilfe des Bewegungssystems abzubilden.

Reale Bewegungen können im Stuttgarter Fahrsimulator nachgebildet werden. Der vermeintlich größte Unterschied zwischen realen Fahrten und Fahrten im Fahrsimulator hat optische Ursachen. Die Stimmigkeit der wahrgenommenen Bewegungen ergibt sich aus dem Zusammenspiel von Visualisierung und Bewegung [BKY01]. Im realen Fahrzeug ist die Umgebung weiter entfernt. Beispielsweise ist der Horizont im Simulator eine scharfe Linie, die wenige Meter von den Augen des Fahrers entfernt ist. Auf der Straße ist der Horizont ein unscharfer Bereich, der in größerer Entfernung liegt. Diese veränderte Wahrnehmung der Umgebung führt zu einer geänderten Einschätzung der Bewegungsbeschleunigungen. Deshalb werden die Beschleunigungen im

Fahrsimulator skaliert dargestellt. In der Literatur wird ein Skalierungsfaktor von 0,5 empfohlen [BKY01], [GBC03] und [NaR90]. Für die beschriebene Fahrbarkeitsuntersuchung am Stuttgarter Fahrsimulator wird eine Skalierung von 0,5 verwendet. Die real gemessenen Beschleunigungen werden daher bei der Darstellung im Simulator in ihrer Amplitude halbiert.

4 Vergleichsuntersuchungen im Realbetrieb

Zur Validierung des Fahrsimulators als Werkzeug für Fahrbarkeitsuntersuchungen sind Vergleichsmessungen unter realen Bedingungen notwendig. Als Ausgangsbasis für die zu bewertenden Manöver im Fahrsimulator dienten gemessene Längsbeschleunigungsverläufe zweier verbrennungsmotorisch angetriebener Fahrzeuge der oberen Mittelklasse (s. Abbildung 3; grüne und blaue Linie). Die verwendeten Verläufe wurden zudem variiert, um eine größere Bandbreite an verschiedenen Verläufen bewerten lassen zu können. Im Simulator sind die Möglichkeiten einer Variation der longitudinalen Beschleunigung nahezu beliebig und relativ einfach umsetzbar.

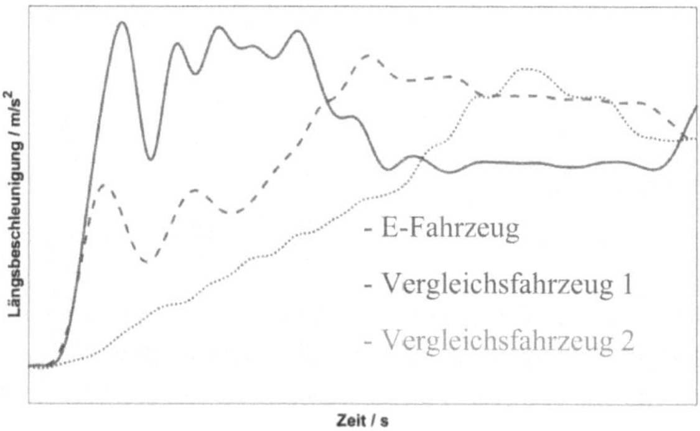

Abbildung 3:

Längsbeschleunigungsverläufe bei Volllast aus Stand

Um einen Vergleich zwischen Straße und Simulator zu ermöglichen, sollten in beiden Fällen ähnliche Verläufe der Längsbeschleunigung realisiert, von Probanden bewertet und miteinander verglichen werden. Den Beschleunigungsvorgang eines Fahrzeugs mit Verbrennungsmotor zu variieren, mit dem Ziel dessen Charakteristik zu verändern, erfordert weitreichende Eingriffe in dessen Motorsteuerung. Eine einfache Methode zur Variation stellt die Verwendung eines elektrisch angetriebenen Fahrzeuges dar. Diesem Vorhaben kommt das hohe Drehmoment eines Elektromotors bei geringen Drehzahlen zu gute. Vor allem das Ansprechverhalten der verbrennungsmotorisch angetriebenen Fahrzeuge lässt sich durch ein Begrenzen des verfügbaren Drehmoments des Elektromotors umsetzen. In Abbildung 3 sind Messungen der Volllastbeschleunigung aus dem Stand dreier Fahrzeuge abgebildet. Durch ein Beschränken der roten Linie lassen sich der grüne bzw. der blaue Verlauf realisieren.

Zum Zweck der Vergleichsuntersuchung wurde aus den beschriebenen Gründen eine Mercedes-Benz B-Klasse mit Elektromotor eingesetzt. Diese eignet sich gut, um mehrere, verschiedene Beschleunigungsverläufe zu simulieren. Zur Variation der Längsbeschleunigung kam ein am FKFS entwickelter Fahrpedalmanipulator zum Einsatz. Mit Hilfe von Fahrpedalkennlinien wurden experimentell die gewünschten Beschleunigungsmanöver aus dem Fahrsimulator auf der Straße, unter realen Bedingungen, erlebbar gemacht. So wurde ohne Eingriff in die Steuerung des Elektromotors eine Möglichkeit geschaffen, verschiedene Charakteristiken zu imitieren.

5 Probandenstudie

Um eine hohe Signifikanz der Ergebnisse zu erreichen, müssen Aufbau und Ablauf der Probandenstudie zielgerichtet definiert werden. Bei der Bewertung von Empfindungen ist eine geringe Zeit zwischen Ereignis und Bewertung wichtig für eine möglichst hohe Aussagekraft.

- Aufbau der Probandenstudie

Im konkreten Fall musste bestimmt werden, welche Längsbeschleunigungsverläufe und wie viele Variationen dieser Verläufe im Rahmen der Probandenstudie dargestellt und bewertet wurden. Als Basis für die Untersuchungen wurden Messungen realer Fahrzeuge genutzt und variiert [SUR17]. In Abbildung 4 sind die Beschleunigungsverläufe, die im Fahrsimulator dargestellt wurden, abgebildet. Aufgrund der Erfahrungen einer Vorstudie wurden 15 zu bewertende Beschleunigungsmanöver, was einer ungefähren Studiendauer von 15 Minuten pro Proband entspricht. Dieser Wert stellt einen Kompromiss zwischen einer hohen Anzahl an Varianten und einer abnehmenden Konzentrationsfähigkeit der Probanden mit der Zeit dar.

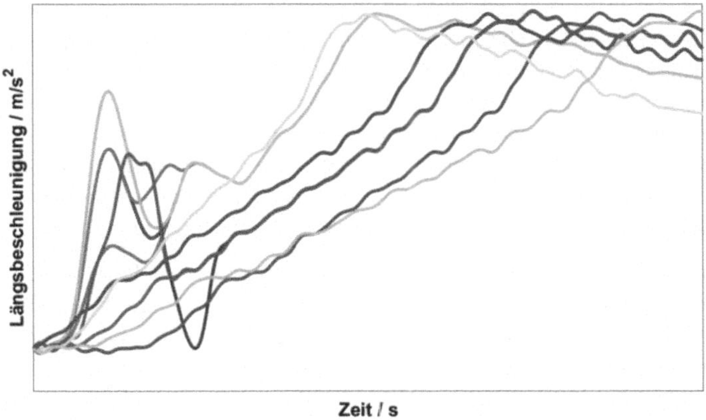

Abbildung 5:

Gemessene Beschleunigungsverläufe aus Fahrsimulatorstudie

Die Auswahl des Probandenkollektivs ist für die Ergebnisqualität ebenfalls wichtig und orientiert sich am Ziel der Untersuchung. Dabei waren drei Gesichtspunkte für eine aussagekräftige Studie relevant: Anzahl der Probanden, Zusammensetzung und jährliche Fahrleistung des Probandenkollektivs. In der vorliegenden Untersuchung soll eine möglichst allgemeingültige Aussage über die Eignung eines Fahrsimulators für Fahrbarkeitsthemen mit einer hohen statistischen Signifikanz getroffen werden. Deshalb wurde ein Kollektiv gewählt, das hinsichtlich Alter und Fahrleistung stellvertretend für die Führerscheininhaber der deutschen Bevölkerung ist. Das Alter der Probanden lag zwischen 18 und 70 Jahren. Die altersentsprechende Aufteilung der Probanden erfolgte gemäß der Altersstruktur der deutschen Gesellschaft [Sta11]. Um eine gesicherte statistische Aussagekraft zu gewährleisten, ist zudem eine Mindestanzahl an Testpersonen notwendig. Um diese Mindestanzahl zu berechnen, mussten der angenommene Effekt in der Bewertung der variierten Beschleunigungsverläufe und das angestrebte Signifikanzniveau abgeschätzt werden. Nach [BoW06] konnte mit diesen Angaben eine erforderliche Anzahl an Probanden berechnet werden. Zusätzlich wurde Zahl an Testpersonen noch erhöht, da unzuverlässige Probandenaussagen von der Auswertung ausgeschlossen wurden (vgl. Aufbereitung der ermittelten Daten). In der Summe wurden 50 Probanden als ausreichend bestimmt, um statistisch signifikante Ergebnisse erwarten zu können.

- Ablauf der Probandenstudie

Im Fahrsimulator, wie auch auf der Straße unter realen Bedingungen, war der Ablauf für alle Probanden der gleiche. Beide Male befand sich das Fahrzeug auf einem langen, geraden Asphaltstück und fuhr mit einer konstanten Geschwindigkeit. Im Simulator waren die Probanden alleine im Fahrzeug und saßen auf dem Fahrersitz. In der Mercedes-Benz B-Klasse nahmen die Probanden auf dem Beifahrersitz Platz und hatten ein zweites Fahrpedal im Fußraum montiert. Aus Sicherheitsgründen wurde das Fahrzeug von einem Institutsmitarbeiter gelenkt. Außerdem konnten sich die Probanden auf diese Weise auf den Beschleunigungsverlauf konzentrieren.

Jeweils aus der konstanten Fahrgeschwindigkeit heraus konnten die Probanden einen Beschleunigungsvorgang initiieren. Dazu mussten sie das Fahrpedal mit einem hohen Gradienten über einen vordefinierten, prozentualen Wert drücken. Die notwendige Pedalbetätigung für die Startbedingung der Beschleunigung entsprach dabei annähernd der folgenden Beschleunigung. Nach Aktivierung des Beschleunigungsverlaufs wurde der Verlauf der Längsbeschleunigung und der Wank-, sowie Nickbewegungen automatisiert abgefahren. Es handelt sich um einen Open-Loop-Versuch, der durch das Fahrpedal gestartet wird.

FKFS

Bewertungsschema:

1 = trifft überhaupt nicht zu

2 = trifft eher nicht zu

3 = trifft eher zu

4 = trifft voll und ganz zu

Datum	Probandennr
	Versuchsleiter

Der Beschleunigungsvorgang fühlte sich…	Manövernummer														
	1	2	3	4	5	6	7	8	9	10	11	12	13	14	15
Das Ansprechverhalten ist sehr **direkt**															
…sehr **sportlich** an															
…sehr **komfortabel** an															
…**unangenehm** an															
…**gleichmäßig** an															
…**ruckartig** an															
…**ruckelig** an															

Abbildung 4:

Verwendeter Fragebogen im Fahrsimulator und auf der Straße

Direkt im Anschluss an die Beschleunigung wurde, ebenfalls automatisiert, eine Verzögerungsrampe abgespielt. Der Gradient der Verzögerung war deutlich geringer als jene der Beschleunigungsverläufe. Hierdurch wurde der Einfluss der Verzögerung auf die Bewertung der Beschleunigung möglichst gering gehalten. Bereits während der Verzögerung begannen die Probanden mit der Bewertung. Im Fahrsimulator geschah diese per Funk, in der elektrisch angetriebenen Mercedes-Benz B-Klasse füllten die Probanden denselben Fragebogen aus. Sieben Bewertungen mussten anhand einer vorgegebenen, offenen, unipolaren Skala abgegeben werden (s. Abbildung 5). Die Reihenfolge entsprach der Relevanz für die spätere Auswertung. Die ersten drei Fragen bezogen sich direkt auf die Bewertung von Ansprechverhalten, Sportlichkeit und Komfort. Während die weiteren Fragen zur Spezifizierung dienten. Die Reihenfolge der gefahrenen und bewerteten Manöver wurde bei allen Probanden mit Hilfe eines Zufallsgenerators variiert. Hierdurch sollte vermieden werden, dass die Bewertung durch eine bestimmte Reihenfolge der Manöver beeinflusst wird.

6 Ergebnisse und Bewertung

Eine hohe Ergebnisqualität hängt maßgeblich von der Qualität der verwendeten Daten ab. Aus diesem Grund wurde beim Ablauf der Probandenstudie großer Wert darauf gelegt, eine direkte, eindeutige und zuverlässige Bewertung zu ermöglichen. Dennoch muss einkalkuliert werden, dass Probanden Unterschiede in den Beschleunigungsmanövern nicht differenzieren können und keine zuverlässigen, reproduzierbaren Aussagen treffen. Um diese unzuverlässigen Probandenaussagen herauszufiltern und von der Auswertung auszuschließen, wurden zwei Manöver jeweils doppelt gefahren und bewertet – ohne das Wissen der Probanden. Mit Hilfe dieses Schritts wurde ein Gütekriterium gebildet. Probanden, die dieselben Manöver unterschiedlich bewerteten, wurden von der weiteren Auswertung ausgeschlossen.

Nach Anwendung des Gütekriteriums stützt sich die folgende Auswertung auf 37 Bewertungen im Fahrsimulator und 31 Bewertungen in der Vergleichsstudie. Abbildung 6 zeigt die Abweichungen der doppelt bewerteten Antworten über den Probandenanteil für beide Teile der Studie. Lediglich die Bewertungen von Probanden mit einer geringen Abweichung, links der gestrichelten Linie, wurden verwendet. Auffällig ist, dass im Fahrsimulator mehr Probanden eine geringe Abweichung bei den doppelt bewerteten Beschleunigungsmanövern hatten.

Die weitere Auswertung erfolgte anschließend zweistufig. In einem ersten Schritt wurde verglichen, ob die Bewertungen aus dem Fahrsimulator und von der Straße quantitativ übereinstimmen. Während im zweiten Schritt einzelne aufgetretene Phänomene aus beiden Studien in Bezug auf den Einfluss der Intensität auf die Bewertungen miteinander verglichen wurden.

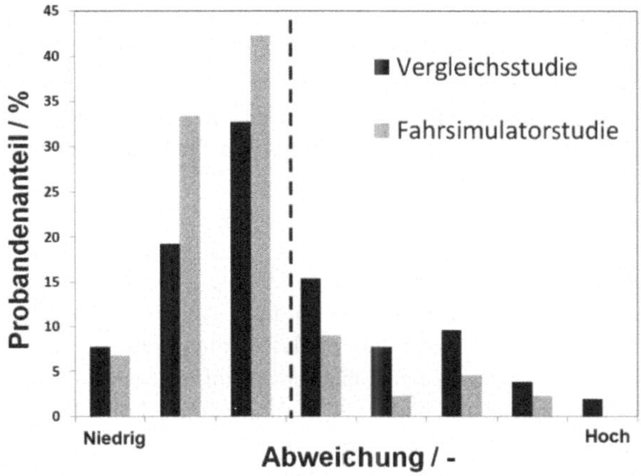

Abbildung 6:

Abweichung der Probandenantworten bei doppelt bewerteten Manövern

Bei der quantitativen Auswertung wurden die Bewertungen des Fahrsimulators zusammengefasst und mit Hilfe statistischer Mittel in einer mathematischen Formel beschrieben. Die so entstandene Formel beschreibt das Insassenempfinden während der Beschleunigungsmanövern und korreliert die gemessenen Längsbeschleunigungen mit den subjektiven Probandenbewertungen. Mit Hilfe dieser Metrik werden unter realen Bedingungen gemessene Beschleunigungsverläufe der Mercedes-Benz B-Klasse bewertet und mit den Aussagen der Probanden zu ihrem Empfinden verglichen. Hierbei konnte eine hohe Übereinstimmung der Bewertung nachgewiesen werden. Anhand des Längsbeschleunigungsverlaufes wurde die spätere Insassenbewertung gut prognostiziert (Details zur Auswertung s. [SUR17]). Auf diese Weise konnte die Eignung eines Fahrsimulators für Fahrbarkeitsuntersuchungen im vorliegenden Fall positiv nachgewiesen werden. Außerdem konnte die aus Literaturquellen abgeleitete Skalierung der Längsbeschleunigung im Simulator mit einem Faktor von 0,5 bestätigt werden.

In der weiteren Auswertung wurden die einzelnen Bewertungspunkte des Fragebogens näher betrachtet. Hieraus konnte ein Vergleich gezogen werden, wie stark die objektiven, gemessenen Werte einen Einfluss auf die subjektive Bewertung haben. Für die Beurteilung eines Beschleunigungsvorgangs sind nach [SUR17] drei verschiedene Gesichtspunkte maßgeblich: Ansprechverhalten, Sportlichkeit und Diskomfort. Bei beiden Studien basierten die Längsbeschleunigungsverläufe auf der Messung und ihren Variationen. Somit lassen sich die Bewertungen der ähnlichen Manöver anhand der Bewertungskriterien miteinander vergleichen. Auf diese Weise können detaillierte Rückschlüsse über die Rahmenbedingungen für Fahrbarkeitsuntersuchungen in einem Fahrsimulator gezogen werden.

Die Ergebnisse hinsichtlich des Ansprechverhaltens, also der Zeitspanne zwischen Initiierung eines Beschleunigungsvorgangs und der Änderung der Längsbeschleunigung, ließen sich anhand der ermittelten Metrik direkt übertragen. Lediglich der Schwellenwert für die Änderung der Längsbeschleunigung wurde entsprechend dem Skalierungsfaktor angepasst. In beiden Fällen führte eine erhöhte Latenz zu einer negativeren Bewertung durch die Probanden.

Zur Bewertung der Sportlichkeit wurde das Integral der Längsbeschleunigung als Kennwert verwendet, vom Zeitpunkt der Pedaländerung bis 0,5 s nach Erreichen der maximalen Längsbeschleunigung [SUR17]. In Bezug auf die Sportlichkeit konnte ebenfalls eine Übertragbarkeit der Ergebnisse aus dem Fahrsimulator auf die Straße und umgekehrt festgestellt werden. Im Fahrsimulator war, wie auf der Straße, eine sportliche Bewertung gleichermaßen vom Integral der Längsbeschleunigung abhängig.

Diskomfortphänomene wurden hingegen im Fahrsimulator tendenziell stärker in die Komfortbeurteilung einbezogen. Beispielsweise wurde die Abwesenheit von Schwingungen mit hohen Amplituden im Fahrsimulator als Komfortzuwachs bewertet. Während ein Verlauf ohne Schwingungen auf der Straße nicht als ebenso starker Komfortgewinn gegenüber einem Verlauf mit Schwingungen hoher Amplitude gewertet wurde.

Zusammengefasst konnte nachgewiesen werden, dass sich der Stuttgarter Fahrsimulator zur Untersuchung längsdynamischer Fahrbarkeitsthemen für den betrachteten Bereich von Längsbeschleunigungen gut eignet. Ergebnisse aus dem Simulator können auf reale Fahrten übertragen werden und umgekehrt. Der Fahrsimulator bietet zudem den Vorteil Insassenbewertungen besser reproduzieren zu können. Einzig bei Diskomfortphänomenen wurde ein geringer Unterschied in der Bewertung festgestellt. Unter realen Bedingungen wurden Schwingungen in der Längsbeschleunigung weniger komfortmindernd beurteilt als im Simulator. Als Ursache hierfür wurden die in Kapitel 3 erwähnten optischen Unterschiede und ihr Einfluss auf die Beschleunigungsbewertung vermutet. Außerdem tragen die Umgebungsbedingungen auf der Straße, die im Gegensatz zum Fahrsimulator nicht vollständig reproduzierbar sind, zu einer höheren Toleranz gegenüber Diskomfort bei.

Literatur

[Uph14] Uphaus, F.: Road to…where? Tools and Methods in Drivability Calibration. Automotive Powertrain Control Systems. Berlin, 2014

[Sei08] Seiffert, U.: Virtuelle Produktentstehung für Fahrzeug und Antrieb im Kfz. Wiesbaden, 2008

[BoW06] Bortz, J.; Weber, R.: Statistik für Human- und Sozialwissenschaftler. Heidelberg 2006

[BLR12] Baumann, G.; Liedecke, C.; Rumbolz, P.; Schmidt, A.; Piegsa, A.: The New Driving Simulator of Stuttgart University. 12th International Stuttgart Symposium, 2012

[SUR17] Schlüter, M; Uphaus, F.; Reuss, H.-C.: Objectification Of User´s Feeling Of Pedal-Induced Acceleration Changes Regarding Agility And Acceptance Of Discomfort. 26th Aachen Colloquium Automobile and Engine Technology, 2017

[Sta11] Statistisches Bundesamt: Statistisches Jahrbuch 2011 – Für die Bundesrepublik Deutschland mit „Internationalen Übersichten. Wiesbaden, 2011

[BKY01] Boer, E.; Kuge, N.; Yamamura, T.: Affording realistic Stopping Behavior: A Cardinal Challenge for Drivingsimulators. Human Centered Transportation Simulation Conference, Iowa City, 2001

[GBC03] Grant, P.; Blommer, M.; Cathey, L.; Artz, B.; Greenberg, J.: Analyzing Classes of Motion Drive Algorithms based on paired Comparisons Techniques. Dearborn, 2003

[NaR90] Nahon, M. A.; Reid, L. D.: Simulator Motion-Drive Algorithms: A Designer`s Perspective. Journal of Guidance, Control, and Dynamics. 1990

Haftungsrechtliche Einordnungen von Simulation und Test

Dr. Philipp Ehring, Güneş & Hamdan Rechtsanwälte PartGmbB

J. Liebl (Hrsg.), *Simulation und Test 2018*, Proceedings,
https://doi.org/10.1007/978-3-658-25294-6_17

I. Einleitung

Simulationen und Tests liefern oftmals wichtige Erkenntnisse über Eigenschaften eines Produkts. Welche Eigenschaften überprüft werden müssen, hängt davon ab, welche Eigenschaften das Produkt überhaupt aufweisen muss. Aus rechtlicher Sicht ist der anzulegende Maßstab hier zunächst der vertraglichen Vereinbarung mit dem Käufer des Produktes zu entnehmen. Dies reicht aber nicht aus, da es oftmals weitere Erwartungen an ein Produkt bestehen: Erwartungen, die üblicherweise an das Produkt gestellt werden bzw. Erwartungen, die die Sicherheit des Produktes betreffen. Gut durchgeführte Simulationen und Tests helfen hier Haftung zu vermeiden, da sie grade im Bereich der Konstruktion ermöglichen, Fehler zu identifizieren, so dass diese nicht in die spätere Produktion bzw. Serie gelangen. Tests und Simulationen kommt daher unmittelbar eine haftungsbegrenzende Funktion zu.

Nicht jeder Konstruktionsfehler lässt sich durch Tests und Simulationen und durch eine sorgfältig durchgeführte Planungs- und Erprobungsphase verhindern. Gegen das verbleibende Risiko kann sich der Hersteller durch den Abschluss einer Produkthaftpflichtversicherung schützen. Allerdings enthalten diese regelmäßig sog. Erprobungsklauseln, nach der der Versicherer die Deckung unter Hinweis auf eine nicht ausreichende Erprobung verweigern kann. In diesem Zusammenhang hat die Durchführung und Dokumentation von Tests und Simulationen haftungserhaltende Funktion, da bei ausreichender Erprobung in Form von - dokumentierten – Simulationen und Tests der Versicherer nicht aus seiner Einstandspflicht entlassen wird.

Im folgenden Beitrag soll untersucht werden, welche Anforderungen aus haftungsrechtlicher Sicht an Tests und Simulationen zu stellen sind. Dazu sind zunächst Test- und Simulationen in die Prozesse eines Unternehmens einzuordnen (hierzu unter II.1). Sodann schließt sich eine Darstellung der rechtlichen Rahmenbedingungen an, innerhalb derer Test- und Simulationen einzuordnen sind (hierzu unter II.2). Nach der Darstellung der Anforderungen an Test und Simulationen aus haftungsrechtlicher Sicht (hierzu ausführlich unter II.3.) wird die haftungserhaltende Funktion von Test- und Simulationen innerhalb der sog. Erprobungsklauseln der Produkthaftpflichtversicherung erläutert werden (hierzu unter III.).

II. Haftungsrechtliche Bedeutung von Tests und Simulationen – haftungsausschließende Funktion

1. Aufgabe von Test und Simulationen nach QM-Vorschriften

Für die juristische, insbesondere haftungsrechtliche Einordnung von Tests und Simulationen, ist es zunächst erforderlich, diese in den lebenden Organismus eines Unternehmens einzuordnen. Hierzu lohnt sich ein Blick in die Qualitätsmanagementnormen der ISO 9000:2015-11 und die ISO 9001:2015-11.

Nach Ziffer 3.11.8 der ISO 9000:2015-11 werden im Rahmen von Tests Bestimmungen vorgenommen, also eine oder mehrere kennzeichnende Eigenschaften (sog. Merkmale)[1] und ihrer Werte (sog. Merkmalswerte) ermittelt.[2] Sodann werden diese bestimmten Merkmale und Merkmalswerte mit den Anforderungen[3] an einen spezifischen beabsichtigten Gebrauch oder eine spezifisch beabsichtigte Verwendung abgeglichen. Zeigt das Ergebnis des Tests, dass die Anforderungen erfüllt sind (sog. Konformität[4]), kann es zum Zweck der Validierung verwendet werden. Nach der ISO 9000:2015-11 ist der Test also Teil des Validierungsprozesses.

Bei der Validierung handelt es sich um die Bestätigung durch Bereitstellung eines objektiven Nachweises[5], dass die Anforderungen für einen spezifisch beabsichtigten Gebrauch oder eine spezifisch beabsichtigte Anwendung erfüllt sind. Gemäß der Anmerkung 1 zu Ziff. 3.8.13 ISO 9000:2015-11 entstammt der für die Validierung erforderliche objektive Nachweis dem Ergebnis eines Tests oder einer anderen Form der Bestimmung (3.11.1), z.B. Durchführung alternativer Berechnungen oder Überprüfen von Dokumenten[6]. Auch wenn die Qualitätsnormen dies nicht ausdrücklich benennen, lässt sich unter eine andere Form der Bestimmung die Simulation subsumieren. Bei dieser handelt es sich um ein Experiment an einem Modell, um Erkenntnisse über das reale System zu gewinnen.

Von der Validierung zu unterscheiden ist die Verifizierung. Bei dieser handelt es sich gem. Ziff 3.8.12 ISO 9000:2015-11 um die Bestätigung durch Bereitstellung eines objektiven Nachweises (3.8.3), dass festgelegte Anforderungen (3.6.4) erfüllt worden

1 vgl. Ziff. 3.10.1

2 Ziff. 3.11.1 ISO 9000:2015-11

3 Ziffer 3.6.4 ISO 9000: Erfordernisse oder Erwartungen, das oder die festlegt, üblicherweise vorausgesetzt oder verpflichtend ist.

4 Ziffer 3.6.11 ISO 9000: Erfüllung einer Anforderung.

5 Ziffer 3.8.3 ISO 9000:2015-11: Daten (3.8.1), also Fakten über ein Objekt, welche die Existenz oder Wahrheit von etwas bestätigen.

6 Ziffer 3.8.5 ISO 9000:2015-11: Informationen, einschließlich des Trägermediums, wobei Informationen Daten, also Fakten über ein Objekt (3.8.1), mit Bedeutung sind (vgl. 3.8.2).

sind. Der für die Verifizierung erforderliche Nachweis kann das Ergebnis einer Prüfung (3.11.7) oder anderen Form der Bestimmung (3.11.1) sein, z.B. Durchführen alternativer Berechnungen oder Überprüfen von Dokumenten (3.8.5). Während die Validierungsgrundlage über einen Test gewonnen wird, geschieht dies bei der Verifizierung über die sog. Prüfung. Bei dieser handelt es sich gem. Ziff. 3.11.7 ISO 9000:2015-11 um die Bestimmung der Konformität mit festgelegten Anforderungen. Auch hier lässt sich unter die andere Form der Bestimmung die Simulation subsumieren.

Verifizierung und Validierung unterscheiden sich dadurch, dass bei ersterer Produkteigenschaften anhand bestimmter festgelegter Anforderungen überprüft werden, bei der Validierung hingegen wird das Produkt auf eine bestimmte Verwendung hin getestet:

Mittel	**Prüfung**	**Test**
Verfahren	Verifizierung	Validierung
Ziel	Erfüllung von definierten Anforderungen	Erfüllung einer definierten Verwendung bzw. eines beabsichtigten Gebrauchs

Beiden Verfahren kommt ihre Hauptrolle in der Entwicklungsphase eines Produktes zu. Dies ergibt sich deutlich aus Ziff. 8.3.2 lit. c) ISO 9001:2015-11, welche fordert, dass bei der Bestimmung der Phasen und Steuerungsmaßnahmen die erforderlichen Tätigkeiten zur Entwicklungsverifizierung und Entwicklungsvalidierung berücksichtigt werden müssen. Aufgabe der Steuerungsmaßnahmen ist es gem. Ziffer 8.3.4 lit. c) ISO 9001:2015-11, dass

- Verifizierungstätigkeiten durchgeführt werden, die sicherstellen, dass die Entwicklungsergebnisse die in den Entwicklungseingaben enthaltenen Anforderungen erfüllen;
- Validierungstätigkeiten durchgeführt werden, die sicherstellen, dass die resultierenden Produkte und Dienstleistungen die Anforderungen erfüllen, die sich aus der vorgesehenen Anwendung oder dem beabsichtigten Gebrauch ergeben.

Da die Simulation eine Form des Tests bzw. der Prüfung ist und diese wiederum Mittel der Validierung und Verifizierung, sollen im Folgenden nur noch die Begrifflichkeiten Test und Prüfung bzw. Validierung und Verifizierung verwendet werden.

2. Validierung/Verifizierung im haftungsrechtlichen Umfeld

Für die haftungsrechtliche Einordung von Tests und Prüfungen bzw. Validierungen und Verifizierungen ist zunächst eine kurze Skizzierung des Haftungsumfeldes erforderlich. Hierbei ist zwischen Haftungsansprüchen aus Vertrag und solchen, die nicht auf ein vertragliches Verhältnis beruhen, zu unterscheiden. Bei ersteren handelt es sich um gewährleistungsrechtliche Mangelansprüche, hauptsächlich aus den kaufrechtlichen Bestimmungen der §§ 434 ff BGB, bei letzteren um die gesetzlichen Ansprüche des Produkthaftungsgesetzes bzw. der aus §§ 823 ff. BGB resultierenden Produzentenhaftung.

a) Mangelhaftung

Anknüpfungspunkt für die Haftung im Kaufrecht ist das mangelhafte Produkt. Wann ein entsprechender Mangel vorliegt, ergibt sich aus §§ 434, 435 BGB. Unterschieden wird dabei zwischen Sach- und Rechtsmängeln. Ist das Produkt mangelhaft, stehen dem Käufer bestimmte, in § 437 BGB aufgeführte Rechte zu.

aa) Mangelbegriff

In Bezug auf den Sachmangel unterscheidet § 434 Absatz 1 BGB drei Arten: In erster Linie kommt es für die Mangelhaftigkeit bzw. -freiheit auf die zwischen den Vertragsparteien getroffene Vereinbarung an (§ 434 Abs. 1 S. 1 BGB). Entsprechend ist das Produkt frei von Sachmängeln, wenn es die vereinbarte Beschaffenheit aufweist. Mangelhaft ist es, wenn es diese Beschaffenheit nicht hat. Art und Ausmaß der Abweichung sind dabei unerheblich, so dass jede Abweichung des geschuldeten Zustandes von dem Vereinbarten einen Sachmangel begründet.[7] Lediglich Rücktritt und Schadensersatz statt der ganzen Leistung – also diejenigen Rechtsbehelfe, bei denen der Käufer die mangelhafte Sache zurückgibt – sind bei unwesentlichen Pflichtverletzungen ausgeschlossen.[8] Die Beschaffenheitsvereinbarung kann dabei sowohl konkrete Eigenschaften des Produkts beinhalten, also Material, Maße, Form etc., als auch die Eignung für eine bestimmte Verwendung, etwa den Einsatz eines Bauteils in verschiedenen Klimazonen.[9]

Liegt keine vertragliche Beschaffenheitsvereinbarung vor, kommt es nachrangig auf die nach dem Vertrag vorausgesetzte Verwendung an (§ 434 Abs. 1 S. 2 Nr. 1). Eignet sich das Produkt für die nach dem Vertrag vorausgesetzte Verwendung, ist es mangelfrei. Eignet es sich nicht, ist es mangelhaft. Die Vorschrift hat Fälle im Sinn, in denen sich die Vorstellungen der Parteien nicht auf einzelne Merkmale der Beschaffenheit richten, sondern darauf, dass das Produkt für eine bestimmte Verwendung tauglich sein soll. Die fehlende Verwendungseignung muss daher nicht auf fehlenden Beschaffenheitsmerkmalen

7 *Faust*, in: Bamberger/Roth/Hau/Poseck, BeckOK BGB,46. Edition Stand: 01.05.2018, § 434 Rdn. 38.

8 *Faust*, in: Bamberger/Roth/Hau/Poseck, BeckOK BGB,46. Edition Stand: 01.05.2018, § 434 Rdn. 44.

9 *Westermann*, in: Münchener Kommentar zum BGB, 7. Auflage 2016, § 434 Rdn. 10.

des Produkts beruhen, sondern auf anderen mit dem Produkt zusammenhängenden Umständen.[10] Vertraglich vorausgesetzt im Sinne von § 434 Abs. 1 Satz 2 Nr. 1 BGB ist die nicht vereinbarte, aber von beiden Parteien übereinstimmend unterstellte Verwendung des Produkts, die von der gewöhnlichen Verwendung abweichen kann.[11] Hierbei handelt es sich also um solche Verwendungen, die grade nicht im Lastenheft aufgeführt sind, sondern sich allenfalls aus diesem ergeben, weil sie bei der Auswahl der Beschaffenheitskriterien von beiden Parteien unterstellt wurden.

Wenn nach dem Vertrag keine Verwendung vorausgesetzt wurde („sonst"), sind nach § 434 Abs. 1 S. 2 Nr. 2, S. 3 BGB die Eignung für die gewöhnliche Verwendung und die übliche und vom Käufer zu erwartende Beschaffenheit maßgeblich, die auch durch öffentliche Äußerungen des Verkäufers und des Herstellers geprägt werden kann. Was die gewöhnliche Verwendung ist, entscheidet die Verkehrsanschauung.[12] Maßgeblich ist der Erwartungshorizont eines vernünftigen Durchschnittskäufers.[13] Dieser Erwartungshorizont wird primär durch einen Vergleich mit anderen Stücken der gleichen Gattung geprägt, so dass die gewöhnliche Verwendung eines Produktes dasjenige ist, was man mit anderen Produkten der gleichen Gattung machen kann.[14] Der Erwartungshorizont wird dabei aber nicht nur durch das konkrete, gekaufte Produkt, sondern auch durch damit im Wettbewerb stehende Produkte mit gleichem Verwendungszweck und in derselben Preisklasse (Konkurrenzprodukten) geprägt.[15]

Für die Mängel im Sinn des § 434 Abs. 1 S. 2 Nr. 1 und 2, S. 3 BGB gilt ebenso, dass es nicht darauf ankommt, ob sie erheblich oder unerheblich sind.[16] Lediglich die Rechtsfolgen Rücktritt und Schadensersatz statt der ganzen Leistung sind bei unerheblichen Mängeln ausgeschlossen.

Ein Rechtsmangel im Sinne des § 435 BGB liegt vor, wenn Dritte keine oder nur die innerhalb des Kaufs übernommenen Rechte in Bezug auf das Produkt gegen den Käufer geltend machen können. Im Rahmen der Entwicklung von Produkten kommen hier

10 *Westermann*, in: Münchener Kommentar zum BGB, 7. Auflage 2016, § 434 Rdn. 46.

11 BGH, Urt. v. 16. März 2012, V ZR 18/11, Rdn. 16.

12 *Westermann*, in: Münchener Kommentar zum BGB, 7. Auflage 2016, § 434 Rdn. 24.

13 *Faust*, in: Bamberger/Roth/Hau/Poseck, BeckOK BGB,46. Edition Stand: 01.05.2018, § 434 Rdn. 57.

14 *Faust*, in: Bamberger/Roth/Hau/Poseck, BeckOK BGB,46. Edition Stand: 01.05.2018, § 434 Rdn. 58.

15 *Westermann*, in: Münchener Kommentar zum BGB, 7. Auflage 2016, § 434 Rdn. 25; *Faust*, in: Bamberger/Roth/Hau/Poseck, BeckOK BGB,46. Edition Stand: 01.05.2018, § 434 Rdn. 5.

16 *Faust*, in: Bamberger/Roth/Hau/Poseck, BeckOK BGB,46. Edition Stand: 01.05.2018, § 434 Rdn. 3.

allenfalls gewerbliche Schutzrechte in Betracht,[17] die aber in der Regel nicht Gegenstand von Validierungs- und Verifizierungsverfahren sind.

bb) Rechtsfolgen

Ist ein Produkt mangelhaft, stehen dem Käufer verschiedene Rechte zu. Allen voran hat er ein verschuldensunabhängiges und damit garantieähnliches Recht auf Nacherfüllung in Form der Nachbesserung (Reparatur) oder Nachlieferung (Ersatzlieferung). Erst wenn die Nacherfüllung gescheitert, endgültig verweigert oder nicht zumutbar ist, kann der Käufer die Folgerechte Rücktritt und Minderung sowie den verschuldensabhängigen Schadensersatz geltend machen.

Aus den Rechtsfolgen der Lieferung eines mangelhaften Produkts ergeben sich damit auch die unmittelbaren Haftungsrisiken, deren Vermeidung die Durchführung von Validierungs- und Verifizierungsverfahren dient: Nur wer sein Produkt kennt, kann im bilateralen Vertragsverhältnis die Produktbeschreibung so wählen bzw. entscheiden, ob er ein nachgefragtes Produkt überhaupt liefern kann, und damit Haftungsrisiken vermeiden.

b) Produkthaftung

Im Unterschied zur Mangelhaftung hat die Produkthaftung einen anderen Ansatzpunkt. Dabei ist zunächst zwischen der verschuldensunabhängigen Haftung aus dem Produkthaftungsgesetz und der verschuldensabhängigen Produzentenhaftung der §§ 823 ff. BGB zu unterscheiden. Beiden ist gemein, dass sie die Verletzung bestimmter Rechtsgüter (Leben, Gesundheit, Körper, Eigentum, Unversehrtheit einer Sache) schützen. Der wesentliche Unterschied zwischen beiden Haftungstatbeständen liegt darin, dass die Produzentenhaftung an ein schuldhaftes Verhalten anknüpft (vgl. § 823 Abs. 1 BGB, die Haftung aus dem Produkthaftungsgesetz hingegen an das Inverkehrbringen eines fehlerhaften Produktes (vgl. § 1 Abs. 1 iVm. Abs. 2 Nr. 1 ProdHaftG).[18]

aa) Deliktische Produzentenhaftung

Anknüpfungspunkt der deliktischen Produzentenhaftung ist die Verletzung einer Verkehrssicherungspflicht durch die Inverkehrgabe eines nicht sicheren Produktes, so dass immer dort, wo durch fehlerhafte Herstellung eines Produktes eine Gefahrenquelle geschaffen wird, der Hersteller dafür zu sorgen hat, dass diese – soweit möglich – nicht zur Entfaltung kommt.[19] Im Bereich der Warenherstellung ist für die Bereiche der Konstruktion, Fabrikation, Instruktion und Produktbeobachtung diese allgemeine Verkehrssicherungspflicht

17 Str. für eine Behandlung von gewerblichen Schutzrechten als Rechtsmangel: *Westermann*, in: Münchener Kommentar zum BGB, 7. Auflage 2016, § 435 Rdn. 4; a.A. *Faust*, in: Bamberger/Roth/Hau/Poseck, BeckOK BGB,46. Edition Stand: 01.05.2018, § 435 Rdn. 11.

18 *Lenz*, in: Lenz, Produkthaftung, 1. Auflage 2014, S. 103 Rdn. 158.

19 *Lenz*, in: Lenz, Produkthaftung, 1. Auflage 2014, S. 116 Rdn. 187.

durch die Rspr. weiter konkretisiert worden.[20] Da Validierungs- und Verifizierungsverfahren nahezu ausschließlich in der Entwicklung eines Produkts eine Rolle spielen, soll an dieser Stelle lediglich die Konstruktionspflicht näher dargestellt werden.

Aus der allgemeinen Verkehrssicherungspflicht folgt für den Konstruktionsbereich, dass nur solche Produkte für den Verrieb hergestellt werden dürfen, die von ihrer Konstruktion bzw. Zusammensetzung her gewährleisten, dass sie für den ihnen zugedachten Verwendungszweck geeignet und bei den tatsächlichen Einsatzbedingungen betriebssicher sind.[21] Entsprechend liegt ein Konstruktionsfehler vor, wenn das Produkt schon seiner Konzeption nach unter dem gebotenen Sicherheitsstandard bleibt.[22] Die Sicherheitsanforderungen an eine Konstruktion werden dabei durch das jeweils gefährdete Rechtsgut und die Größe der Gefahr bestimmt. Können etwa Körper und Gesundheit von (vielen) Menschen gefährdet werden, sind die Anforderungen besonders hoch.[23] In der sog. Airbag-Entscheidung führt der BGH hierzu aus:[24]

> *„Zur Gewährleistung der erforderlichen Produktsicherheit hat der Hersteller bereits im Rahmen der Konzeption und Planung des Produkts diejenigen Maßnahmen zu treffen, die zur Vermeidung einer Gefahr objektiv erforderlich und nach objektiven Maßstäben zumutbar sind.*

Geschuldet ist also nicht jede „denkmögliche" Sicherheitsmaßnahme im Sinne einer „optimalen" Qualität, sondern nur erforderliche Sicherheitsmaßnahmen. Sicherheitsrisiken müssen in den Grenzen des technisch Möglichen und wirtschaftlich zumutbaren konstruktiv ausgeschaltet werden.[25] Die Freiheit von sog. Entwicklungsfehler, also Gefahrenmomenten und Nebenwirkungen, die nicht ausgeschaltet werden können, weil sie nicht voraussehbar waren, ist nicht geschuldet.

Die **Zumutbarkeit** einer Maßnahme hängt dabei insbesondere von der Größe der vom Produkt ausgehenden Gefahr ab. Je größer die Gefahren sind, desto höher sind die Anforderungen an die Zumutbarkeit einer Maßnahme.[26] Bei erheblichen Gefahren für Leben und Gesundheit von Menschen sind dem Hersteller deshalb weitergehende

---

20 *Kullmann*, in Kullman/Pfister/Stöhr/Spindler, Produzentenhaftung, Kza 1520, S. 7; *Lenz*, in: Lenz, Produkthaftung, 1. Auflage 2014, S. 120 Rdn. 192.

21 *Kullmann*, in Kullman/Pfister/Stöhr/Spindler, Produzentenhaftung, Kza 1520, S. 8, m.w.N.Fn. 56.

22 *Förster*, in: Bamberger/Roth/Hau/Poseck, BeckOK BGB, 46. Edition, § 823 Rdn. 691; BGH, Urt. v. 5. Februar 2013, VI ZR 1/12 – Heißwasser Untertischgerät, Rdn. 13; BGH, Urt. v. 16. Juni 2009, VI ZR 107/08 – Airbag, Rdn. 15.

23 OLG Hamm NJW-RR 2011, 893 – Grillpaste

24 BGH, Urt. v. 16. Juni 2009, VI ZR 107/08 – Airbag, Rdn. 15 ff.

25 *Klindt*/*Handorn*, NJW 2010, 1105.

26 *Förster*, in: Bamberger/Roth/Hau/Poseck, BeckOK BGB, 46. Edition, § 823 Rdn. 692.

Maßnahmen zumutbar als in Fällen, in denen nur Eigentums- oder Besitzstörungen oder aber nur kleinere körperliche Beeinträchtigungen zu befürchten sind.[27]

Welche Maßnahmen **erforderlich** sind, beschreibt der BGH in der Airbag-Entscheidung:

> *Erforderlich sind die Sicherungsmaßnahmen, die nach dem im Zeitpunkt des Inverkehrbringens des Produkts vorhandenen neuesten Stand der Wissenschaft und Technik konstruktiv möglich sind und als geeignet und genügend erscheinen, um Schäden zu verhindern.*

Welche **Position** der neueste Stand von Wissenschaft und Technik in der Hierarchie der technischen Regeln, bestehend aus den allgemein anerkannten Regeln der Technik, dem Stand der Technik und – als höchstem Niveau – dem Stand von Wissenschaft und Technik einnimmt, ist nicht ganz klar.[28] Festgelegt hat sich der BGH in der Airbag-Entscheidung aber dahingehend, dass

> *(...) der insoweit maßgebliche Stand der Wissenschaft und Technik nicht mit Branchenüblichkeit gleichgesetzt werden (darf) (...).*

Begründet hat er dies damit, dass die in der jeweiligen Branche tatsächlich praktizierten Sicherheitsvorkehrungen durchaus hinter der technischen Entwicklung und damit hinter den rechtlich gebotenen Maßnahmen zurückbleiben können.[29] DIN-Normen, VDE-Vorschriften etc. Stellen insoweit also nur einen Mindeststandard dar, der von dem neusten Stand der Wissenschaft und Technik streng zu unterscheiden ist und diesem, angesichts der Dauer eines Normierungsprozesses, regelmäßig „hinterherhinken" dürfte.[30]

Präzisiert hat der BGH den neusten Stand von Wissenschaft und Technik in der Airbag-Entscheidung wie folgt:

> *„Die Möglichkeit der Gefahrvermeidung ist gegeben, wenn nach gesichertem Fachwissen der einschlägigen Fachkreise praktisch einsatzfähige Lösungen zur Verfügung stehen. Hiervon kann grundsätzlich erst dann ausgegangen werden, wenn eine sicherheitstechnisch überlegene Alternativkonstruktion zum Serieneinsatz reif ist. Der Hersteller ist dagegen nicht dazu verpflichtet, solche Sicherheitskonzepte umzusetzen, die bisher nur "auf dem Reißbrett erarbeitet" oder noch in der Erprobung befindlich sind."*

27 BGH, Urt. v. 5. Februar 2013, VI ZR 1/12 – Heißwasser Untertischgerät, Rdn. 13.
28 *Klindt/Handorn*, NJW 2010, 1105 (1106).
29 BGH, Urt. v. 16. Juni 2009, VI ZR 107/08 – Airbag, Rdn. 16.
30 *Lenz*, in: Lenz, Produkthaftung, 1. Auflage 2014, S. 232 Rdn. 382.

Maßgeblich für den **neusten Stand von Wissenschaft und Technik** ist das gesicherte Fachwissen der einschlägigen Fachkreise. Dieses muss praktisch einsatzfähige Lösungen bereitstellen, also solche, die zum Serieneinsatz reif sind. Das Kriterium der Serienreife wird ergänzt dadurch, dass keine Techniken eingesetzt werden müssen, die nur in der Theorie („auf dem Reißbrett") existieren und die sich noch in der Erprobung befinden. Hierdurch wird der neuste Stand von Wissenschaft und Technik vom Stand von Wissenschaft und Technik abgegrenzt.[31] Letzterer bezeichnet die Sachkunde, die im wissenschaftlichen und technischen Bereich vorhanden ist, also die Summe an Wissen und Technik, die allgemein anerkannt ist und allgemein zur Verfügung steht.[32] Umfasst hiervon werden auch die öffentlich zugänglichen wissenschaftlich-technischen Forschungsergebnisse von Universitäten, technischen Hochschulen und Fachhochschulen, also die theoretischen Erkenntnisse der Wissenschaft.[33] Der neuste Stand von Wissenschaft und Technik erfasst damit nicht Erkenntnisse, die irgendein Ingenieur, Techniker oder Wissenschaftler auf der Welt gewonnen hat, die aber nicht öffentlich zugänglich und auch nicht abgesichert und gefestigt sind.[34]

In Abgrenzung zum bisher eingesetzten Stand von Wissenschaft und Technik sind erforderliche Sicherheitskonzepte nur solche, die als „**Alternativdesign**" gegenüber der vom Hersteller bislang verwendeten Vorgehensweise sicherheitstechnisch überlegen sind.[35] Die Neukonstruktion muss also aus Sicherheitsgesichtspunkten gegenüber der bislang eingesetzten Technik ein Mehr an Sicherheit bieten, nur dann ist sie als Alternativdesign erforderlich.

bb) Produkthaftung nach dem ProdHaftG

Die Grundsätze der Konstruktionsverantwortung gelten auch im Bereich der Produkthaftung nach dem ProdHaftG. Gem. § 3 Abs. 1 ProdHaftG hat ein Produkt einen Fehler, wenn es nicht die Sicherheit bietet, die unter Berücksichtigung aller Umstände, insbesondere seiner Darbietung, des Gebrauchs, mit dem billigerweise gerechnet werden kann, sowie des Zeitpunkts, in dem es in den Verkehr gebracht wurde, berechtigterweise erwartet werden kann.[36] Abzustellen ist dabei nicht auf die subjektive Sicherheitserwartung des jeweiligen Benutzers, sondern objektiv darauf, ob das Produkt diejenige Sicherheit bietet, die die in dem entsprechenden Bereich herrschende

31 Vgl. auch *Kullmann*, in Kullman/Pfister/Stöhr/Spindler, Produzentenhaftung, Kza 1520, S. 16 f.

32 BT-Drs. 11/2447, S. 15.

33 *Lenz*, in: Lenz, Produkthaftung, 1. Auflage 2014, S. 238 Rdn. 396.

34 *Kullmann*, in Kullman/Pfister/Stöhr/Spindler, Produzentenhaftung, Kza 1520, S. 16 f.

35 *Förster*, in: Bamberger/Roth/Hau/Poseck, BeckOK BGB, 46. Edition, § 823 Rdn. 693.

36 BGH, Urt. v. 16. Juni 2009, VI ZR 107/08 – Airbag, Rdn. 12.

Verkehrsauffassung für erforderlich hält[37] Die nach § 3 Abs. 1 ProdHaftG maßgeblichen Sicherheitserwartungen beurteilen sich grundsätzlich nach denselben objektiven Maßstäben wie die Verkehrspflichten des Herstellers im Rahmen der deliktischen Haftung gemäß § 823 Abs. 1 BGB.[38] Damit umfasst die Sicherheitserwartung im Rahmen der Produkthaftung nach dem ProdHaftG, dass das Produkt nach den gleichen Maßstäben konstruiert ist, die auch im Rahmen der deliktischen Produzentenhaftung gelten. Die Ausführungen zur Produzentenhaftung zu Inhalt und Umfang der Konstruktionspflicht gelten also auch unverändert innerhalb der Produkthaftung.

3. Anforderungen an Validierung und Verifizierung aus haftungsrechtlicher Sicht

Legt man diesen gesetzlichen Haftungsrahmen über die zur Verfügung stehenden Mittel Test, Prüfung, Validierungs- und Verifizierungsverfahren ergibt sich folgendes Bild:

a) Mangelhaftung

Innerhalb der Mangelhaftung dient die Durchführung eines Verifizierungsverfahren und damit die Prüfung dazu, konkrete Eigenschaften des Produktes zu eruieren, um so festzustellen, ob das Produkt die im Lastenheft vorgegebenen Anforderungen, die eine Beschaffenheitsvereinbarung iSd. § 434 Abs. 1 S. 1 BGB darstellen, erfüllt. Die Validierung und damit dir Durchführung von Tests setzt hingegen da an, wo die Parteien eine bestimmte Verwendungseignung zum Gegenstand ihrer Beschaffenheitsvereinbarung gemacht haben. Dabei ist es Aufgabe des Herstellers, auch die nicht vereinbarte, sondern lediglich vorausgesetzte Verwendungseignung iSv. § 434 Abs. 1 S. 2 Nr. 1 BGB zu identifizieren und den Validierungsprozess entsprechend auszurichten. Gleiches gilt für die gewöhnliche Verwendung bzw. die übliche vom Verkäufer zu erwartende Beschaffenheit im Sinne von § 434 Abs. 1 S. 2 Nr. 2 BGB.

Innerhalb der Mängelhaftung ergeben sich die Anforderungen an Tests und Prüfungen bzw. Validierungs- und Verifizierungsverfahren aus der vertraglich getroffenen Beschaffenheitsvereinbarung. Zu schauen ist, was innerhalb der verschiedenen Beschaffenheitskategorien des § 434 BGB vertraglich vereinbart wurde und ob das konstruierte Produkt diese Anforderungen erfüllt.

b) Produkthaftung

Im Rahmen der Produkthaftung ist die Auswahl und Gestaltung von Validierungs- und Verifizierungsverfahren anders vorzunehmen, da es hier keine klare vertragliche Vereinbarung mit einem Lastenheft gibt. Test- und Prüfverfahren innerhalb der Validierung und Verifizierung sind so auszurichten, dass das Produkt entsprechend seiner Eigenart und späteren Verwendung im Hinblick auf eine sichere Konstruktion untersucht werden kann.

37 Vgl. BT-Drucks. 11/2447, S. 18; BGH, Urteil v. 17. März 2009 - VI ZR 176/08 – „Kirschtaler“, Rdn. 6.

38 BGH, Urteil v. 17. März 2009 - VI ZR 176/08 – „Kirschtaler“, Rdn. 6.

Maßstab sind also nicht die in einem Vertrag niedergeschriebenen Eigenschaften des Produkts, sondern die Sicherheitserwartung der betroffenen Verkehrskreise. Diese muss der Hersteller identifizieren und danach seine Validierungs- und Verifizierungsprozesse ausrichten. Erschwerend kommt hinzu, dass der Hersteller nicht nur den vorschriftsmäßigen Gebrauch des Produkts, sondern auch den vorhersehbaren Fehlgebrauch in seine Überlegungen miteinbeziehen muss. Die berechtigte Sicherheitserwartung geht nämlich grundsätzlich auch dahin, dass das Produkt so konzipiert ist, dass es unter Beachtung der Installations- und Gebrauchsanleitung bei bestimmungsgemäßem Gebrauch oder vorhersehbarem Fehlgebrauch gefahrlos benutzt werden kann.[39] Ist beispielsweise die Überbeanspruchung von Produkten für den Hersteller vorhersehbar, dann muss auch dies für ihn Anlass sein, die Überbeanspruchung bei der Konstruktion einzukalkulieren und ggf. Verstärkungen vorzusehen.[40]

Inhaltlich müssen Test- und Prüfverfahren so ausgestaltet sein, dass sie sowohl in zeitlichem als auch sachlichem Umfang sicher Aussagen über das Langzeitverhalten des jeweiligen Produktes ergeben und soweit irgend möglich den tatsächlichen Einsatzbedingungen des jeweiligen Produkts entsprechen.[41] Auch hier unterscheidet sich das Produkthaftungsrecht von der Mängelhaftung, da bei letzterer – soweit zwischen den Parteien nicht ausdrücklich eine abweichende Vereinbarung getroffen wird - grundsätzlich nur die Mangelfreiheit im Zeitpunkt der Übergabe des Produktes vom Verkäufer an den Käufer geschuldet wird (vgl. § 434 Abs. 1 iVm. § 446 BGB). Die Verjährungsregelungen im Produkthaftungsrecht sind aber weitaus länger, so dass das Sicherheitsniveau auch weitaus länger aufrechterhalten werden muss.[42]

Die eingesetzten Prüfgeräte und -verfahren müssen dem neusten Stand der Technik entsprechen und die Prüfung selber durch fachkundiges Personal erfolgen.[43] Falls erforderlich müssen notwendige Prüfmittel neu geschaffen werden.[44]

Ob die Tests und Prüfung als tatsächliche Versuche unter realen Bedingungen mit Testbauteilen oder im Rahmen von virtuellen Tests (Simulationen) bzw. des sog. Frontloadings durchgeführt werden, hängt von der Zuverlässigkeit des jeweiligen Verfahrens ab. Ermöglicht das gewählte Verfahren sichere Aussagen über das Sicherheitsverhalten

39 BGH, Urt. v. 5. Februar 2013, VI ZR 1/12 – Heißwasser Untertischgerät, Rdn. 14.

40 *Kullmann*, in Kullman/Pfister/Stöhr/Spindler, Produzentenhaftung, Kza 1520, S. 13.

41 *Kullmann*, in Kullman/Pfister/Stöhr/Spindler, Produzentenhaftung, Kza 1520, S. 19.

42 Im Produkthaftungsrecht beträgt die Höchstdauer der Haftung 10 Jahre ab Inverkehrgabe des Produktes (vgl. § 13 Abs. 1 ProdHG), innerhalb der deliktischen Produzentenhaftung beträgt die absolute Verjährung je nach Verschuldensgrad und verletzen Rechtsgut zwischen 10 und 30 Jahren (vgl. § 199 BGB).

43 Bamberger/Roth/Spindler, BGB, 2. Auflage, § 823 Rdn. 494.

44 *Kullmann*, in Kullman/Pfister/Stöhr/Spindler, Produzentenhaftung, Kza 1520, S. 19.

des Produktes selber – kurz wie langfristig – und über etwaige Nebenwirkungen bzw. gefährliche Materialeigenschaften, steht seinem Einsatz nichts entgegen. Bestehen jedoch Zweifel an der Aussagekraft des gewählten Verfahrens, ist dieses aus sicherheitstechnischer Sicht nicht geeignet, im Rahmen des Validierungs- und Verifizierungsprozesses die nötige Konstruktionsverantwortung zu erfüllen.

4. Fazit

Der Auswahl des geeigneten Test- bzw. Prüfverfahrens und damit einhergehend der Wahl zwischen Validierung oder Verifizierung kommt sowohl im Bereich der Mangelhaftung als auch im Bereich der Produkthaftung entscheidende Bedeutung zu, wenn Haftungsrisiken reduziert bzw. vermieden werden sollen. Vor allem im Bereich der Produkthaftung wird dabei regelmäßig dem Validierungsverfahren der Vorzug zu geben sein, weil nur über dieses die Wechselwirkung des Produktes mit Erwartungen der Produktnutzer abgeglichen werden kann:

Gewährleistungsrecht	*Produkthaftungsrecht*	*Testverfahren*
Vereinbarte Beschaffenheit		Verifizierung
Vereinbarte Verwendung		Validierung
Typische Verwendung		Validierung
	Sicherheitserwartungen	Validierung

Im Bereich der Mängelhaftung ergeben sich diese Erwartungen weitestgehend aus der vertraglichen Vereinbarung zwischen den Parteien. Nur in begrenztem Rahmen spielt die Beschaffenheit des Produktes für die gewöhnliche Verwendung, die üblicherweise erwartet werden darf, eine Rolle. Anders verhält sich dies im Bereich der Produkthaftung. Hier ist Maßstab die Sicherheitserwartung der Produktnutzer. Da in diesen Sicherheitserwartungen auch ein vorhersehbarer Fehlgebrauch des Produktes enthalten ist, kommt der Auswahl und inhaltlichen Gestaltung von Validierungsprozessen eine ganz andere und wesentlich komplexere Bedeutung zu.

III. Erprobungsklauseln in der Produkthaftpflichtversicherung – haftungserhaltende Funktion

Zur Absicherung von Produkthaftungsrisiken schließen Hersteller sog. Produkthaftpflichtversicherungen ab. In diesen finden sich verschiedene Haftungsausschlüsse für Fälle, in denen der Versicherer eine Einstandspflicht ablehnt. Hierunter fällt die sogenannte Erprobungsklausel, die in Ziffer 6.2.5 der Musterbedingungen des Gesamtverbandes der Deutschen Versicherungswirtschaft e.V. (GDV) wie folgt formuliert ist:

> *„Nicht versichert sind Ansprüche aus Sachschäden und alle sich daraus ergebenden Vermögensschäden sowie Ansprüche aus Schäden gemäß Ziffer 4 durch Erzeugnisse, deren Verwendung oder Wirkung im Hinblick auf den konkreten Verwendungszweck nicht nach dem Stand der Technik oder in sonstiger Weise ausreichend erprobt waren.*
>
> *Dies gilt nicht für Schäden an Sachen, die mit den hergestellten oder gelieferten Erzeugnissen weder in einem Funktionszusammenhang stehen noch deren bestimmungsgemäßer Einwirkung unterliegen."*

Zweck der Erprobungsklausel ist es zu verhindern, dass solche Risiken vom Versicherungsschutz der Produkt-Haftpflichtversicherung erfasst werden, die bei ausreichender Erprobung des Produkts durch den Produzenten verhindert werden können, weil es nicht Aufgabe der Versicherungswirtschaft ist, den Unternehmen im Ergebnis ihre Entwicklungsrisiken nachzufinanzieren.[45] Dabei erfassen Erprobungsklauseln nur Schäden an Sachen und nicht an Personen, da die Erprobungsklausel den Versicherer vor allem vor Austauschkosten bedingt durch unerprobte Erzeugnisse schützen sollen.

Erprobungsklauseln sind deswegen schwierig in der Anwendung, da sie verschuldensunabhängig formuliert sind und auf den Stand der Technik Bezug nehmen. Stand der Technik ist der Entwicklungsstand fortschrittlicher Verfahren, Einrichtungen und Betriebsweisen zur Erprobung, der die praktische Eignung für den konkreten Verwendungszweck gesichert erscheinen lässt.[46] Dabei ist der Stand der Technik höher anzusiedeln, als die allgemein anerkannten Regeln der Technik, steht aber nicht mit dem Stand von Wissenschaft und Technik bzw. dem neusten Stand von Wissenschaft und Technik auf einer Stufe.[47] Aus der Unklarheit dieser Begrifflichkeit wird deutlich,

45 OLG Bremen, NVersZ 1999, 535 (536).

46 *Voit*, in: Prölss/Martin, Versicherungsrecht, 30. Auflage, 265 ProdHM Ziff.6, Rdn. 10.

47 *Voit*, a.a.O.

dass – soweit möglich – Vorkehrungen getroffen werden müssen, um eine spätere Inanspruchnahme der Produkthaftpflichtversicherung nicht zu gefährden.

Vor einer Anwendbarkeit der Erprobungsklausel zu Lasten des Herstellers schützt in erster Linie die ausreichende aber auch ausreichend dokumentierte Erprobung, also die Durchführung von Tests, Prüfungen, Validierungs- und Verifizierungsverfahren. Darüber hinaus kann eine Anpassung der Klausel im Verhandlungswege angestrebt werden, die Art und Umfang der Erprobung näher bestimmt oder gar ein Verschuldenserfordernis in die Formulierung mit aufnimmt.

IV. Fazit

Die Bedeutung von Tests und Simulationen, als Teil von Validierungs- und Verifizierungsverfahren, hat innerhalb der haftungsrechtlichen Verantwortung des Herstellers eine erhebliche Bedeutung. Tests und Prüfungen stehen am Anfang der Herstellungskette, so dass ihre sorgfältige Auswahl und Durchführung erhebliches Haftungsreduzierungspotential hat. Durch die fehlerhafte Konstruktion eines Produkts wird der Grundstein für eine spätere Produkthaftung bzw. einen Serienschaden gelegt. Ausreichende und verlässliche Tests und sind daher von grundlegender Bedeutung, um innerhalb der Konstruktionsphase, vor allem auch in Zeiten steigenden Wettbewerb- und Kostendrucks die Vertragsmäßigkeit und Sicherheit von Produkten zu gewährleisten und so Haftung zu vermeiden.

The manufacturer's authorised representative in the EU is Springer Nature Customer Service Centre GmbH, Europaplatz 3, 69115 Heidelberg, Germany. If you have any concerns regarding our products, please contact ProductSafety@springernature.com

Printed and bound by CPI Group (UK) Ltd, Croydon, CR0 4YY

19/08/2026

02200200-0004